第1部分：数控车床编程视频教程

1. 数控车床坐标系	2. 进给速度F	3. 坐标点的寻找	4. G00快速定位	5. G01直线
6. G01直线-完整格式	6. G01直线-完整格式-车削验证	7. G01直线-倒角切入	8. G01直线-倒角切入例题	8. G01直线-倒角切入-车削验证
9. G02G03圆弧	10. G02G03圆弧-例题	10. G02G03圆弧-例题-车削验证	11. G02G03圆弧-球头编程	12. G02G03圆弧-球头编程-例题
12. G02G03圆弧-球头编程-例题-车削验证	13. G73复合形状粗车循环	14. G73复合形状粗车循环-例题1	14. G73复合形状粗车循环-例题1-车削验证	15. G73复合形状粗车循环-最低点判断
16. G73复合形状粗车循环-例题2	16. G73复合形状粗车循环-例题2-车削验证	17. G73复合形状粗车循环-例题3	17. G73复合形状粗车循环-例题3-车削验证	18. G32螺纹切削-基础知识
19. G32螺纹切削	20. G32螺纹切削-例题	20. G32螺纹切削-例题-车削验证	21. G92简单螺纹循环	22. G92简单螺纹循环-例题
22. G92简单螺纹循环-例题-车削验证	23. G71外径粗车循环	24. G71外径粗车循环-例题	24. G71外径粗车循环-例题-车削验证	25. G72端面粗车循环

26.G72端面粗车循环-例题	26.G72端面粗车循环-例题-车削验证	27.G72内孔轮廓加工循环	28.G72内孔轮廓加工循环-例题	28.G72内孔轮廓加工循环-例题-车削验证
29.G76螺纹切削循环	30.G76螺纹切削循环-例题	30.G76螺纹切削循环-例题-车削验证	31.G75切槽循环	32.G75切槽循环-例题1
32.G75切槽循环-例题1-车削验证	33.G75切槽循环-例题2	33.G75切槽循环-例题2-车削验证	34.G74镗孔循环	35.G74镗孔循环-例题
35.G74镗孔循环-例题-车削验证	36.锥度螺纹	37.锥度螺纹-例题	37.锥度螺纹-例题-车削验证	38.多头螺纹
39.多头螺纹-例题	39.多头螺纹-例题-车削验证	40.椭圆	41.椭圆-例题	41.椭圆-例题-车削验证
42.G90简单外径循环	43.G94简单端面循环	44.绝对编程和相对编程	45.精华提炼与复习	

第2部分：数控铣床（加工中心）加工视频教程

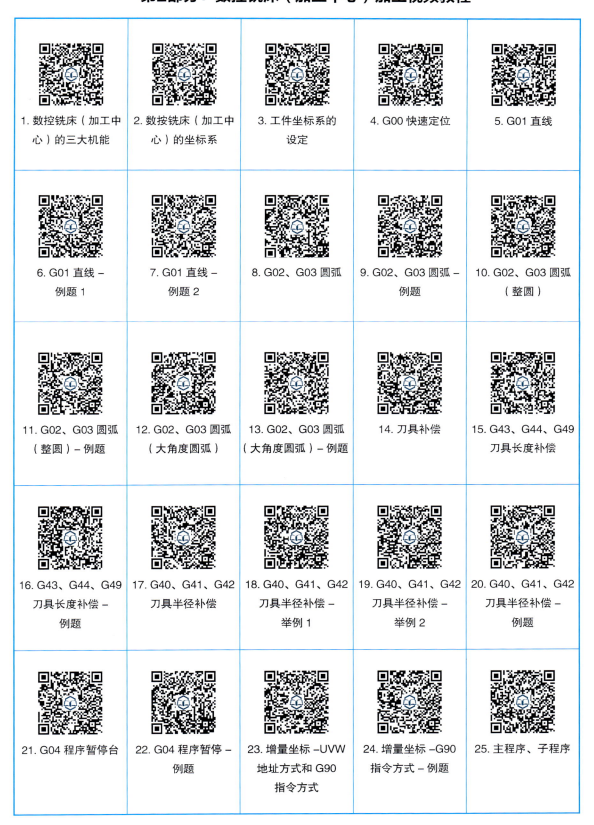

1. 数控铣床（加工中心）的三大机能	2. 数按铣床（加工中心）的坐标系	3. 工件坐标系的设定	4. G00 快速定位	5. G01 直线
6. G01 直线 – 例题 1	7. G01 直线 – 例题 2	8. G02、G03 圆弧	9. G02、G03 圆弧 – 例题	10. G02、G03 圆弧（整圆）
11. G02、G03 圆弧（整圆）– 例题	12. G02、G03 圆弧（大角度圆弧）	13. G02、G03 圆弧（大角度圆弧）– 例题	14. 刀具补偿	15. G43、G44、G49 刀具长度补偿
16. G43、G44、G49 刀具长度补偿 – 例题	17. G40、G41、G42 刀具半径补偿	18. G40、G41、G42 刀具半径补偿 – 举例 1	19. G40、G41、G42 刀具半径补偿 – 举例 2	20. G40、G41、G42 刀具半径补偿 – 例题
21. G04 程序暂停台	22. G04 程序暂停 – 例题	23. 增量坐标 –UVW 地址方式和 G90 指令方式	24. 增量坐标 –G90 指令方式 – 例题	25. 主程序、子程序

26. 主程序、子程序 – 例题	27.G15、G16 极坐标编程	28.G15、G16 极坐标编程 – 例题	29. G24、G25 镜像加工	30. G24、G25 镜像加工 – 例题
31. G68、G69 图形旋转	32. G68、G69 图形旋转 – 例题	33. G50、G51 比例缩放	34. G50、G51 比例缩放 – 例题	

零基础

数控编程与加工
从入门到精通

浦艳敏　牛海山　●　编著

化学工业出版社

·北京·

内 容 简 介

  本书从工程实用的角度出发，以最常用的 FANUC 数控系统为蓝本，深入浅出地介绍了数控加工中心的编程方法、技巧与应用实例。本书内容全面、实例丰富，主要涵盖数控机床概述、数控车削加工工艺、数控车床加工编程基础、FANUC 数控系统车床加工实例、加工中心工艺及调试、FANUC 系统加工中心程序编制基础、FANUC 系统加工中心实例、Mastercam 车床自动编程实例。本书文前还赠送了数车（铣）视频精讲，读者可直接用手机扫描二维码观看。

  本书语言通俗、层次清晰，工艺分析详细到位，编程实例典型丰富。全书以应用为核心，技术先进实用，实例全部来自一线实践，代表性和指导性强，方便读者学懂学透，实现举一反三；同时穿插介绍许多加工经验与技巧，帮助读者解决工作中遇见的多种问题，快速步入高级技工的行列。

  本书适合广大初中级数控技术人员使用，同时也可作为高职高专院校相关专业学生，以及社会相关培训班学员的理想教材。

图书在版编目（CIP）数据

零基础数控编程与加工从入门到精通 / 浦艳敏，牛海山编著. -- 北京 ：化学工业出版社，2025. 8.
ISBN 978-7-122-48326-3

Ⅰ. TG659.022

中国国家版本馆 CIP 数据核字第 20255TB915 号

责任编辑：陈　喆　　　　　　　装帧设计：张　辉
责任校对：杜杏然

出版发行：化学工业出版社
    （北京市东城区青年湖南街 13 号　邮政编码 100011）
印　　装：北京云浩印刷有限责任公司
787mm×1092mm　1/16　印张 14½　彩插 2　字数 356 千字
2025 年 9 月北京第 1 版第 1 次印刷

购书咨询：010-64518888　　　　　售后服务：010-64518899
网　　址：http://www.cip.com.cn
凡购买本书，如有缺损质量问题，本社销售中心负责调换。

定　　价：99.00 元　　　　　　　　　　版权所有　违者必究

前言

数控加工是机械制造业中的先进加工技术，在企业生产中，数控机床的使用已经非常广泛。目前，随着国内数控机床用量的剧增，急需培养一大批能够熟练掌握现代数控机床编程、操作和维护的应用型高级技术人才。

虽然许多职业学校都相继开展了数控技工的培训，但由于课时有限、培训内容单一（主要是理论）以及学生实践和提高的机会少，学生们还只是处于初级数控技工的水平，离企业需要的高级数控技工的能力还有一定的差距。编者结合自己多年的实际工作经验编写了本书，在简要介绍操作和指令的基础上，突出对编程技巧和应用实例的讲解，加强了技术性和实用性。

本书内容全面、实例丰富，主要涵盖数控机床概述、数控车削加工工艺、数控车床加工编程基础、FANUC 数控系统车床加工实例、加工中心工艺及调试、FANUC 系统加工中心程序编制基础、FANUC 系统加工中心实例等。

本书主要具备以下一些特色。

（1）以应用为核心，技术先进实用；同时总结了许多加工经验与技巧，帮助读者解决加工中遇见的各种问题，快速入门与提高。

（2）加工实例典型丰富、由简到难、深入浅出，全部取自一线实践，代表性和指导性强，方便读者学懂学透、举一反三。

（3）文前赠送数控车（铣）视频精讲，读者可直接用手机扫描二维码观看。

本书适合广大数控技工初中级读者使用，同时也可作为高职高专院校相关专业学生以及社会相关培训班学员的理想教材。

由于时间仓促，编者水平有限，书中难免有不足之处，欢迎广大读者批评指正。

编著者

目录

第1章
数控机床概述

1.1 数控机床的概念

普通机床经历了近两百年的历史。传统的机械加工是由车、铣、镗、刨、磨、钻等基本加工方法组成的，围绕着不同工序人们使用了大量的车床、铣床、镗床、刨床、磨床、钻床等。随着电子技术、计算机技术及自动化，以及精密机械与测量等技术的发展与综合应用，普通的车、铣、镗、钻床所占的比例逐年下降，发展出了机电一体化的新型机床——数控机床，包括数控车床、数控铣床立式加工中心、卧式加工中心等。

图 1-1 所示为数控车床，图 1-2 所示为数控铣床，图 1-3 所示为加工中心。数控机床一经使用就显示出了它独特的优越性和强大的生命力，使原来不能解决的许多问题有了科学解决的途径。

  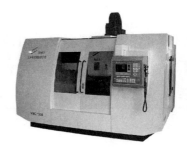

图 1-1　数控车床　　　　图 1-2　数控铣床　　　　图 1-3　加工中心

1.1.1 数控机床和数控技术

数控机床是一种通过数字信息控制机床按给定的运动轨迹进行自动加工的机电一体化的加工装备。经过半个世纪的发展，数控机床已是现代制造业的重要标志之一。在我国制造业中，数控机床的应用也越来越广泛，是一个企业综合实力的体现。而数控技术是控制数控机床的方法，两者之间既有联系又有区别，见表 1-1。

▫ 表 1-1　数控技术和数控机床的内容

序号	内容	详 细 说 明
1	数控技术	是通过数字来控制和操控某项指令的技术,简称数控,是指利用数字化的代码构成的程序对控制对象的工作过程实现自动控制的一种方法 简单来说,数控技术是操作的手段,而数控机床是操作的对象

序号	内容	详细说明
2	数控机床	国际信息处理联合会(IFIP)第五技术委员会对数控机床定义如下:数控机床是一台装有程序控制系统的机床,该系统能够逻辑地处理具有使用号码或其他符号编码指令规定的程序。这个定义中所说的程序控制系统即数控系统 我们可以简单理解为:用数字化的代码把零件加工过程中的各种操作和步骤以及刀具与工件之间的相对位移量记录在介质上,送入计算机或数控系统,经过译码运算、处理,控制机床的刀具与工件的相对运动,加工出所需的零件,这样的机床就统称为数控机床
		数字化的代码 即我们编制的程序,包括字母和数字构成的指令
		各种操作 指改变主轴转速、主轴正反转、换刀、切削液的开关等操作。步骤是指上述操作的加工顺序
		刀具与工件之间的相对位移量 即刀具运行的轨迹。我们通过对刀实现刀具与工件之间的相对值的设定
		介质 即程序存放的位置,如磁盘、光盘、纸带等
		译码运算、处理 指将我们编制的程序翻译成数控系统或计算机能够识别的指令,即计算机语言

1.1.2 数控技术的构成

机床数控技术是现代制造技术、设计技术、材料技术、信息技术、绘图技术、控制技术、检测技术及相关的外部支持技术的集成,其由机床附属装置、数控系统及其外围技术组成。图 1-4 所示为机床数控技术的组成。

1.1.3 数控技术的应用领域

数控技术的应用领域见表 1-2。

⊡ **表 1-2 数控技术的应用领域**

序号	应用领域	详细说明
1	制造行业	制造行业是最早应用数控技术的行业,它担负着为国民经济各行业提供先进装备的重任。现代化生产中很多重要设备都是数控设备,如:高性能三轴和五轴高速立式加工中心、五坐标加工中心、大型五坐标龙门铣床等;汽车行业发动机、变速箱、曲轴柔性加工生产线上用的数控机床和高速加工中心,以及焊接设备、装配设备、喷漆机器人、板件激光焊接机和激光切割机等;航空、船舶、发电行业加工螺旋桨、发动机、发电机和水轮机叶片零件用的高速五坐标加工中心、重型车铣复合加工中心等
2	信息行业	在信息产业中,从计算机到网络、移动通信、遥测、遥控等设备,都需要采用基于超精技术、纳米技术的制造装备,如芯片制造的引线键合机、晶片键合机和光刻机等,这些装备的控制都需要采用数控技术
3	医疗设备行业	在医疗行业中,许多现代化的医疗诊断、治疗设备都采用了数控技术,如 CT 诊断仪、全身伽马刀治疗机以及基于视觉引导的微创手术机器人等
4	军事装备	现代的许多军事装备都大量采用伺服运动控制技术,如火炮的自动瞄准控制、雷达的跟踪控制和导弹的自动跟踪控制等
5	其他行业	采用多轴伺服控制(最多可达几十个运动轴)的印刷机械、纺织机械、包装机械以及木工机械等;用于石材加工的数控水刀切割机;用于玻璃加工的数控玻璃雕花机;用于床垫加工的数控绗缝机和用于服装加工的数控绣花机等

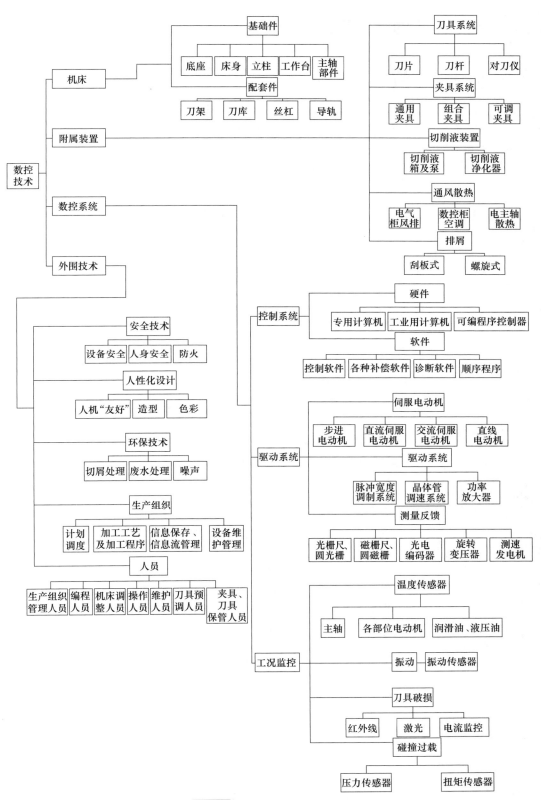

图 1-4 机床数控技术的组成

1.2 数控机床的组成及工作原理

1.2.1 数控机床的组成

数控机床是用数控技术实施加工控制的机床，是机电一体化的典型产品，是集机床、计算机、电动机及其拖动、运动控制、检测等技术为一体的自动化设备。数控机床一般由输入/输出（I/O）装置、数控装置、伺服系统、测量反馈装置和机床本体等组成，如图1-5和图1-6所示。表1-3所示为数控机床各组成部分的详细介绍。

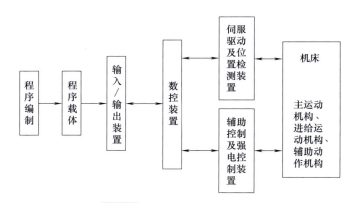

图 1-5　数控机床的组成简图

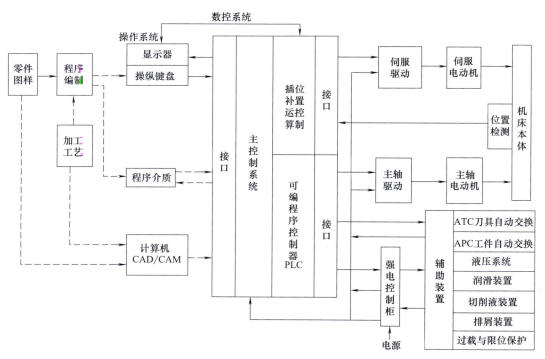

图 1-6　数控机床的组成详细框图

☑ 表 1-3 数控机床各组成部分的详细介绍

序号	内容	详 细 说 明
1	输入/输出装置	数控机床工作时,不需要人去直接操作机床,但又要执行人的意图,这就必须在人和数控机床之间建立某种联系,这种联系的中间媒介物即为程序载体,常称为控制介质。在普通机床上加工零件时,工人按图样和工艺要求操纵机床进行加工。在数控机床加工时,控制介质是存储数控加工所需要的全部动作和刀具相对于工件位置等信息的信息载体,它记载着零件的加工工序 数控机床中,常用的控制介质有:穿孔纸带、盒式磁带、软盘、磁盘、U 盘、网络及其他可存储代码的载体。至于采用哪一种,则取决于数控系统的类型。早期使用的是 8 单位(8 孔)穿孔纸带,并规定了标准信息代码 ISO(国际标准化组织制定)和 EIA(美国电子工业协会制定)两种代码。随着技术的不断发展,控制介质也在不断改进。不同的控制介质有相应的输入装置:穿孔纸带,要配用光电阅读机;盒式磁带,要配用录放机;软磁盘,要配用软盘驱动器和驱动卡。现代数控机床还可以通过手动方式(MDI 方式)、DNC 网络通信、RS-232C 串口通信甚至直接 U 盘复制等方式输入程序
2	数控装置	数控装置是数控机床的核心。它接收输入装置输入的数控程序中的加工信息,经过译码、运算和逻辑处理后,发出相应的指令给伺服系统,伺服系统带动机床的各个运动部件按数控程序预定要求动作。数控装置是由中央处理单元(CPU)、存储器、总线和相应的软件构成的专用计算机。整个数控机床的功能强弱主要由这一部分决定。数控装置作为数控机床的"指挥系统",能完成信息的输入、存储、变换、插补运算以及实现各种控制功能。它具备的主要功能如下: ①多轴联动控制 ②直线、圆弧、抛物线等多种函数的插补 ③输入、编辑和修改数控程序功能 ④数控加工信息的转换功能,包括 ISO/EIA 代码转换、公英制转换、坐标转换、绝对值和相对值的转换、计数制转换等 ⑤刀具半径、长度补偿,传动间隙补偿,螺距误差补偿等补偿功能 ⑥具有固定循环、重复加工、镜像加工等多种加工方式 ⑦在 CRT 上显示字符、轨迹、图形和动态演示等功能 ⑧具有故障自诊断功能 ⑨通信和联网功能
3	伺服系统	伺服系统由伺服驱动电动机和伺服驱动装置组成,是接收数控装置的指令驱动机床执行机构运动的驱动部件。它包括主轴驱动单元(主要是速度控制)、进给驱动单元(主要有速度控制和位置控制)、主轴电动机和进给电动机等。一般来说,数控机床的伺服驱动系统要求有好的快速响应性能,以及能灵敏、准确地跟踪指令的功能。数控机床的伺服系统有步进电动机伺服系统、直流伺服系统和交流伺服系统等,现在常用的是后两者,都带有感应同步器、编码器等位置检测元件,而交流伺服系统正在取代直流伺服系统 机床上的执行部件和机械传动部件组成数控机床的进给系统,它根据数控装置发来的速度和位移指令控制执行部件的进给速度、方向和位移量。每个进给运动的执行部件都配有一套伺服系统。伺服系统的作用是把来自数控装置的脉冲信号转换为机床移动部件的运动,它相当于操作人员的手,使工作台(或溜板)精确定位或按规定的轨迹作严格的相对运动,最后加工出符合图样要求的零件
4	测量反馈装置	反馈装置是闭环(半闭环)数控机床的检测环节,该装置由检测元件和相应的电路组成。其作用是检测数控机床坐标轴的实际移动速度和位移,并将信息反馈到数控装置或伺服驱动装置中,构成闭环控制系统。检测装置的安装、检测信号反馈的位置,取决于数控系统的结构形式。无测量反馈装置的系统称为开环系统。由于先进的伺服系统都采用了数字式伺服驱动技术(称为数字伺服),伺服驱动装置和数控装置间一般都采用总线进行连接。反馈信号在大多数场合都是与伺服驱动装置进行连接,并通过总线传送到数控装置的,只有在少数场合或采用模拟量控制的伺服驱动装置(称为模拟伺服装置)时,反馈装置才需要直接与数控装置进行连接。伺服电动机中的内装式脉冲编码器和感应同步器、光栅及磁尺等都是数控机床常用的检测器件 伺服系统及检测反馈装置是数控机床的关键环节
5	机床本体	机床本体是数控机床的主体,它包括机床的主运动部件、进给运动部件、执行部件和基础部件,如底座、立柱、工作台、滑鞍、导轨等。数控机床的主运动和进给运动都由单独的伺服电动机驱动,因此它的传动链短,结构比较简单。为了保证数控机床的高精度、高效率和高自动化加工要求,数控机床的机械机构应具有较高的动态特性、动态刚度、耐磨性以及抗热变形等性能。为了保证数控机床功能的充分发挥,还有一些配套部件(如冷却、排屑、防护、润滑、照明等一系列装置)和辅助装置(如对刀仪、编程机等) 对于加工中心类的数控机床,还有存放刀具的刀库、交换刀具的机械手等部件。数控机床的机床本体,在其诞生之初沿用的是普通机床结构,只是在自动变速、刀架或工作台自动转位和手柄等方面作些改变。随着数控技术的发展,对机床结构的技术性能要求更高,在总体布局、外观造型、传动系统结构、刀具系统以及操作性能方面都已经发生很大的变化。因为数控机床除切削用量大、连续加工发热量大外会影响工件精度外,其加工是自动控制的,不能由人工来进行补偿,所以其设计要比通用机床更完善,其制造要比通用机床更精密

1.2.2　数控机床工作过程

数控机床加工零件时，首先必须将工件的几何数据和工艺数据等加工信息按规定的代码和格式编制成零件的数控加工程序，这是数控机床的工作指令。将加工程序用适当的方法输入到数控系统，数控系统对输入的加工程序进行数据处理，输出各种信息和指令，控制机床主运动的变速、启停和进给的方向、速度和位移量，以及其他如刀具选择交换、工件的夹紧松开、冷却润滑的开关等动作，使刀具与工件及其他辅助装置严格地按照加工程序规定的顺序、轨迹和参数进行工作。数控机床的运行处于不断地计算、输出、反馈等控制过程中，以保证刀具和工件之间相对位置的准确性，从而加工出符合要求的零件。

数控机床的工作过程如图 1-7 所

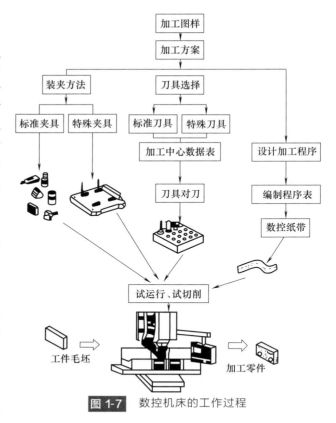

图 1-7　数控机床的工作过程

示，首先要将被加工零件图样上的几何信息和工艺信息用规定的代码和格式编写成加工程序，然后将加工程序输入数控装置，按照程序的要求，数控系统对信息进行处理、分配，使各坐标移动若干个最小位移量，实现刀具与工件的相对运动，完成零件的加工。

1.3　数控机床的特点及分类

1.3.1　数控机床的特点

数控机床是以电子控制为主的机电一体化机床，充分发挥了微电子、计算机技术特有的优点，易于实现信息化、智能化和网培化，可较容易地组成各种先进制造系统，如柔性制造系统（FMS）和计算机集成制造系统（CIMS）等，能最大限度地提高工业生产效率；硬件和软件相组合，能实现信息反馈、补偿、自动加减速等功能，可进一步提高机床的加工精度、效率和自动化程度。

数控机床对零件的加工过程，是严格按照加工程序所规定的参数及动作执行的。它是一种高效能自动或半自动机床。数控机床加工过程可任意编程，主轴及进给速度可按加工工艺需要变化，且能实现多坐标联动，易加工复杂曲面。其在加工时具有"易变、多变、善变"的特点，换批调整方便，可实现复杂零件的多品种中小批柔性生产，适应社会对产品多样化的需求。

与普通加工设备相比，数控机床有如下特点，见表 1-4。

☑ 表1-4 数控机床的特点

序号	内容	详 细 说 明
1	有广泛的适应性和较大的灵活性	数控机床具有多轴联动功能,可按零件的加工要求变换加工程序,可解决单件、小批量生产的自动化问题。数控机床能完成很多普通机床难以胜任的零件加工工作,如叶轮等复杂的曲面加工。由于数控机床能实现多个坐标的联动,因此数控机床能完成复杂型面的加工。特别是对于可用数学方程式和坐标点表示的形状复杂的零件,其加工非常方便。当改变加工零件时,数控机床只需更换零件加工程序,且可采用成组技术的成套夹具,因此,生产准备周期短,有利于机械产品迅速更新换代
2	加工精度高,产品质量稳定	数控机床按照预先编制的程序自动加工,加工过程不需要人工干预,加工零件的重复精度高,零件的一致性好。同一批零件,由于使用同一数控机床和刀具及同一加工程序,刀具的运动轨迹完全相同,并且数控机床是根据数控程序由计算机控制自动进行加工的,因此避免了人为的误差,保证了零件加工的一致性,质量稳定可靠 另外,数控机床本身的精度高、刚度好,精度的保持性好,能长期保持加工精度。数控机床有硬件和软件的误差补偿能力,因此能获得比机床本身精度还高的零件加工精度
3	自动化程度高,生产率高	数控机床本身的精度高、刚度高,可以采用较大的切削用量,停机检测次数少,加工准备时间短,有效地节省了机动工时。它还有自动换速、自动换刀和其他辅助操作自动化等功能,使辅助时间大为缩短,而且无需工序间的检验与测量,比普通机床的生产效率高3~4倍,对于某些复杂零件的加工,其生产效率可以提高十几倍甚至几十倍。数控机床的主轴转速及进给范围都比普通机床的大
4	工序集中,一机多用	数控机床在更换加工零件时,可以方便地保存原来的加工程序及相关的工艺参数,不需要更换凸轮、靠模等工艺装备,也就没有这类工艺装备需要保存,因此可缩短生产准备时间。大大节省了占用厂房的面积。加工中心等采用多主轴、车铣复合、分度工作台或数控回转工作台等复合工艺,可实现一机多能,实现在一次零件定位装夹中完成多工位、多面、多刀加工,省去工序间工件运输、传递的过程,缩减了工件装夹和测量的次数和时间,既提高了加工精度,又节省了厂房面积,提高了生产效率
5	有利于生产管理的现代化	数控机床加工零件时,能准确地计算零件的加工工时,并有效地简化检验、工装和半成品的管理工作;数控机床具有通信接口,可连接计算机,也可以连接到局域网上。这些都有利于向计算机控制与管理方面发展,为实现生产过程自动化创造了条件 数控机床是一种高度自动化机床,整个加工过程采用程序控制,数控加工前需要做好详尽的加工工艺、程序编制等,前期准备工作较为复杂。机床加工精度因受切削用量大、连续加工发热量大等因素的影响,其设计要求比普通机床的更加严格,制造要求更精密,因此数控机床的制造成本比较高。此外,数控机床属于典型的机电一体化产品,控制系统比较复杂、技术含量高,一些元器件、部件精密度较高,所以对数控机床的调试和维修比较困难

1.3.2 数控机床的分类

现今数控机床已发展成品种齐全、规格繁多、能满足现代化生产的主流机床。可以从不同的角度对数控机床进行分类和评价,通常按如下方法分类,见表1-5。

☑ 表1-5 数控机床的分类

序号	内容		详 细 说 明
1	按工艺用途分类	一般数控机床	这类机床和传统的通用机床种类一样,有数控的车床、铣床、镗床、钻床、磨床等,而且每一种数控机床也有很多品种,例如数控铣床就有数控立铣床、数控卧铣床、数控工具铣床、数控龙门铣床等。这类数控机床的工艺性与通用机床的相似,所不同的是它能加工复杂形状的零件
		数控加工中心	数控加工中心是在一般数控机床的基础上发展起来的。它是在一般数控机床上加装一个刀库(可容纳10~100把刀具)和自动换刀装置而构成的一种带自动换刀装置的数控机床,这使得数控机床更进一步地向自动化和高效化方向发展 数控加工中心与一般数控机床的区别是:工件经一次装夹后,数控装置就能控制机床自动地更换刀具,连续地对工件的各加工面自动完成铣、镗、钻、铰及攻螺纹等多工序加工。这类机床大多是以镗铣为主的,主要用来加工箱体零件。它和一般的数控机床相比具有如下优点: ①减少机床台数,便于管理,对于多工序的零件只要一台机床就能完成全部加工,并可以减少半成品的库存

序号	内容		详 细 说 明
1	按工艺用途分类	数空加工中心	②由于工件只要一次装夹,因此减少了多次安装造成的定位误差,可以依靠机床精度来保证加工质量 ③工序集中,缩短了辅助时间,提高了生产率 ④由于零件在一台机床上一次装夹就能完成多道工序加工,因此大大减少了专用工夹具的数量,进一步缩短了生产准备时间 由于数控加工中心机床的优点很多,因此在数控机床生产中占有很重要的地位 另外,还有一类加工中心是在车床基础上发展起来的,以轴类零件为主要加工对象,除可进行车削、镗削外,还可以进行端面和周面上任意部位的钻削、铣削和攻螺纹加工,这类加工中心也设有刀库,可安装 4~12 把刀具。习惯上称此类机床为车削加工中心
		多坐标数控机床	有些复杂形状的零件,用三坐标的数控机床还无法加工,如螺旋桨、飞机曲面零件的加工等,需要三个以上坐标的合成运动才能加工出所需形状。于是出现了多坐标的数控机床,其特点是数控装置控制的轴数较多,机床结构也比较复杂,其坐标轴数通常取决于加工零件的工艺要求。现在常用的是四轴、五轴、六轴的数控机床(图 1-8 为五轴联动的数控加工示意图)。这时 X、Y、Z 三个坐标与转台的回转、刀具的摆动可以联动,可加工机翼等复杂曲面类零件 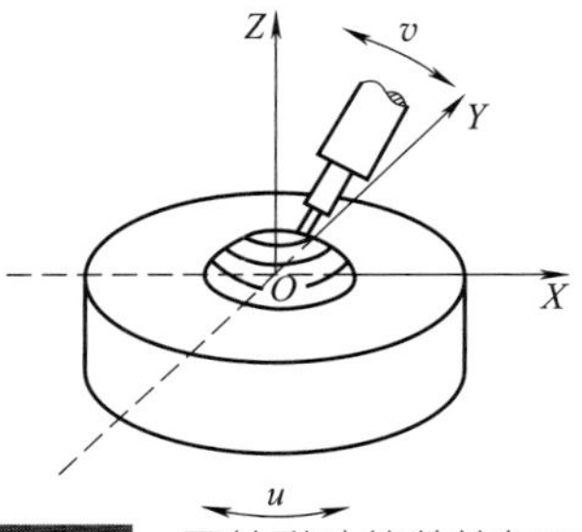 图 1-8 五轴联动的数控加工
2	按运动控制的特点分类		按对刀具与工件间相对运动轨迹的控制,可将数控机床分为点位控制数控机床、直线控制数控机床、轮廓控制数控机床等
		点位控制数控机床	这类数控机床只需控制刀具从某一位置移到下一个位置,不考虑其运动轨迹,只要求刀具能最终准确到达目标位置,即仅控制行程终点的坐标值,在移动过程中不进行任何切削加工。至于两相关点之间的移动速度及路线则取决于生产率,如图 1-9(a)所示。为了在精确定位的基础上有尽可能高的生产率,两相关点之间的移动先是快速移动到接近新定位点的位置,然后降速,慢速趋近定位点,以保证其定位精度 点位控制可用于数控坐标镗床、数控钻床、数控冲床和数控测量机等机床的运动控制 用点位控制形式控制的机床称为点位控制数控机床
		直线控制数控机床	直线控制的数控机床是指能控制机床工作台或刀具以要求的进给速度,沿平行于坐标轴(或与坐标轴成 45°的斜线)的方向进行直线移动和切削加工的数控机床,如图 1-9(b)所示。这类数控机床工作时,不仅要控制两相关点之间的位置,还要控制两相关点之间的移动速度和路线(轨迹)。其路线一般都由与各轴线平行的直线段组成。它和点位控制数控机床的区别在于:当数控机床的移动部件移动时,可以沿一个坐标轴的方向进行切削加工(一般地也可以沿 45°斜线进行切削,但不能沿任意斜率的直线切削),而且其辅助功能比点位控制的数控机床的多,例如主轴转速控制、循环进给加工、刀具选择等功能 这类数控机床主要有简易数控车床、数控镗铣床等。相应的数控装置称为直线控制装置
		轮廓控制数控机床	这类数控机床的控制装置能够同时对两个或两个以上的坐标轴进行连续控制,如图 1-9(c)所示。加工时不仅要控制起点和终点,还要控制整个加工过程中每点的速度和位置,使机床加工出符合图样要求的复杂形状的零件。大部分都具有两坐标或两坐标以上联动、刀具半径补偿、刀具长度补偿、数控机床轴向运动误差补偿、丝杠螺距误差补偿、齿侧间隙误差补偿等系列功能。该类数控机床可加工曲面、叶轮等复杂形状的零件 这类数控机床典型的有数控车床、数控铣床、加工中心等,其相应的数控装置称为轮廓控制装置(或连续控制装置) 轮廓控制数控机床按照联动(同时控制)轴数可分为两轴联动控制数控机床、两轴半坐标联动控制数控机床、三轴联动控制数控机床、四轴联动控制数控机床、五轴联动控制数控机床等。多轴(三轴以上)控制与编程技术是高技术领域开发研究的课题,随着现代制造技术领域中产品的复杂程度和加工精度的不断提高,多轴联动控制技术及其加工编程技术的应用也越来越普遍

序号	内容	详 细 说 明
2	按运动控制的特点分类	轮廓控制数控机床 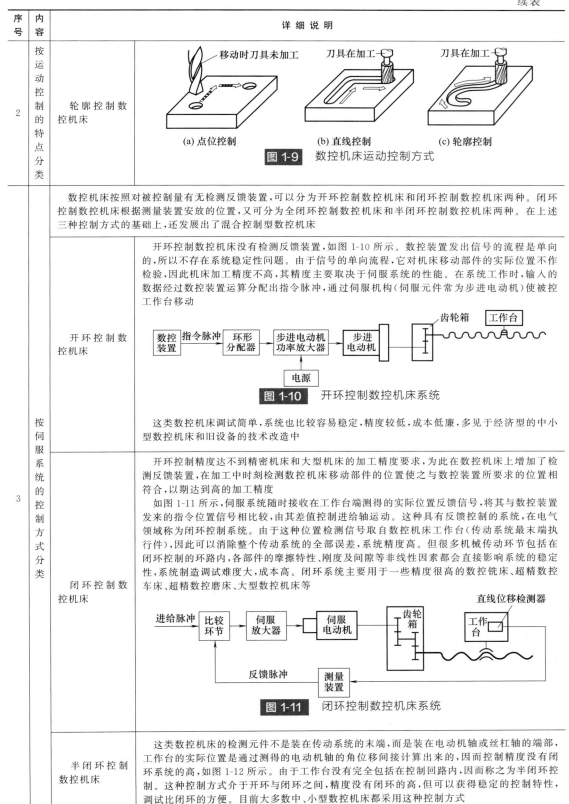

图 1-9 数控机床运动控制方式

（a）点位控制　　（b）直线控制　　（c）轮廓控制

3	按伺服系统的控制方式分类	

数控机床按照对被控制量有无检测反馈装置，可以分为开环控制数控机床和闭环控制数控机床两种。闭环控制数控机床根据测量装置安放的位置，又可分为全闭环控制数控机床和半闭环控制数控机床两种。在上述三种控制方式的基础上，还发展出了混合控制型数控机床

开环控制数控机床

开环控制数控机床没有检测反馈装置，如图 1-10 所示。数控装置发出信号的流程是单向的，所以不存在系统稳定性问题。由于信号的单向流程，它对机床移动部件的实际位置不作检验，因此机床加工精度不高，其精度主要取决于伺服系统的性能。在系统工作时，输入的数据经过数控装置运算分配出指令脉冲，通过伺服机构（伺服元件常为步进电动机）使被控工作台移动

图 1-10 开环控制数控机床系统

这类数控机床调试简单，系统也比较容易稳定，精度较低，成本低廉，多见于经济型的中小型数控机床和旧设备的技术改造中

闭环控制数控机床

开环控制精度达不到精密机床和大型机床的加工精度要求，为此在数控机床上增加了检测反馈装置，在加工中时刻检测数控机床移动部件的位置使之与数控装置所要求的位置相符合，以期达到高的加工精度

如图 1-11 所示，伺服系统随时接收在工作台端测得的实际位置反馈信号，将其与数控装置发来的指令位置信号相比较，由其差值控制进给轴运动。这种具有反馈控制的系统，在电气领域称为闭环控制系统。由于这种位置检测信号取自数控机床工作台（传动系统最末端执行件），因此可以消除整个传动系统的全部误差，系统精度高。但很多机械传动环节包括在闭环控制的环路内，各部件的摩擦特性、刚度及间隙等非线性因素都会直接影响系统的稳定性，系统制造调试难度大，成本高。闭环系统主要用于一些精度很高的数控铣床、超精数控车床、超精数控磨床、大型数控机床等

图 1-11 闭环控制数控机床系统

半闭环控制数控机床

这类数控机床的检测元件不是装在传动系统的末端，而是装在电动机轴或丝杠轴的端部，工作台的实际位置是通过测得的电动机轴的角位移间接计算出来的，因而控制精度没有闭环系统的高，如图 1-12 所示。由于工作台没有完全包括在控制回路内，因而称之为半闭环控制。这种控制方式介于开环与闭环之间，精度没有闭环的高，但可以获得稳定的控制特性，调试比闭环的方便。目前大多数中、小型数控机床都采用这种控制方式

序号	内容		详细说明
3	按伺服系统的控制方式分类	半闭环控制数控机床	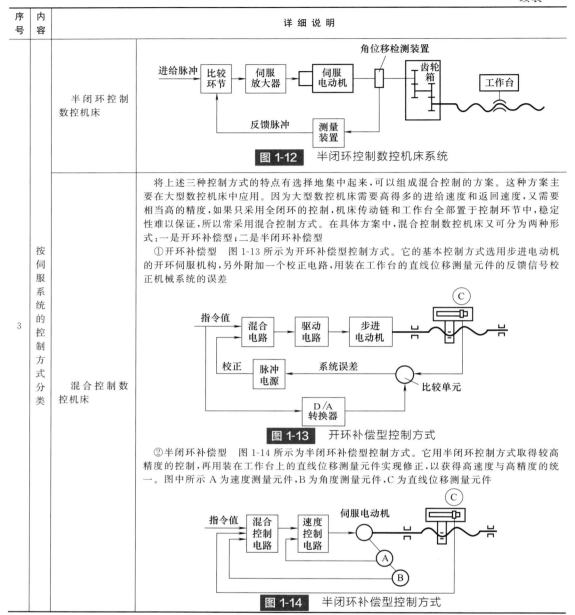
		混合控制数控机床	将上述三种控制方式的特点有选择地集中起来，可以组成混合控制的方案。这种方案主要在大型数控机床中应用。因为大型数控机床需要高得多的进给速度和返回速度，又需要相当高的精度，如果只采用全闭环的控制，机床传动链和工作台全部置于控制环节中，稳定性难以保证，所以常采用混合控制方式。在具体方案中，混合控制数控机床又可分为两种形式：一是开环补偿型；二是半闭环补偿型 ①开环补偿型　图 1-13 所示为开环补偿型控制方式。它的基本控制方式选用步进电动机的开环伺服机构，另外附加一个校正电路，用装在工作台的直线位移测量元件的反馈信号校正机械系统的误差 ②半闭环补偿型　图 1-14 所示为半闭环补偿型控制方式。它用半闭环控制方式取得较高精度的控制，再用装在工作台上的直线位移测量元件实现修正，以获得高速度与高精度的统一。图中所示 A 为速度测量元件，B 为角度测量元件，C 为直线位移测量元件

图 1-12　半闭环控制数控机床系统

图 1-13　开环补偿型控制方式

图 1-14　半闭环补偿型控制方式

1.3.3　常用的数控机床

表 1-6 列出了实际加工生产中所常用的数控机床。

▣ **表 1-6　常用的数控机床**

序号	数控机床类型			控制方式	详细说明
1	数控车床	卧式	卡盘式	点位、直线	用于加工小型盘类零件，采用四方刀架或转塔刀架
				轮廓	
			卡盘、顶尖式	轮廓	用于加工盘类、轴类零件，床身有水平、垂直和斜置之分，采用四方刀架或回转刀库
		立式		轮廓	用于加工大型连续控制盘类零件，采用转塔刀架

序号	数控机床类型			控制方式	详细说明
2	车削中心			轮廓,3～7轴或多轴	集中了车、钻、铣甚至磨等工艺,回转刀库上有动力刀具,有的有多个回转刀库,有的有副主轴,可进行背面加工,实现零件的全部加工;是钻、铣、镗、加工中心之外技术发展最快的数控机床,其结构、功能、变化最快,新品不断推出,是建造FMS的理想机型
3	数控铣床	立式		点位、直线	铣削(也可钻孔、攻螺纹),手动换刀
				轮廓(多轴联动)	铣削、成形铣削(也可钻孔、攻螺纹),手动换刀
		龙门式		点位、直线	用于加工大型复杂零件,手动换刀
				轮廓(多轴联动)	用于加工大型、形状复杂的零件,手动换刀
4	数控仿形铣床	立式		轮廓(多轴联动)	用于加工凹、凸模,手动换刀
		卧式			用于加工大型凹、凸模,手动换刀
5	加工中心	立式		轮廓(多轴联动)	钻、镗、铣、螺纹加工,孔内切槽;有多种形式的刀库;分机械手换刀和无机械手换刀
		卧式			钻、镗、铣、螺纹加工,孔内切槽;有多种形式的刀库;分机械手换刀和无机械手换刀
		立、卧主轴自动切换式			钻、镗、铣、螺纹加工,孔内切槽;可五面加工;多种形式刀库;机械手换刀
		主轴倾角可控式			钻、镗、铣、螺纹加工,孔内切槽;可五面加工;可铣斜面;多种形式刀库;机械手换刀
		其他			可倾工作台上有圆工作台,有多种形式的刀库,机械手换刀;圆工作台可从立置切换为卧置;侧置圆工作台可上下移动,便于排屑;突破传统结构上的六杆加工中心和三杆加工中心
6	数控钻床	单工作台		点位、直线	钻、铰孔,攻螺纹;转塔主轴或手动换刀
		双工作台			钻、铰孔,攻螺纹;两个固定工作台,一个用于加工,另一个用于装卸零件;直线刀库
7	数控镗床	立式		点位、直线	用于加工箱体件,钻、镗、铣,手动换刀
		卧式			
8	数控坐标镗床	立式		点位、直线	用于加工孔距要求高的箱体件,手动换刀
		卧式			
9	数控磨床	平面磨床	立轴圆台	点位、直线、轮廓	适合大余量磨削;自动修整砂轮
			卧轴圆台		适合圆离合器等薄型零件,变形小;自动修整砂轮
			立轴矩台		适合大余量磨削,自动修整砂轮
			卧轴矩台		平面粗、精磨,镜面磨削;砂轮修形后成形磨削;自动修整砂轮
		内圆磨床			用于加工内孔端面,自动修整砂轮
		外圆磨床			用于加工外圆端面,横磨、纵磨、成形磨、自动修整砂轮;有主动测量装置
		万能磨床			内、外圆磨床的组合
		无心磨床			不需预车直接磨削,无心成形磨削
		专用磨床			有丝杠磨床、花键磨床、曲轮磨床、凸轮轴磨床等
10	磨削中心			点位、直线、轮廓	在万能磨床的基础上实现自动更换外圆、内圆砂轮(或自动上、下零件)
11	数控插床			轮廓	加工异形柱状零件
12	数控组合机床	数控滑台、数控动力头组合机床		点位、直线	使组合机床、自动线运行可靠,调整、换产品快捷
		自动换箱组合机床			零件固定(或分度)自动更换多轴箱,完成零件的各种加工

序号	数控机床类型		控制方式	详细说明
13	数控齿轮加工机床	滚齿机	直线,齿形展成运动;(有数控和非数控之分)	在滚齿机上可切削直齿、斜齿圆柱齿轮,还可加工蜗轮、链轮等。它是用滚刀按展成法加工直齿、斜齿和人字齿圆柱齿轮以及蜗轮的齿轮加工机床。这种机床使用特制的滚刀时也能加工花键和链轮等各种特殊齿形的工件 　普通滚齿机的加工精度为 7～6 级(JB 179—83),高精度滚齿机为 4～3 级。最大加工直径达 15m
		插齿机		它是使用插齿刀按展成法加工内、外直齿和斜齿圆柱齿轮以及其他齿形件的齿轮加工机床。插齿时,插齿刀作上下往复的切削运动,同时与工件作相对的滚动 　插齿机主要用于加工多联齿轮和内齿轮,加附件后还可加工齿条。在插齿机上使用专门刀具时还能加工非圆齿轮、不完全齿轮和内外成形表面, 如方孔、六角孔、带键轴(键与轴连成一体)等。加工精度可达 7～5 级(JB 179—83), 最大加工工件直径达 12m
		磨齿机		分成形磨削、蜗杆磨削、展成磨削
14	数控电加工机床	线切割机床	轮廓(多轴联动)	加工冲模、样板等,分快走丝和慢走丝线切割机床。快走丝线切割机床切割速度快,表面粗糙度比慢走丝线切割机床略差
		电火花成形机床	点位、直线	用于凹、凸模数控成形,便于自适应控制
15	数控激光加工机床	钻孔	点位、直线	用于钻微孔及在难加工材料上钻孔,孔径为 10～500μm,孔深(在金属上)为 10 倍孔径
		切割	轮廓	板材切割成形精度高
		刻划		刻线机用于刻写标记,速度很快
		热处理、焊接	3D 机器人	用于局部或各种表面淬火,各种材料(包括钢、银、金)的焊接
		铣削	轮廓	是近年出现的机床,可铣出 0.2mm 的窄缝或更窄的凸筋,"刀具"直径小,不磨损,切削内应力小
		激光分层制模		将对紫外激光敏感的液体塑料放在一个容器内,先使数控升降托板与液面平齐。紫外激光射线按程序扫硬第一层,托板下降再扫硬第二层,循环往复,直至成形。完成后再在紫外激光炉内进一步硬化,上漆,成为置换金属(如熔模铸造)的模型
16	数控压力机		点位、直线、轮廓	用于对板材和薄型材冲圆孔、方孔、矩形孔、异形孔等
17	数控剪板机		点位、直线	用于剪裁材料
18	数控折弯机		点位、直线	用于折弯成形
19	数控弯管机		连续控制(多轴联动)	用于各种油管、导管的弯曲
20	数控坐标测量机		点位、连续控制	用于对零件尺寸、位置精度进行精密测量,或用测头"扫描"生成零件加工程序

1.4　数控机床的发展和未来趋势

1.4.1　数控机床发展

　　20 世纪中叶,随着信息技术革命的到来,机床也由之前的手工测绘、简单操作逐渐演变为数字操控、全自动化成形部件的数控机床。

1946 年诞生了世界上第一台电子计算机，这表明人类创造了可增强和部分代替脑力劳动的工具。它与人类在农业、工业社会中创造的那些只是增强体力劳动的工具相比，有了质的飞跃，为人类进入信息社会奠定了基础。

6 年后，即在 1952 年，计算机技术应用到了机床上，在美国诞生了第一台数控机床。从此，传统机床产生了质的变化。半个多世纪以来，数控系统经历了两个阶段和六代的发展。

表 1-7 详细描述了数控机床的发展过程。

⊡ 表 1-7　数控机床的发展过程

序号	发展阶段		详　细　说　明
1	数控（NC）阶段 （1952～1970 年）		早期计算机的运算速度低，对当时的科学计算和数据处理影响还不大，但不能适应机床实时控制的要求。人们不得不采用数字逻辑电路"搭"成一台机床专用计算机作为数控系统，被称为硬件连接数控（Hard-Wired NC），简称为数控（NC）
		第 1 代数控系统	始于 20 世纪 50 年代初，系统全部采用电子管元件，逻辑运算与控制采用硬件电路完成
		第 2 代数控系统	始于 20 世纪 50 年代末，以晶体管元件和印刷电路板广泛应用于数控系统为标志
		第 3 代数控系统	始于 20 世纪 60 年代中期，由于小规模集成电路的出现，其体积变小，功耗降低，可靠性提高，推动了数控系统的进一步发展
2	计算机数控 （CNC）阶段（1970 年至今）	第 4 代数控系统	到 1970 年，小型计算机业已出现并成批生产。于是将它移植过来作为数控系统的核心部件，从此进入了计算机数控（CNC）阶段。到 1971 年，美国 INTEL 公司在世界上第一次将计算机的两个最核心的部件——运算器和控制器采用大规模集成电路技术集成在一块芯片上，称之为微处理器（microprocessor），又可称为中央处理单元（简称 CPU）
		第 5 代数控系统	到 1974 年微处理器被应用于数控系统。这是因为小型计算机功能太强，控制一台机床能力有富余（故当时曾用于控制多台机床，称之为群控），不如采用微处理器经济合理。而且当时的小型机可靠性也不理想。早期的微处理器速度和功能虽还不够高，但可以通过多处理器结构来解决。由于微处理器是通用计算机的核心部件，故仍称为计算机数控
		第 6 代数控系统	到了 1990 年，PC 机（个人计算机，国内习惯称微机）的性能已发展到很高的阶段，可以满足作为数控系统核心部件的要求。数控系统从此进入了基于 PC 的阶段

注：虽然国外早已改称为计算机数控（即 CNC）了，而我国仍习惯称数控（NC）。所以我们日常讲的"数控"，实质上已是指"计算机数控"了。

1.4.2　我国数控机床的发展

数控机床是一种高度机电一体化的产品，在传统的机床基础上引进了数字化控制，将以往凭借工人经验的操作变为数字化、可复制的自动操作，其加工柔性好，加工精度高，生产率高，减轻操作者劳动强度、改善劳动条件，有利于生产管理的现代化以及经济效益的提高。数控机床的特点及其应用范围使其成为国民经济和国防建设发展的重要装备。目前，工业发达国家机床产业的数控化比例通常在 60% 以上，在日本和德国更是超过了 85%。

我国真正的工业化进程起始于 20 世纪 50 年代。由于种种原因，我们错过了 20 世纪 70～80 年代的新型工业化大发展时期，导致我国的机械装备制造产业到现在为止仍然在赶超发达国家的阶段。自 20 世纪末开始，我国开始了大规模引进西方技术，同时在引进技术的基础上吸收、融合、创造，最终发展出我们自己的数控机床制造产业。这一时期，我国的整体制造业也开始逐渐由制造大国向制造强国迈进，机床制造业也跟着取得了数控机床快速增长的业绩。机床的发展和创新在一定程度上能映射出加工技术的主要趋势。近年来，我国在数控机床和机床工具行业对外合资合作进一步加强，无论是在精度、速度、性能方面还是智能化方面都取得了相当不错的成绩。

目前，国内生产的数控机床可以大致分为经济型机床，普及型机床，中、高档型机床三种类型。经济型机床基本都是采用开环控制技术；普及型机床采用半闭环控制技术，分辨率可达到 $1\mu m$。表 1-8 详细描述了我国不同档次机床的使用现状。

▢ 表 1-8　我国不同档次机床的使用现状

序号	机床的档次	使 用 现 状
1	经济型机床	经济型数控机床是指具有针对性加工功能但功能水平较低且价格低廉的数控机床，它主要由机械和电气控制两大部分组成。国产的经济型数控机床已经在国内机床生产企业得到了很好的应用，经济型数控机床基本都是国内产品，不管是从质量上还是从可靠性上都可以满足大部分机床用户的需要
2	普及型机床	国内普及型数控机床中大约有 $60\%\sim70\%$ 采用的是国内产品。但是需要指出的是，这些国产数控机床当中大约 80% 的数控系统都在使用国外产品，国内机床企业将各个子系统进口后进行拼装，组成最终的成品机床。我国部分中档普及型数控机床在功能、性能和可靠性方面已具有较强的市场竞争力
3	中、高档型机床	高档型机床采用闭环控制，以计算机程序来实现全过程无人控制，具有各种补偿功能、新控制功能、自动诊断，分辨率可以达到 $0.1\mu m$
		在中、高档数控机床如四轴、五轴联动机床等高端产品方面，国产产品与国外产品相比，仍存在较大差距。高档机床方面国产产品大约只能占到 10%，大部分都是靠进口。数控机床的核心技术——数控系统由显示器、控制器伺服、伺服电动机和各种开关、传感器构成，我国更是几乎全部需要国外进口。目前，我国在沿海发达地区建数控机床生产厂的大多是国外厂家，大部分核心技术都被外方掌握。国内能做的中、高端数控机床，更多处于组装和制造环节，普遍未掌握核心技术

1.4.3　数控机床未来发展的趋势

表 1-9 详细描述了数控机床未来的发展趋势。

▢ 表 1-9　数控机床的发展趋势

序号	发展趋势	详 细 说 明
1	继续向开放式、基于 PC 的第六代方向发展	基于 PC 所具有的开放性、低成本、高可靠性、软硬件资源丰富等特点，更多的数控系统生产厂家会走上这条道路。至少采用 PC 机作为它的前端机，来处理人机界面、编程、联网通信等问题，由原有的系统承担数控的任务。PC 机所具有的友好的人机界面将普及到所有的数控系统。远程通信、远程诊断和维修将更加普遍
2	加工过程绿色化	随着社会的不断发展与进步，人们越来越重视环保，所以数控机床的加工过程也会向绿色化方向发展。比如在金属切削机床的发展中，需要逐步实现切削加工工艺的绿色化，就目前的加工过程来看，主要是依靠不使用切削液手段来实现加工过程绿色化，因为这种切削液会污染环境，而且还会严重危害人们的身体健康
3	向着高速化、高精度化和高效化方向发展	伴随航空航天、船务运输、汽车行业以及高速火车等国民及国防事业的快速发展，新兴材料得到了广泛的应用。伴随着新兴材料的发展，行业对于高速和超高速数控机床的需求也越来越大。高速和超高速数控机床不仅可以提高企业生产效率，同时也可以对传统机床难于加工的材料进行切削，提高加工精度
		数控机床最大的优势和特点在于其主轴运动速度转速和进给速度大。现在使用的数控机床通常采用 64bit 的较高的处理器，未来数控机床将广泛采用超大规模的集成电路与多微处理器，从而实现较高的运算速度，使得智能专家控制系统和多轴控制系统成为可能。数控机床也可以通过自动调节和设定工作参数，得到较高的加工精度提高设备的使用寿命和生产效率

序号	发展趋势	详 细 说 明
3	向着高速化、高精度化和高效化方向发展	以加工中心为例,其主要精度指标——直线坐标的定位精度和重复定位精度都有了明显的提高,定位精度由±5μm提高到±0.15～±0.3μm,重复定位精度由±2μm提高到±1μm。为了提高加工精度,除了在结构总体设计、主轴箱、进给系统中采用低热胀系数材料、通入恒温油等措施外,在控制系统方面采取的措施是: ①采用高精度的脉冲当量。从提高控制人手来提高定位精度和重复定位精度 ②采用交流数字伺服系统。伺服系统的质量直接关系到数控系统的加工精度。采用交流数字伺服系统,可使伺服电动机的位置、速度及电流环路等参数都实现数字化,因此也就实现了几乎不受负载变化影响的高速响应的伺服系统 ③前馈控制。所谓前馈控制,就是在原来的控制系统上加上指令各阶导数的控制。采用它,能使伺服系统的追踪滞后1/2,改善加工精度 ④机床静摩擦的非线性控制。对于具有较大静摩擦的数控设备,由于过去没有采取有效的控制,使圆弧切削的圆度不好。而新型数字伺服系统具有补偿机床驱动系统静摩擦的非线性控制功能,可改善圆弧的圆度
4	向着自诊断方向发展	随着人工智能技术的不断成熟与发展,数控机床性能也得到了明显的改善。在新一代的数控机床控制系统中大量采用了模糊控制系统、神经网络控制系统和专家控制系统,使数控机床性能大大改善。通过数控机床自身的故障诊断程序,自动实现对数控机床硬件设备、软件程序和其他附属设备进行故障诊断和自动预警 数控机床可以依据现有的故障信息,实现快速定位故障源,并给出故障排除建议,使用者可以通过自动预警提示及时解决故障问题,实现故障自恢复,防止和解决各种突发性事件从而进行相应的保护 现代数控系统智能化自诊断的发展,主要体现以下几个方面: ①工件自动检测、自动定心 ②刀具磨损检测及自动更换备用刀具 ③刀具寿命及刀具收存情况管理 ④负载监控 ⑤数据管理 ⑥维修管理 ⑦利用前馈控制实施补偿矢量的功能 ⑧根据加工时的热变形,对滚珠丝杠等的伸缩实施补偿功能
5	向着网络化全球性方向发展	随着互联网技术的普及与发展,在企业日常工作管理过程中网络化管理模式已经日益普及。管理者往往可以通过手中的鼠标实现对企业的管理。数控机床作为企业生产的重要工具也逐渐进行了数字化的改造。数控机床的网络化推进了柔性制造自动化技术的快速发展,使数控机床的发展更加具有信息集成化、智能化和系统化的特点 数控机床的网络化发展方向也体现在远程监控与故障处理上。当数控机床运行过程中出现故障后,数控机床生产厂家不用直接亲临现场就可以通过互联网对故障数控机床进行远程诊断与故障排除,这样不仅可以大大减少数控机床的维修成本,而且还可以大大提高企业的生产效率。数控机床的网络化发展方向还表现在远程操作与培训上,可以通过把数控机床共享到网络上,从而实现多地、多用户的远程操作与培训,甚至可以依靠电子商务平台任意组成网上虚拟数控车间,实现跨地域全球性的CAD/CAM/CNC网络制造
6	向着模块化方向发展	模块化的设计思想已经广泛应用于各设计行业。数控机床设计也不例外地广泛使用模块制造功能各异的设备。所设计的模块往往是通用的,企业用户可以根据生产需要随时更换所需模块。采用模块化思想的数控机床提高了数控机床的灵活性,降低了企业生产成本,提高了企业生产效率,增强了企业竞争的能力。严格按照模块化的设计思想设计数控机床,不仅能有效地保障操作员和设备运行的安全,同时也能保证数控机床能够达到产品技术性能、充分发挥数控机床的加工特点;此外,模块化的设计还有助于增强数控机床的使用效率,减小故障率,提高数控机床的生产水平
7	极端制造扩张新的技术领域	极端制造技术是指极大型、极微型、极精密型等极端条件下的制造技术,是数控机床技术发展的重要方向。重点研究微纳机电系统的制造技术,超精密制造、巨型系统制造等相关的数控制造技术、检测技术及相关的数控机床研制,如微型、高精度、远程控制手术机器人的制造技术和应用;应用于制造大型电站设备、大型舰船和航空航天设备的重型、超重型数控机床的研制;IT产业等高新技术的发展需要超精细加工和微纳米级加工技术,研制适应微小尺寸的微纳米级加工新一代微型数控机床和特种加工机床;极端制造领域的复合机床的研制等

序号	发展趋势	详 细 说 明
8	五轴联动加工和复合加工机床快速发展	采用五轴联动对三维曲面零件的加工,可用刀具最佳几何形状进行切削,不仅光洁度高,而且效率也大幅度提高。一般认为,1台五轴联动机床的效率可以等于2台三轴联动机床,特别是使用立方氮化硼等超硬材料铣刀进行高速铣削淬硬钢零件时。五轴联动加工可比三轴联动加工发挥更高的效益。但在过去因五轴联动数控系统、主机结构复杂等原因,其价格要比三轴联动数控机床高出数倍,加之编程技术难度较大,制约了五轴联动机床的发展。当前出现的电主轴使得实现五轴联动加工的复合主轴头结构大为简化,其制造难度和成本大幅度降低,数控系统的价格差距缩小。这促进了复合主轴头类型五轴联动机床和复合加工机床(含五面加工机床)的发展 目前,新日本工机株式会社的五面加工机床采用复合主轴头,可实现4个垂直平面的加工和任意角度的加工,使得五面加工和五轴加工可在同一台机床上实现,还可实现倾斜面和倒锥孔的加工。德国DMG公司展出DMU Voution系列加工中心,可在一次装夹下五面加工和五轴联动加工,可由CNC系统控制或CAD/CAM直接或间接控制
9	小型化机床的优势凸显	数控技术的发展提出了数控装置小型化的要求,以便机、电装置更好地糅合在一起。目前许多数控装置采用最新的大规模集成电路(LSI)、新型液晶薄型显示器和表面安装技术,消除了整个控制机架。机械结构小型化以缩小体积。同时伺服系统和机床主体进行了很好的机电匹配,提高了数控机床的动态特性

1.5 数控机床的安全生产和人员安排

安全生产是现代企业制度中一项十分重要的内容,操作者除了掌握好数控机床的性能、精心操作外,一方面要管好、用好和维护好数控机床;另一方面还必须养成文明生产的良好工作习惯和严谨的工作作风,应具有较好的职业素质、责任心和良好的合作精神。

1.5.1 数控机床安全生产的要求

表1-10详细描述了数控机床安全生产的要求。

▫ 表1-10 数控机床安全生产的要求

序号	安全生产要求	详 细 说 明
1	技术培训	操作工在独立使用设备前,需经过对数控机床应用必要的基本知识和技术理论及操作技能的培训;在熟练技师的指导下实际上机训练,达到一定的熟练程度。技术培训的内容包括数控机床结构性能、数控机床工作原理、传动装置、数控系统技术特性、金属加工技术规范、操作规程、安全操作要领、维护保养事项、安全防护措施、故障处理原则等
2	实行定人定机持证操作	参加国家职业资格的考核鉴定,鉴定合格并取得资格证后,方能独立操作所使用的数控机床。严禁无证上岗操作。严格实行定人定机和岗位责任制,以确保正确使用数控机床和落实日常维护工作。多人操作的数控机床应实行机长负责制,由机长对使用和维护工作负责。公用数控机床应由企业管理者指定专人负责维护保管。数控机床定人定机名单由使用部门提出,报设备管理部门审批,签发操作证;精、大、稀关键设备定人定机名单,设备部门审核报企业管理者批准后签发。定人定机名单批准后,不得随意变动。对技术熟练能掌握多种数控机床操作技术的工人,经考试合格可签发操作多种数控机床的操作证
3	建立使用数控机床的岗位责任制	数控机床操作工必须严格按"数控机床操作维护规程""四项要求""五项纪律"的规定正确使用与精心维护设备。实行日常点检,认真记录。做到班前正确润滑设备,班中注意运转情况,班后清扫擦拭设备,保持清洁,涂油防锈。在做到"三好"的要求下,练好"四会"基本功,做好日常维护和定期维护工作;配合维修工人检查修理自己操作的设备;保管好设备附件和工具,并参加数控机床维修后的验收工作。认真执行交接班制度和填写好交接班及运行记录。发生设备事故时立即切断电源。保持现场,及时向生产工长和车间机械员(师)报告,听候处理。分析事故时应如实说明经过,对违反操作规程等造成的事故应负直接责任 具体要求见表1-11

序号	安全生产要求	详 细 说 明
4	建立交接班制度	连续生产和多班制生产的设备必须实行交接班制度。交班人除完成设备日常维护作业外,必须把设备运行情况和发现的问题详细记录在交接班簿上,并主动向接班人介绍清楚,双方当面检查,在交接班簿上签字。接班人如发现异常或情况不明、记录不清时,可拒绝接班。如交接不清,设备在接班后发生问题,由接班人负责。企业对在用设备均需设交接班簿,不准涂改撕毁。区域维修部(站)和机械员(师)应及时收集分析,掌握交接班执行情况和数控机床技术状态信息

1.5.2 数控机床生产的岗位责任制

表 1-11 详细描述了数控机床生产的岗位责任制。

▫ 表 1-11 数控机床生产的岗位责任制

序号	岗位责任制		详 细 说 明
1	三好	管好数控机床	掌握数控机床的数量、质量及其变动情况,合理配置数控机床,严格执行关于设备的移装、调拨、借用、出租、封存、报废、改装及更新的有关管理制度,保证财产的完整齐全,保持其完好和价值。操作工必须管好自己使用的机床,未经上级批准不准他人使用,杜绝无证操作现象
		用好数控机床	正确使用和精心维护好数控机床生产应依据机床的能力合理安排,不得有超性能使用和拼设备之类的短期化行为。操作工必须严格遵守操作维护规程,不超负荷使用及采取不文明的操作方法,认真进行日常保养和定期维护,使数控机床保持"整齐、清洁、润滑、安全"的标准
		修好数控机床	车间安排生产时应考虑和预留计划维修时间,防止机床带病运行。操作工要配合维修工修好设备,及时排除故障。要贯彻"预防为主、养为基础"的原则,实行计划预防修理制度,广泛采用新技术、新工艺,保证修理质量,缩短停机时间,降低修理费用,提高数控机床的各项技术经济指标
2	四会	会使用	操作工应先学习数控机床操作规程,熟悉设备结构性能、传动装置,懂得加工工艺和工装工具在数控机床上的正确使用方法
		会维护	能正确执行数控机床维护和润滑规定,按时清扫,保持设备清洁完好
		会检查	了解设备易损零件部位,知道检查项目、标准和方法,并能按规定进行日常检查
		会排除故障	熟悉设备特点,能鉴别设备正常与异常现象,懂得其零部件拆装注意事项,会做一般故障调整或协同维修人员进行排除
3	四项要求	整齐	工具、工件、附件摆放整齐,设备零部件及安全防护装置齐全,线路管道完整
		清洁	设备内外清洁,无"黄袍",各滑动面、丝杠、齿条、齿轮无油污、无损伤;各部位不漏油、漏水、漏气,铁屑清扫干净
		润滑	按时加油、换油,油质符合要求;油枪、油壶、油杯、油嘴齐全,油毡、油线清洁,油标明亮,油路畅通
		安全	实行定人定机制度,遵守操作维护规程,合理使用,注意观察运行情况,不出安全事故
4	五项纪律		凭操作证使用设备,遵守安全操作维护规程
			经常保持机床整洁,按规定加油,保证合理润滑
			遵守交接班制度
			管好工具、附件,不得遗失
			发现异常立即通知有关人员检查处理

1.5.3 数控加工中人员分工

表 1-12 详细描述了数控加工中的人员分工。

任务＼人员	数控加工编程人员	机床调整人员	机床操作人员	刀辅夹具准备人员
加工程序编制	●		○	
加工程序检验	●		○	
加工程序测试	○	●	●	
加工程序修改	○		○	
加工程序优化	●		○	
加工程序保管	●			
机床调整		●	○	
机床整备		○	●	
机床操作			●	
工作过程监视			●	
程序输入			●	
零件校验			○	
刀辅具运输			○	
刀辅具保管				○
刀具预调（对刀）			○	●
夹具运输			○	●
夹具保管				●
夹具组装				●
夹具整备				●

注：●—主要工作，○—可能参与的工作。

具体组织生产时，可灵活变通，机床台数较少时，有可能令编程人员或机床操作人员承担上述全部工作；机床较多时，机床调整工作及刀具、辅具、夹具准备工作也交由一人承担。

1.5.4　数控加工对不同人员的要求

表 1-13 详细描述了数控加工对不同人员的要求。

□ 表 1-13　数控加工对不同人员的要求

序号	人员分工	专业知识			个人素质
		基本知识	工艺知识	加工程序知识	
1	数控编程人员	①阅读生产图样 ②利用公式、图表进行计算 ③几何图形分析计算 ④能运用 CAD 软件获取相关点的坐标，能运用 CAD/CAM 软件生成数控加工程序	①机床控制系统的结构和工作原理 ②机床的加工范围、机床能力 ③正确选择刀具及相应的工艺参数、切削用量 ④正确选择定位、夹紧部位及正确地选用夹具	①正确使用循环加工程序和子程序 ②会手工编程和使用计算机辅助编程 ③熟知安全操作规程，能排除突然出现的故障和使用事故	①细心、缜密、精确 ②逻辑思维能力强 ③反应敏捷 ④概括能力 ⑤工作积极 ⑥能承担重任 ⑦利用信息的能力 ⑧与人沟通合作的能力

序号	人员分工	专 业 知 识		个 人 素 质
		生产加工应知应会	加工程序应知应会	
2	机床操作人员	①能读懂加工图样 ②掌握基本数学、几何运算 ③熟悉机加工工艺 ④会使用机床键盘及操作面板 ⑤会维护保养机床 ⑥正确安装调整零件 ⑦正确向刀库装刀 ⑧正确使用测量工具进行测量 ⑨必要时进行尺寸修正 ⑩具备零件材料方面的知识 ⑪知晓安全操作规程及应急措施	①加工工艺过程 ②正确合理地使用刀具 ③与加工程序有关的数学、几何运算 ④按机床编程说明书进行手工编程	①责任心 ②严格认真 ③能承担重任 ④思维、动作敏捷 ⑤独立工作能力 ⑥团队精神
3	维修人员	①掌握机械、液压、气动、电工、电子、计算机、伺服控制的基本知识 ②熟知机床和附属装置、机械结构和信号点、动作联锁关系 ③熟知控制系统结构；印制电路板上设置开关及短路棒的使用，功能区（或功能模块）及发光二极管指示的工作状态 ④熟知机床参数的设置；熟知键盘、操作面板的功能及信号流向 ⑤会编制、测试、修改加工程序 ⑥正确使用维修中用到的各种仪器仪表		①细心、缜密、精确 ②逻辑思维能力强，推理能力强 ③思维敏捷、善于透过现象深入本质 ④记忆和联想能力 ⑤善于学习总结经验 ⑥钻研精神 ⑦向困难挑战的精神 ⑧利用信息的能力 ⑨与人沟通合作的能力
4	车间管理人员	生产技术方面		①责任心 ②承担重任 ③创见性 ④预见性 ⑤自觉性 ⑥团队组织能力
		①组织程序编制 ②熟知数控机床工艺特征 ③刀具和夹具的特性及使用 ④生产、经营数据的收集分析 ⑤生产调度 ⑥经济地使用数控机床		

第2章
数控车削加工工艺

2.1 数控车削加工工艺分析

2.1.1 数控车床加工对象的选择

① 精度要求高的回转体零件。由于数控车床刚性好、制造精度高，能方便和精确地进行人工补偿和自动补偿，所以能加工精度要求高的零件，甚至可以以车代磨。

② 表面粗糙度要求高的回转体零件。使用数控车床的恒线速度切削功能，就可选用最佳切削速度来切削锥面和端面，使切削后的工件表面粗糙度既小又一致。数控车床还适合加工各表面粗糙度要求不同的工件。表面粗糙度要求大的部位选用较大的进给量，表面粗糙度要求小的部位选用小的进给量。

③ 轮廓形状特别复杂和难以控制尺寸的回转体零件。由于数控车床具有直线和圆弧插补功能，部分车床数控装置还有某些非圆曲线和平面曲线插补功能，所以可以加工形状特别复杂或难以控制尺寸的回转体零件。

④ 带特殊螺纹的回转体零件。数控车床不但能车削任何等导程的直、锥面螺纹和端面螺纹，而且还能车变螺距螺纹和高精度螺纹。

2.1.2 数控车床加工工艺的主要内容

① 选择适合在数控车床上加工的零件，确定工序内容。

② 分析被加工零件的图纸，明确加工内容及技术要求。

③ 确定零件的加工方案，制定数控加工工艺路线。

④ 设计加工工序，选取零件的定位基准、确定装夹方案、划分工步、选择刀具和确定切削用量等。

⑤ 调整数控加工程序，选取对刀点和换刀点、确定刀具补偿及加工路线等。

2.1.3 数控车床加工零件的工艺性分析

（1）零件图的分析

零件图分析是工艺制定中的首要工作，主要包括以下几个方面：

① 尺寸标注方法分析。通过对标注方法的分析，确定设计基准与编程基准之间的关系，尽量做到基准统一。

② 轮廓几何要素分析。通过分析零件各要素，确定需要计算的节点坐标，对各要素进行定义，以便确定编程需要的代码，为编程做准备。

③ 精度及技术要求分析。只有通过对精度进行分析，才能正确合理地选择加工方法、装夹方法、刀具及切削用量等，保证加工精度。

（2）结构工艺性分析

零件的结构工艺性是指零件对加工方法的适应性，即所设计的零件结构应便于加工。在数控车床上加工零件时，应根据数控车床的特点，合理地设计零件结构。如图 2-1（a）所示的零件有宽度不同的三个槽，不便于加工；若改为图 2-1（b）所示的结构，则可以减少刀具数量，减少占用刀位，还可以节省换刀时间。

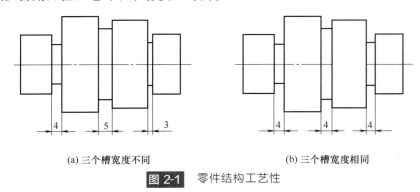

(a) 三个槽宽度不同　　　　　　　　　　(b) 三个槽宽度相同

图 2-1 零件结构工艺性

2.1.4 数控车削加工工艺路线的拟订

在制定加工工艺路线之前，首先要确定加工定位基准和加工工序。

（1）零件设计基准和加工基准的选择

① 设计基准。车床上所能加工的工件都是回转体工件，通常径向设计基准为回转中心，轴向设计基准为工件的某一端面或几何中心。

② 定位基准。定位基准即加工基准，数控车床加工轴套类及轮盘类零件的定位基准，只能是被加工表面的外圆面、内圆面或零件端面中心孔。

③ 测量基准。测量基准用于检测机械加工工件的精度，包括尺寸精度、形状精度和位置精度。

（2）零件加工工序的确定

在数控车床上加工工件，应按工序集中的原则划分工序，即在一次安装下尽可能完成大部分甚至全部的加工工作。根据零件的结构形状不同，通常选择外圆和端面或内孔和端面装夹，并力求设计基准、工艺基准和编程原点的统一。在批量生产中，常使用下列两种方法划分工序。

① 按零件加工表面划分。将位置精度要求高的表面安排在一次安装下完成，以免多次安装产生的安装误差影响形状和位置精度。

② 按粗、精加工划分。对毛坯余量比较大和加工精度比较高的零件，应将粗车和精车分开，划分成两道或更多的工序。将粗加工安排在精度较低、功率较大的机床上；将精加工安排在精度相对较高的数控车床上。

（3）零件加工顺序的确定

在分析了零件图样和确定了工序、装夹方法之后，接下来要确定零件的加工顺序。制订加工顺序应遵循下列原则：

① 先粗后精。按照粗车→半精车→精车的顺序进行，逐步提高加工精度。粗车的任务是在较短的时间内，把工件毛坯上的大部分余量切除，一方面提高加工效率，另一方面满足精车余量的均匀性要求。若粗车后，所留余量的均匀性满足不了精度要求时，则要安排半精加工。精车的任务是保证加工精度要求，按照图样上的尺寸用一个刀次连续切出零件轮廓。如图 2-2 所示，粗加工时先将双点画线内的材料切去，为后面的精加工做好准备，试精加工余量尽可能均匀一致。

图 2-2　先粗后精示例

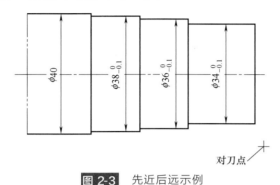

对刀点

图 2-3　先近后远示例

② 先近后远。按加工部位相对于对刀点的距离大小而定。在一般情况下，离对刀点远的部位后加工，以便缩短刀具移动距离，减小空行程时间。对于车削而言，先近后远还有利于保持坯件或半成品件的刚性，改善其切削条件。例如，加工图 2-3 所示零件时，如果按 $\phi38 \to \phi36 \to \phi34$ 的次序安排车削，不仅会增加刀具返回对刀点所需的空行程时间，而且一开始就削弱了工件的刚性，还可能使台阶的外直角处产生毛刺（飞边）。对这类直径相差不大的台阶轴，当第一刀的背吃刀量（图中最大背吃刀量可为 3mm 左右）未超限时，宜按 $\phi34 \to \phi36 \to \phi38$ 的次序，先近后远地安排车削。

③ 内外交叉。对既有内表面（内型腔），又有外表面需要加工的零件，在安排加工顺序时，应先进行内外表面的粗加工，后进行内外表面的精加工。切不可将工件的一部分表面（外表面或内表面）加工完了以后，再加工其他表面（内表面或外表面）。如图 2-4 所示零件，若将外表面加工好，再加工内表面，这时工件的刚性较差，内孔刀杆刚性又不足，加上排屑困难，在加工孔时，孔的尺寸精度和表面粗糙度就不易得到保证。

④ 基面先行。用于精基准的表面应优先加工出来，因为定位基准的表面越精确，装夹误差就越小。

⑤ 进给路线最短。确定加工顺序时，要遵循各工序进给路线的总长度最短原则。

（4）进给路线的确定

确定进给路线，主要是确定粗加工及空行程的进给路线，因为精加工切削

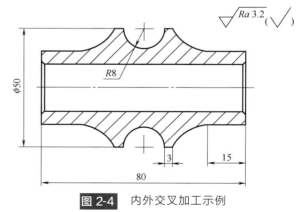

图 2-4　内外交叉加工示例

过程的进给路线基本都是沿零件的设计轮廓进行的。进给路线指刀具从起刀点开始运动，到完成加工返回该点的过程中，刀具所经过的路线。为了实现进给路线最短，可从以下几点加以考虑：

① 最短的空行程路线。即刀具在没有切削工件时的进给路线，在保证安全的前提下要求尽量短，包括切入和切出的路线。

② 最短的切削进给路线。切削路线最短可有效地提高生产效率，降低刀具的损耗。

③ 大余量毛坯的阶梯切削进给路线。实践证明，无论是轴类工件还是套类零件在加工时采用阶梯去除余量的方法是比较高效的。但应注意每一个阶梯留出的精加工余量尽可能均匀，以免影响精加工质量。

④ 精加工轮廓的连续切削进给路线。即精加工的进给路线要沿着工件的轮廓连续地完成。在这个过程中，应尽量避免刀具的切入、切出、换刀和停顿，避免刀具划伤工件的表面而影响零件的精度。

（5）退刀和换刀时的注意事项

① 退刀。退刀是指刀具切完一刀，退离工件，为下次切削做准备的动作。它和进刀的动作通常以 G00 的方式（快速）运动，以节省时间。数控车床有三种退刀方式：斜线退刀，如图 2-5（a）所示；径轴向退刀，如图 2-5（b）所示；轴径向退刀，如图 2-5（c）所示。退刀路线一定要保证安全性，即退刀的过程中保证刀具不与工件或机床发生碰撞；退刀还要考虑路线最短且速度要快，以提高工作效率。

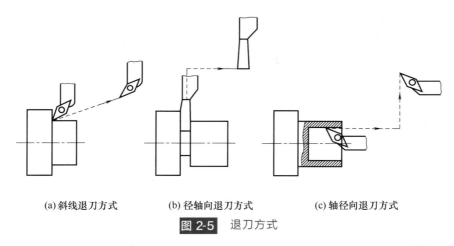

(a) 斜线退刀方式　　(b) 径轴向退刀方式　　(c) 轴径向退刀方式

图 2-5　退刀方式

② 换刀。换刀的关键在换刀点设置上，换刀点必须保证安全性，即在执行换刀动作时，刀架上每一把刀具都不要与工件或机床发生碰撞。而且尽量保证换刀路线最短，即刀具在退离和接近工件时的路线最短。

2.2　数控车床常用的装夹方式

轴类零件除了使用通用的三爪自定心卡盘、四爪卡盘和在大批量生产中使用自动控制的液压、电动及气动夹具装夹外，还有多种常用的装夹方法，如表 2-1 所示。

▫ 表 2-1　数控车床常用的装夹方法

序号	装夹方法	特点	适用范围
1	三爪卡盘	夹紧力较小，夹持工件时一般不需要找正，装夹速度较快	适用于装夹中小型圆柱形，正三角形或正六边形工件
2	四爪卡盘	夹紧力较大，装夹精度较高，不受卡爪磨损的影响，但夹持工件时需要找正	适用于装夹形状不规则或大型的工件

序号	装夹方法	特点	适用范围
3	两顶尖及鸡心夹头	用两端中心孔定位,容易保证定位精度;但由于顶尖细小,装夹不够牢靠,不宜用大的切削用量进行加工	适用于装夹轴类零件
4	一夹一顶	定位精度较高,装夹牢靠	适用于装夹轴类零件
5	中心架	配合三爪卡盘或四爪卡盘来装夹工件,可以防止弯曲变形	适用于装夹细长的轴类零件
6	芯轴与弹簧卡头	以孔为定位基准,用芯轴装夹来加工外表面;也可以外圆为定位基准,采用弹簧卡头装夹来加工内表面,工件的位置精度较高	适用于加工内、外表面位置精度要求较高的套类零件

（1）在三爪自定心卡盘上车削轴类零件

三爪自定心卡盘能自动定心,工件装夹后一般不需要找正,装夹效率比四爪单动卡盘高;但夹紧力较四爪单动卡盘小。只限于装夹圆柱形、正三角形、正六边形等形状规则的零件。如工件伸出卡盘较长,则仍需找正。

（2）在两顶尖间装夹车削轴类零件

对于较长的或必须经过多次装夹加工的轴类零件,或工序较多,车削后还要铣削和磨削的轴类零件,要采用两顶尖装夹,以保证每次装夹时的装夹精度。

用两顶尖装夹轴类零件,必须先在零件端面钻中心孔。中心孔有 A 型（不带护锥）、B 型（带护锥）、C 型（带螺孔）和 R 型（弧形）四种,如图 2-6 所示。常用的有 A 型和 B 型两种。

（3）用一夹一顶装夹车削轴类零件

由于两顶尖装夹刚性较差,因此,在车削一般轴类零件,尤其是较重的工件时,常采用一夹一顶装夹。为了防止工件的轴向位移,须在卡盘内装一限位支撑,或利用工件的台阶作限位,如图 2-7 所示。由于一夹一顶装夹工件的安装刚性好,轴向定位正确;且比较安全,能承受较大的轴向切削力,因此应用很广泛。

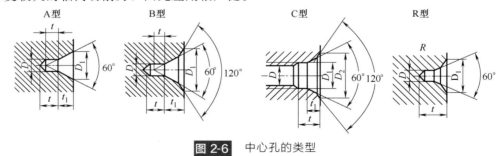

图 2-6 中心孔的类型

（4）使用中心架车削轴类零件

① 中心架直接安装在工件中间,这种装夹方法可提高车削细长轴时工件的刚性。

② 一端夹住一端搭中心架。车削大而长的工件端面、钻中心孔或车削较长套筒类工件的内孔、内螺纹时,可采用一端夹住一端搭中心架的方法。

（5）使用跟刀架车削轴类零件

将跟刀架固定在车床床鞍上,与车刀一起移动。这种方法主要用来车削不允许接刀的细长轴。

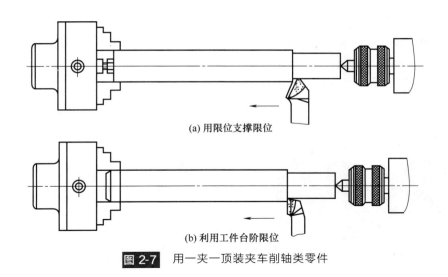

(a) 用限位支撑限位

(b) 利用工件台阶限位

图 2-7 用一夹一顶装夹车削轴类零件

2.3 数控车削刀具的选择

2.3.1 数控车削刀具的种类

数控车刀的名称及用途如图 2-8 所示。90°车刀（偏刀）用于车削工件的外圆、阶台和端面。45°车刀（弯头车刀）用于车削工件的外圆、端面和倒角。切断刀用于切断工件或在工件上切槽。圆头车刀用于车削工件的圆角、圆槽，车成形面。螺纹车刀用于车削螺纹。

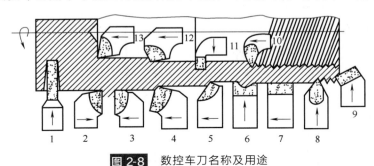

图 2-8 数控车刀名称及用途

1—切断刀；2—90°左偏刀；3—90°右偏刀；4—75°弯头车刀；5—75°直头车刀；6—成形车刀；7—宽刃精车刀；8—外螺纹车刀；9—45°端面车刀；10—内螺纹车刀；11—内槽车刀；12—通孔车刀；13—盲孔车刀

数控车床上常采用硬质合金可转位（不重磨）车刀。当刀片上的一条刀刃磨钝后，只需松开夹紧装置，将刀片转过一个角度，即可用新的刀刃继续切削，从而大大缩短换刀和磨刀时间，并提高了刀杆的利用率。

2.3.2 机夹可转位车刀概况及选用

（1）数控车削用机夹刀具概况

目前，数控机床上大多使用系列化、标准化刀具，对可转位机夹外圆车刀、端面车刀等的刀柄和刀头都有国家标准及系列化型号。

对所选择的刀具，在使用前都需对刀具尺寸进行严格的测量以获得精确资料，并由操作者将这些数据输入数控系统，经程序调用而完成加工过程，从而加工出合格的工件。为了减少换刀时间和方便对刀，便于实现机械加工的标准化，数控车削加工时，应尽量采用机夹刀和机夹刀片，常用的数控车刀具有外圆车刀（图 2-9）、内孔车刀（图 2-10）、三角螺纹刀（图 2-11）和切断（槽）刀（图 2-12）。

图 2-9　外圆车刀

图 2-10　内孔车刀

图 2-11　三角螺纹刀

图 2-12　切断（槽）刀

① 可转位刀片型号表示规则。根据国家标准《切削刀具用可转位刀片型号表示规则》（GB/T 2076）规定，切削用可转位刀片的型号由给定意义的字母和数字代号组成，如图 2-13 所示。

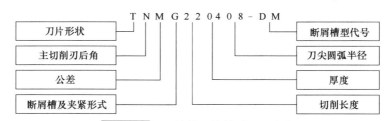

图 2-13　可转位刀片的型号及意义

例如：

ISO 外圆、端面车刀的型号表示规则

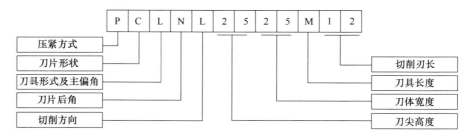

ISO 内孔车刀的型号表示规则

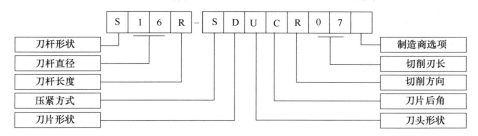

② 刀片形状的选择。刀片形状主要依据被加工工件的表面形状、切削方法、刀具寿命和刀片的转位次数等因素选择。被加工表面形状及其适用的刀片可参考图 2-14，图中刀片的型号组成见国家标准 GB/T 2076《切削刀具用可转位刀片型号表示规则》。

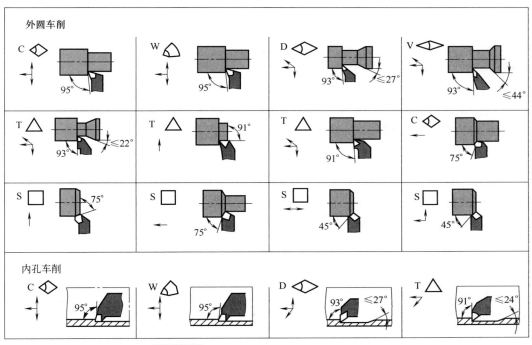

图 2-14 被加工表面形状及其适用的刀片

（2）刀片材料的选择

常见刀片材料有高速钢、硬质合金、涂层硬质合金、陶瓷、立方氮化硼和金刚石等，其中应用最多的是硬质合金和涂层硬质合金。选择刀片材质的主要依据是被加工工件的材料、被加工表面的精度、表面质量要求、切削载荷的大小以及切削过程有无冲击和振动等。

（3）可转位车刀的选用

由于刀片的形式多种多样，并采用多种刀具结构和几何参数，因此可转位车刀的品种越来越多，使用范围很广，下面介绍与刀片选择有关的几个问题。

1）刀片夹紧系统的选用。常用的刀片夹紧系统有杠杆式、螺钉式、螺钉和上压式、楔块式和刚性夹紧式，如图 2-15 所示。杠杆式夹紧系统是最常用的刀片夹紧方式，其特点为：定位精度高，切屑流畅，操作简便，可与其他系列刀具产品通用。

2）刀片外形的选择。

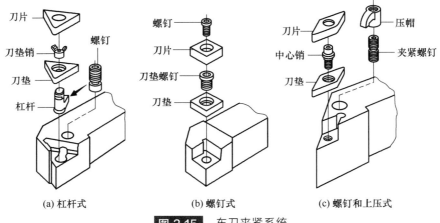

(a) 杠杆式   (b) 螺钉式   (c) 螺钉和上压式

图 2-15 车刀夹紧系统

① 刀尖角的选择 刀片外形与加工的对象、刀具的主偏角、刀尖角和有效刃数等有关。一般外圆车削常用 80°凸三边形（W）、四方形（S）和 80°菱形（C）刀片。仿形加工常用 55°（D）、35°（V）菱形和圆形（R）刀片，如图 2-16 所示。90°主偏角常用三角形（T）刀片。刀尖角的大小决定了刀片的强度。在工件结构形状和系统刚性允许的前提下，选择尽可能大的刀尖角，通常这个角度在 35°～90°之间。例如 R 型圆刀片，在重切削时具有较好的稳定性，但易产生较大的径向力。

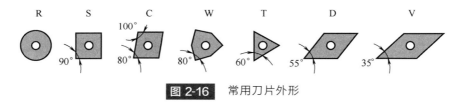

图 2-16 常用刀片外形

② 刀片形状的选择 不同的刀片形状有不同的刀尖强度，一般刀尖角越大，刀尖强度越大，反之亦然。圆刀片（R）刀尖角最大，35°菱形刀片（V）刀尖角最小。在选用时，应根据加工条件恶劣与否，按重、中、轻切削有针对性地选择。在机床刚性、功率允许的条件下，大余量、粗加工应选用刀尖角较大的刀片，反之，机床刚性和功率小、小余量、精加工时宜选用较小刀尖角的刀片。

刀片形状主要依据被加工工件的表面形状、切削方法、刀具寿命和刀片的转位次数等因素选择。正三角形刀片可用于主偏角为 60°或 90°的外圆车刀、端面车刀和内孔车刀，由于刀片刀尖角小、强度差、耐用度低，适用于较小切削用量的场合。正方形刀片的刀尖角为 90°，比正三角形刀片的 60°要大，因此其强度和散热性有所提高。这种刀片通用性较好，主要用于主偏角为 45°、60°、75°等的外圆车刀、端面车刀和车孔刀。正五边形刀片的刀尖角为 108°，其强度高，耐用性好，散热面积大；但切削时径向力大，只宜在加工系统刚性较好的情况下使用。

菱形刀片和圆形刀片主要用于加工成形表面和圆弧表面，其形状及尺寸可结合加工对象并参照国家标准来确定。

3）选择刀杆。机夹可转位（不重磨）车刀的刀杆如图 2-17 所示。

选用刀杆时，首先应选用尺寸尽可能大的刀杆，同时要考虑刀具夹持方式、切削层截面形状（即背吃刀量和进给量）、刀柄的悬伸等因素。

刀杆头部形式按主偏角和直头、弯头分有 15～18 种，各形式可以根据实际情况选择。有直角台阶的工件，可选主偏角大于或等于 90°的刀杆。一般粗车可选主偏角 45°～90°的刀杆；精车可选 45°～75°的刀杆；中间切入、仿形车

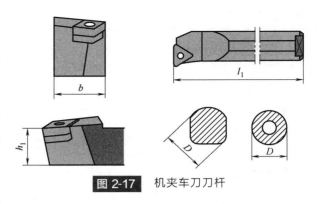

图 2-17　机夹车刀刀杆

则选 45°～107.5°的刀杆；工艺系统刚性好时可选较小值，工艺系统刚性差时，可选较大值。当刀杆为弯头结构时，则既可加工外圆，又可加工端面。

4）刀片后角的选择。常用的刀片后角有 N（0°）、B（5°）、C（7°）、P（11°）、D（15°）、E（20°）等。一般粗加工、半精加工可用 N 型；半精加工、精加工可用 B、C、P 型，也可用带断屑槽形的 N 型刀片；加工铸铁、硬钢可用 N 型；加工不锈钢可用 B、C、P 型；加工铝合金可用 P、D、E 型等；加工弹性恢复性好的材料可选用较大一些的后角；一般孔加工刀片可选用 C、P 型，大尺寸孔可选用 N 型。

5）刀片材质的选择。车刀刀片的材料主要有硬质合金、涂层硬质合金、陶瓷、立方氮化硼和金刚石等，应用最多的是硬质合金和涂层硬质合金刀片。应根据工件的材料、加工表面的精度、表面质量要求、切削载荷的大小以及切削过程中有无冲击和振动等因素，选择刀片材质。

6）刀片尺寸的选择。刀片尺寸的大小取决于有效切削刃长度。有效切削刃长度与背吃刀量及车刀的主偏角有关，使用时可查阅有关刀具手册。

7）左右手刀柄的选择。左右手刀柄有 R（右手）、L（左手）、N（左右手）三种。要注意区分左、右刀的方向。选择时要考虑车床刀架是前置式还是后置式、前刀面是向上还是向下、主轴的旋转方向以及需要的进给方向等。

8）刀尖圆弧半径的选择。

刀尖圆弧半径不仅影响切削效率，而且关系到被加工表面的粗糙度及加工精度。从刀尖圆弧半径与最大进给量关系来看，最大进给量不应超过刀尖圆弧半径的 80%，否则将恶化切削条件，甚至出现螺纹状表面和打刀等问题。刀尖圆弧半径还与断屑的可靠性有关，为保证断屑，切削余量和进给量有一个最小值。当刀尖圆弧半径减小，所得到的这两个最小值也相应减小，因此，从断屑可靠出发，通常对于小余量、小进给车削加工应采用小的刀尖圆弧半径，反之宜采用较大的刀尖圆弧半径。

粗加工时，注意以下几点：

① 为提高刀刃强度，应尽可能选取大刀尖半径的刀片，大刀尖半径可允许大进给；

② 在有振动倾向时，则选择较小的刀尖半径；

③ 常选用刀尖半径为 1.2～1.6mm 的刀片；

④ 粗车时进给量不能超过表 2-2 给出的最大进给量，作为经验法则，一般进给量可取为刀尖圆弧半径的一半。

表 2-2 不同刀尖半径时最大进给量

刀尖半径/mm	0.4	0.8	1.2	1.6	2.4
推荐进给量 /(mm/r)	0.25～0.35	0.4～0.7	0.5～1.0	0.7～1.3	1.0～1.8

精加工时，注意以下几点：

① 精加工的表面质量不仅受刀尖圆弧半径和进给量的影响，而且受工件装夹稳定性、夹具和机床的整体条件等因素的影响；

② 在有振动倾向时选较小的刀尖半径；

③ 非涂层刀片比涂层刀片加工的表面质量高。

9）断屑槽形的选择。断屑槽的参数直接影响着切屑的卷曲和折断，目前刀片的断屑槽形式较多，各种断屑槽刀片使用情况不尽相同。基本槽形按加工类型有精加工（代码 F）、普通加工（代码 M）和粗加工（代码 R）；适宜加工材料按 ISO 标准有加工 P 类（钢）、U 类（不锈钢）、K 类（铸铁）等多个类型。这两种情况一组合就有了相应的槽形，比如 FP 就指用于钢的精加工槽形，MK 是用于铸铁普通加工的槽形等。如果加工向两方向扩展，如超精加工和重型粗加工，以及材料也扩展，如耐热合金、铝合金、有色金属等，就有了超精加工、重型粗加工和加工耐热合金、铝合金等补充槽形。一般可根据工件材料和加工的条件选择合适的断屑槽形和参数，当断屑槽形和参数确定后，主要靠进给量的改变控制断屑。

2.3.3 数控车削刀具的选择

以半精车和精车钢件材料为例：

① 选择刀片牌号为硬质合金 YT15。

② 选择合适的断屑槽。

③ 车端面时，常用 45°主偏角的车刀。

④ 车外圆时，粗加工常用 75°主偏角的车刀；精加工时采用 90°～95°主偏角的车刀，可兼顾轴上台阶的车削。

⑤ 车槽时，刀具宜采用正前角以利于排屑，采用较小后角以加强刀尖的强度，宽度一般为槽宽的 80%～90%为宜。

⑥ 车曲面时，采用 45°车刀、60°尖刀粗车，用圆弧形车刀精车。圆弧形车刀是以圆度或线轮廓度误差很小的圆弧形切削刃为特征的车刀。该车刀圆弧刃每一点都是圆弧形车刀的刀尖，因此，刀位点不在圆弧上，而在该圆弧的圆心上。圆弧形车刀可以用于车削内外表面，特别适合于车削各种光滑连接（凹形）的成形面。选择车刀圆弧半径时，应考虑车刀切削刃的圆弧半径小于或等于零件凹形轮廓上的最小曲率半径，以免发生加工干涉，且半径不宜选择太小，否则不但制造困难，还会因刀尖强度太弱或刀体散热能力差而导致车刀损坏。精车时刀头前面与工件中心等高，前角为 0°，以确保形状准确。

⑦ 车外螺纹时，应控制刀具角度的准确性，以及采用正前角以利于排屑。

以上外形加工的刀具在安装时，注意刀杆的伸出量应在刀杆高度的 1.5 倍以内，以保证刀具的刚性。深槽、深孔应采用半月形加强筋加强刀具刚性。

⑧ 车内孔、内螺纹时，刀杆的伸出量（长径比）应在刀杆直径的 4 倍以内。当伸出量大于 4 倍或加工刚性差的工件时，应选用带有减振机构的刀柄。如加工很高精度的孔，应选

用重金属（如硬质合金）制造的刀柄，如在加工过程中刀尖部需要充分冷却，则应选用有切削液输送孔的刀柄。内孔加工的断屑、排屑可靠性比外圆车刀更为重要，因而刀具头部要留有足够的排屑空间。车内孔、内螺纹刀具长径比为 2 时切削参数选取的原则是，切削用量应比外形加工降低 30%左右；刀具长径比每增加 1，切削用量就降低 25%。

常用的车刀有三种不同截面形状的刀柄，即圆柄、矩形柄和正方形柄。矩形柄和正方形柄多用于外形加工；内形（孔）加工优先选用圆柄车刀。由于圆柄车刀的刀尖高度是刀柄高度的二分之一，且柄部为圆形，有利于排屑，故在加工相同直径的孔时，圆柄车刀的刚性明显高于方柄车刀，所以在条件许可时应尽量采用圆柄车刀。在卧式车床上因受四方形刀架限制，一般多采用正方形或矩形柄车刀。

2.4 数控车削切削用量的选择和工艺文件的制定

车削用量的大小对切削力、切削功率、刀具磨损、加工质量和加工成本均有显著影响。选择车削用量时，在保证加工质量和刀具耐用度的前提下，应充分发挥机床性能和刀具切削性能，使切削效率最高，加工成本最低。

2.4.1 车削用量的选择原则

① 粗加工时车削用量的选择原则：首先，选取尽可能大的背吃刀量；其次，要根据机床动力和刚性的限制条件等，选取尽可能大的进给量；最后，根据刀具耐用度确定最佳的切削速度。

② 精加工时车削用量的选择原则：首先，根据粗加工后的余量确定背吃刀量；其次，根据已加工表面粗糙度要求，选取较小的进给量；最后，在保证刀具耐用度的前提下，尽可能选用较高的切削速度。

2.4.2 车削用量的选择方法

1）背吃刀量的选择　根据加工余量确定，粗加工（表面粗糙度 $Ra=10\sim80\mu m$）时，一次进给应尽可能切除全部余量。在中等功率机床上，背吃刀量可达 $8\sim10mm$。半精加工（表面粗糙度 $Ra=1.25\sim10\mu m$）时，背吃刀量取 $0.5\sim2mm$。精加工（表面粗糙度 $Ra=0.32\sim1.25\mu m$）时，背吃刀量取 $0.1\sim0.4mm$。在工艺系统刚性不足或毛坯余量很大或余量不均匀时，粗加工要分几次进给，并且应当把第一、二次进给的背吃刀量尽量取得大一些。

2）进给量的选择　粗加工时，由于对工件表面质量没有太高的要求，这时主要考虑机床进给机构的强度和刚性及刀杆的强度和刚性等限制因素，根据加工材料、刀杆尺寸、工件直径及已确定的背吃刀量来选择进给量。

在半精加工和精加工时，则按表面粗糙度要求，根据工件材料、刀尖圆弧半径、切削速度来选择进给量。

3）切削速度的选择　根据已经选定的背吃刀量、进给量及刀具耐用度选择切削速度。可用经验公式计算，也可根据生产实践经验在机床说明书允许的切削速度范围内查表选取。

切削速度 v_c 确定后，可以根据 $v_c = \dfrac{\pi d n}{1000}$ 算出机床转速 n。在选择切削速度时，还应考虑以下几点：

① 应尽量避开积屑瘤产生的区域。

② 断续切削时，为减小冲击和热应力，要适当降低切削速度。

③ 在易发生振动的情况下，切削速度应避开自励振动的临界速度。

④ 加工大件、细长件和薄壁工件时，应选用较低的切削速度。

⑤ 加工带外皮的工件时，应适当降低切削速度。

初学编程时，车削用量的选取可参考表 2-3。

▫ 表 2-3　车削用量选取参考表

零件材料及毛坯尺寸	加工内容	背吃刀量 a_p/mm	主轴转速 n /(r/min)	进给量 f /(r/min)	刀具材料
45 钢，直径 $\phi 20\sim60$mm 坯料，内孔直径 $\phi 13\sim20$mm	粗加工	1～2.5	300～800	0.15～0.4	硬质合金（YT 类）
	精加工	0.25～0.5	600～1000	0.08～0.2	
	切槽，切断（切刀宽度 3～5mm）		300～500	0.05～0.1	
	钻中心孔		300～800	0.1～0.2	高速钢
	钻孔		300～500	0.05～0.2	高速钢

2.5　数控车削工艺文件的制定

数控车削加工工艺文件是进行数控车削加工和产品验收的依据。操作人员必须遵守和执行工艺文件，遵守操作规程，才能保证零件的加工精度和表面质量的要求。它是编程及工艺人员按零件加工要求作出的与程序相关的技术文件。数控车削加工的工艺文件种类有多种，常见的有数控加工工序卡片、数控加工刀具卡片和数控加工程序清单等。

① 数控加工工序卡片　数控加工工序卡片需要反映加工的工艺内容、使用的机床、刀具、夹具、切削用量、切削液等，它是操作人员配合数控程序进行数控加工的主要指导性工艺文件。数控加工工序卡应按已确定的工作顺序填写。

② 数控加工刀具卡片　数控加工刀具卡片主要反映刀具编号、刀具结构、刀柄规格、刀片型号和材料等。

③ 数控加工程序清单　数控加工程序清单是编程人员经过对零件的工艺分析、数值计算、工序设计后，按照待使用数控机床的代码格式和程序结构格式而编制的。它是记录数控加工工艺过程、工艺参数、位置数值的清单。

> **注意：** 不同的数控系统，其规定的指令代码和程序格式均不相同，编写程序清单的，一定要预先指明所编写的程序清单将要在什么数控系统上使用。

例如，在加工如图 2-18 所示连接套时，根据具体加工工艺编制的数控加工工序卡片，见表 2-4；数控加工刀具卡片，见表 2-5；数控加工程序清单，见表 2-6。

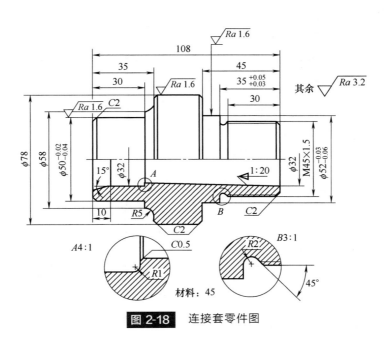

图 2-18 连接套零件图

☐ 表 2-4 连接套数控加工工序卡片

工厂名称			产品名称或代号		零件名称	零件图号
			数控车工艺分析实例		连接套	Lethe-01
工序号	程序编号		夹具名称		使用设备	车间
001	Letheprg-01		三爪卡盘和自制芯轴		CJK6240	数控中心
工步号	工步内容	刀具号	刀具规格/mm	主轴转速/(r/min)	进给速度/(mm/min)	背吃刀量/mm	备注
---	---	---	---	---	---	---	---
1	平端面	T01	25×25	320		1	手动
2	钻 φ5mm 中心孔	T02	φ5	950		2.5	手动
3	钻底孔	T03	φ26	200		13	手动
4	粗镗 φ32mm 内孔、15°斜面及 C0.5 倒角	T04	20×20	320	40	0.8	自动
5	精镗 φ32mm 内孔、15°斜面及 C0.5 倒角	T04	20×20	400	25	0.2	自动
6	掉头装夹粗镗 1∶20 锥孔	T04	20×20	320	40		自动
7	精镗 1∶20 锥孔	T04	20×20	400	20	0.2	自动
8	芯轴装夹自右至左粗车外轮廓	T05	25×25	320	40	1	自动
9	自左至右粗车外轮廓	T06	25×25	320	40	1	自动
10	自右至左精车外轮廓	T05	25×25	400	20	0.1	自动
11	自左至右精车外轮廓	T06	25×25	400	20	0.1	自动
12	卸芯轴改为三爪装夹粗车 M45 螺纹	T07	25×25	320	480	0.4	自动
13	精车 M45 螺纹	T07	25×25	320	480	0.1	自动
编制	×××	审核	×××	批准	×××	××年×月×日	共1页 第1页

产品名称或代号		数控车工艺分析实例	零件名称		连接套	零件图号	Lathe-01
序号	刀具号	刀具规格名称	数量	加工表面		刀尖半径/mm	备注
1	T01	45°硬质合金端面车刀	1	车端面		0.5	25×25
2	T02	ϕ5mm 中心钻	1	钻 ϕ5mm 中心孔			
3	T03	ϕ26mm 钻头	1	钻底孔			
4	T04	镗刀	1	镗内孔各表面		0.4	20×20
5	T05	93°右手偏刀	1	自右至左车外表面		0.2	25×25
6	T06	93°左手偏刀	1	自左至右车外表面			
7	T07	60°外螺纹车刀	1	车 M45 螺纹			
编制	×××	审核	×××	批准	×××	××年 ×月×日	共 1 页	第 1 页

□ 表 2-6　连接套数控加工程序清单

工序工步	001.8	名称	芯轴装夹自右至左粗车外轮廓
车间	数控中心	机床	CJK6240

<table>
<tr><td colspan="2" align="center">程序清单</td></tr>
<tr><td align="center">程序段</td><td align="center">说明</td></tr>
<tr><td>O2345；
M03S600；
T0101；
G00X60Z2；
G71U2R1；
G71P10Q20U0.3W0.1F0.2；
N10G42G01X0；
…… …
M05；
M30；</td><td align="center">程序名
主轴 $n=600$r/min
90°右偏刀

粗车循环

主轴停
程序结束</td></tr>
<tr><td>工艺员 | | 审核 | </td><td align="center">日期</td></tr>
</table>

第3章
数控车床加工编程基础

从数控系统外部输入的直接用于加工的程序称为数控加工程序，它是机床数控系统的应用软件。该程序用数字代码描述被加工零件的工艺过程、零件尺寸和工艺参数（如主轴转速、进给速度等），将该程序输入数控机床的 CNC 系统，控制机床的运动与辅助动作，完成零件的加工。

数控系统的种类繁多，它们使用的数控程序语言规则和格式不尽相同。本章以 FANUC 0i 数控系统、SIEMENS 数控系统为例来介绍数控车床加工程序的编制方法。首先介绍数控机床加工程序编制的基础知识。

3.1 数控机床加工程序编制基础

3.1.1 数控加工

（1）数控加工定义

数控加工是指采用数字信息对零件加工过程进行定义，并控制机床进行自动运行的一种自动化加工方法。数控加工技术是 20 世纪 40 年代后期为适应加工复杂外形零件而发展起来的一种自动化技术。1947 年，美国帕森斯（Parsons）公司为了精确地制作直升机机翼、桨叶和飞机框架，提出了用数字信息来控制机床自动加工外形复杂零件的设想，他们利用电子计算机对机翼加工路径进行数据处理，并考虑到刀具直径对加工路径的影响，使得加工精度达到 ± 0.0015in（0.0381mm），这在当时的水平来看是相当高的。1949 年美国空军为了能在短时间内制造出经常变更设计的火箭零件，与帕森斯公司和麻省理工学院（MIT）伺服机构研究所合作，于 1952 年研制成功世界上第一台数控机床——三坐标立式铣床，可控制铣刀进行连续空间曲面的加工，揭开了数控加工技术的序幕。

（2）数控加工特点

① 具有复杂形状加工能力　复杂形状零件在飞机、汽车、船舶、模具、动力设备和国防军工等制造领域应用广泛，其加工质量直接影响整机产品的性能。数控加工能完成普通加工方法难以完成或者无法进行的复杂型面加工。

② 高质量　数控加工是用数字程序控制实现自动加工，排除了人为误差因素，且加工误差还可以由数控系统通过软件技术进行补偿校正。因此，采用数控加工可以提高零件加工精度和产品质量。

③ 高效率　与普通机床加工相比，采用数控加工一般可提高生产率 2～3 倍，在加工复杂零件时生产率可提高十几倍甚至几十倍。特别是五面体加工中心和柔性制造单元等设备，零件一次装夹后能完成几乎所有表面的加工，不仅可消除多次装夹引起的定位误差，还可大

大减少加工辅助操作，使加工效率进一步提高。

④ 高柔性　只需改变零件程序即可适应不同品种的零件加工，且几乎不需要制造专用工装夹具，因而加工柔性好，有利于缩短产品的研制与生产周期，适应多品种、中小批量的现代生产需要。

⑤ 减轻劳动强度，改善劳动条件　数控加工是按事先编好的程序自动完成的，操作者不需要进行繁重的重复手工操作，劳动强度和紧张程度大为改善，劳动条件也相应得到改善。

⑥ 有利于生产管理　数控加工可大大提高生产率、稳定加工质量、缩短加工周期、易于在工厂或车间实行计算机管理。数控加工技术的应用，使机械加工的大量前期准备工作与机械加工过程连为一体，使零件的计算机辅助设计（CAD）、计算机辅助工艺规划（CAPP）和计算机辅助制造（CAM）的一体化成为现实，宜于实现现代化的生产管理。

⑦ 数控机床价格昂贵，维修较难　数控机床是一种高度自动化机床，必须配有数控装置或电子计算机，机床加工精度因受切削用量大、连续加工发热多等影响，使其设计要求比通用机床更严格，制造更精密，因此数控机床的制造成本较高。此外，由于数控机床的控制系统比较复杂，一些元件、部件精密度较高以及一些进口机床的技术开发受到条件的限制，所以数控机床的调试和维修都比较困难。

3.1.2　数控编程

（1）数控编程的概念

在数控机床上加工零件，首先要进行程序编制，将零件的加工顺序、工件与刀具相对运动轨迹的尺寸数据、工艺参数（主运动和进给运动速度、切削深度等）以及辅助操作等加工信息，用规定的文字、数字、符号组成的代码，按一定的格式编写成加工程序单，并将程序单的信息通过控制介质输入到数控装置，由数控装置控制机床进行自动加工。从零件图纸到编制零件加工程序和制作控制介质的全部过程称为数控程序编制。

（2）数控编程的步骤

数控编程的一般步骤如图 3-1 所示。

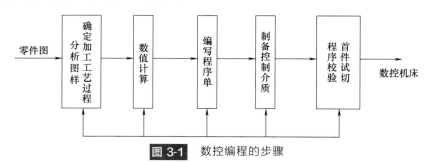

图 3-1　数控编程的步骤

① 分析图样、确定加工工艺过程。在确定加工工艺过程时，编程人员要根据图样对工件的形状、尺寸、技术要求进行分析，然后选择加工方案、确定加工顺序、加工路线、装卡方式、刀具及切削参数，同时还要考虑所用数控机床的指令功能，充分发挥机床的效能，加工路线要短，要正确选择对刀点、换刀点，减少换刀次数。

② 数值计算。根据零件图的几何尺寸、确定的工艺路线及设定的坐标系，计算零件粗、精加工各运动轨迹，得到刀位数据。对于点位控制的数控机床（如数控冲床），一般不需要

计算。只是当零件图样坐标系与编程坐标系不一致时，才需要对坐标进行换算。对于形状比较简单的零件（如直线和圆弧组成的零件）的轮廓加工，需要计算出几何元素的起点、终点、圆弧的圆心、两几何元素的交点或切点的坐标值，有的还要计算刀具中心的运动轨迹坐标值。对于形状比较复杂的零件（如非圆曲线、曲面组成的零件），需要用直线段或圆弧段逼近，根据要求的精度计算出其节点坐标值，这种情况一般要用计算机来完成数值计算的工作。

③ 编写零件加工程序单。加工路线、工艺参数及刀位数据确定以后，编程人员可以根据数控系统规定的功能指令代码及程序段格式，逐段编写加工程序单。此外，还应填写有关的工艺文件，如数控加工工序卡片、数控刀具卡片、数控刀具明细表、工件安装和零点设定卡片、数控加工程序单等。

④ 制备控制介质。制备控制介质就是把编制好的程序单上的内容记录在控制介质（穿孔带、磁带、磁盘等）上作为数控装置的输入信息。目前，可直接由计算机通过网络与机床数控系统通信。

⑤ 程序校验与首件试切。程序单和制备好的控制介质必须经过校验和试切才能正式使用。校验的方法是直接将控制介质上的内容输入到数控装置中，让机床空运转，以检查机床的运动轨迹是否正确。还可以在数控机床的显示器上模拟刀具与工件切削过程的方法进行检验，但这些方法只能检验出运动是否正确，不能查出被加工零件的加工精度。因此有必要进行零件的首件试切。当发现有加工误差时，应分析误差产生的原因，找出问题所在，加以修正。所以作为一名编程人员，不但要熟悉数控机床的结构、数控系统的功能及标准，而且还必须是一名好的工艺人员，要熟悉零件的加工工艺、装夹方法、刀具、切削用量的选择等方面的知识。

3.1.3 编程格式及内容

由于生产厂家使用标准不完全统一，使用数控代码、指令含义也不完全相同，因此在做数控编程工作时，一般需要参照机床编程手册进行。现对数控编程中，具有共性的地方进行介绍。

（1）数控程序的结构

一个完整的数控程序由程序名、程序体和程序结束三部分组成。

例如，某个数控加工程序如下：

```
O0029
N10 G00 Z100;
N20 G17 T02;
N30 G00 X70 Y65 Z2 S800;
N40 G01 Z- 3 F50;
N50 G03 X20 Y15 I- 10 J- 40;
N60 G00 Z100;
N70 M30;
```

① 程序名 程序名是一个程序必需的标识符，由地址符后带若干位数字组成。地址符常见的有："％" "O" "P" 等，视具体数控系统而定。国产华中Ⅰ型系统用 "％"，日本FANUC 系统用 "O"。后面所带的数字一般为 4～8 位。如：％2000。

② 程序体　它表示数控加工要完成的全部动作，是整个程序的核心。它由许多程序段组成，每个程序段由一个或多个指令构成。

③ 程序结束　程序结束是以程序结束指令 M02、M30 或 M99（子程序结束）作为程序结束的符号，用来结束零件加工。

（2）程序段格式

零件的加工程序是由许多程序段组成的，每个程序段由程序段号、若干个数据字和程序段结束字符组成，每个数据字是控制系统的具体指令，它是由地址符、特殊文字和数字集合而成，它代表机床的一个位置或一个动作。

程序段格式是指一个程序段中字、字符和数据的书写规则。目前国内外广泛采用字-地址可变程序段格式。例如：N20 G01 X25 Z-36 F100 S300 T02 M03；

程序段内各字的说明：

① 程序段序号（简称顺序号）：用以识别程序段的编号。用地址码 N 和后面的若干位数字来表示。如 N20 表示该语句的语句号为 20。

② 准备功能 G 指令：是使数控机床作某种动作的指令，用地址 G 和两位数字所组成，从 G00～G99 共 100 种。G 功能的代号已标准化。

③ 坐标字：由坐标地址符（如 X、Y 等）、＋、－符号及绝对值（或增量）的数值组成，且按一定的顺序进行排列。坐标字的"＋"可省略。其中坐标字的地址符含义如表 3-1 所示。

□ 表 3-1　地址符含义

地址码	意义
X＿　Y＿　Z＿	基本直线坐标轴尺寸
U＿　V＿　W＿	第一组附加直线坐标轴尺寸
P＿　Q＿　R＿	第二组附加直线坐标轴尺寸
A＿　B＿　C＿	绕 X、Y、Z 旋转坐标轴尺寸
I＿　J＿　K＿	圆弧圆心的坐标尺寸
D＿　E＿	附加旋转坐标轴尺寸
R＿	圆弧半径值

④ 进给功能 F 指令：用来指定各运动坐标轴及其任意组合的进给量或螺纹导程。

⑤ 主轴转速功能字 S 指令：用来指定主轴的转速，由地址码 S 和在其后的若干位数字组成。

⑥ 刀具功能字 T 指令：主要用来选择刀具，也可用来选择刀具偏置和补偿，由地址码 T 和若干位数字组成。

⑦ 辅助功能字 M 指令：辅助功能表示一些机床辅助动作及状态的指令。由地址码 M 和后面的两位数字表示。从 M00～M99 共 100 种。

⑧ 程序段结束：写在每个程序段之后，表示程序结束。当用 EIA 标准代码时，结束符为"CR"，用 ISO 标准代码时为"NL"或"LF"，有的用符号"；"或"＊"表示。

（3）数控程序编制的方法

数控加工程序的编制方法主要有两种：手工编制程序和自动编制程序。

① 手工编程指主要由人工来完成数控编程中各个阶段的工作，如图 3-2 所示。

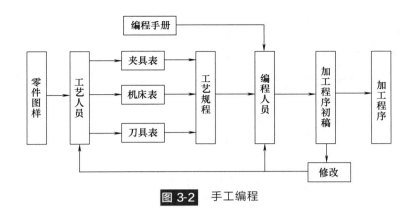

图 3-2　手工编程

一般对几何形状不太复杂的零件，所需的加工程序不长，计算比较简单，用手工编程比较合适。尤其是在简单点位加工及平面轮廓的加工中，手工编程被广泛地应用。

手工编程的特点是耗费时间较长，容易出现错误，无法胜任复杂形状零件的编程。据国外资料统计，当采用手工编程时，一段程序的编写时间与其在机床上运行加工的实际时间之比，约为 30：1，而数控机床不能开动的原因中有 20%～30% 是由于加工程序编制困难，编程时间较长。

手工编程的意义在于加工形状简单的零件（如直线与直线或直线与圆弧组成的轮廓）时简单、快捷；不需特别的条件（价格较高的自动编程机及相应的硬件和软件等）；机床操作者或程序员不受特殊条件的制约；具有较大的灵活性和编程费用少等优点。因此，手工编程在目前仍然是广泛采用的方式，即使在自动编程高速发展的将来，它的地位也不可取代，仍是自动编程的基础。

② 计算机自动编程指在编程过程中，除了分析零件图样和制定工艺方案由人工进行外，其余工作均由计算机辅助完成。

自动编程的特点在于编程工作效率高，可解决复杂形状零件的编程难题。采用计算机自动编程时，数学处理、编写程序、检验程序等工作是由计算机自动完成的，由于计算机可自动绘制出刀具中心运动轨迹，使编程人员可及时检查程序是否正确，需要时可及时修改，以获得正确的程序。又由于计算机自动编程代替程序编制人员完成了烦琐的数值计算，可提高编程效率几十倍乃至上百倍，因此解决了手工编程无法解决的许多复杂零件的编程难题。

根据输入方式的不同，可将自动编程分为图形数控自动编程、语言数控自动编程和语音数控自动编程等。图形数控自动编程是指将零件的图形信息直接输入计算机，通过自动编程软件的处理，得到数控加工程序。目前，图形数控自动编程是使用最为广泛的自动编程方式。语言数控自动编程指将加工零件的几何尺寸、工艺要求、切削参数及辅助信息等用数控语言编写成源程序后，输入到计算机中，再由计算机进一步处理得到零件加工程序。语音数控自动编程是采用语音识别器，将编程人员发出的加工指令声音转变为加工程序。

3.1.4　数控车床坐标系

（1）机床坐标系

在数控车床坐标系中，机床主轴纵向是 Z 轴，平行于横向运动方向为 X 轴。车刀远离工件的方向为正方向，接近工件的方向为负方向。前置刀架卧式数控车床坐标系如图 3-3 所示，后置刀架卧式数控车床坐标系中的 X 轴方向相反。

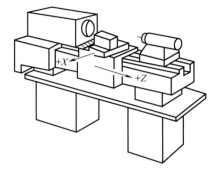

图 3-3　前置刀架卧式数控车床坐标系

（2）编程坐标系与编程原点

为了方便编程，首先要在零件图上适当位置，选定一个编程原点，该点应尽量设置在零件的工艺设计基准上，并以这个原点作为坐标系的原点，再建立一个新的坐标系称为编程坐标系或零件坐标系。编程坐标系用来确定编程和刀具的起点。

在数控车床上，编程原点一般设在工件右端面与主轴回转中心线的交点 O 上，如图 3-4（a）所示，也可以设在工件的左端面与主轴回转中心线交点 O 上，如图 3-4（b）所示。坐标系以机床主轴线方向为 Z 轴方向，刀具远离工件的方向为 Z 轴的正方向。X 轴位于水平面且垂直于工件回转轴线的方向，刀具远离主轴轴线的方向为 X 轴正向，如图 3-4 所示。因为对刀时工件右端面更容易找到，所以选用工件右端面与主轴回转中心线的交点为编程原点的情况比较多见。

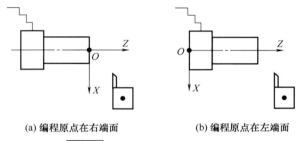

(a) 编程原点在右端面　　　　　　(b) 编程原点在左端面

图 3-4　编程原点与工件坐标系

3.1.5　用 G50 来建立工件坐标系

这种方法对刀的实质是通过确定对刀点或起刀点（调用程序加工之前，刀具所在的位置点）在工件坐标系中的坐标，从而将工件坐标系建立起来。

它的格式为：G50 X __ Z __；

其中，X __ Z __为对刀点或起刀点在工件坐标系中的坐标。用 G50 设置工件坐标系原点的步骤如下：

① 回机床的机械零点，即回零操作。

② 试切操作。工件装夹好，选择"MDI"工作方式或"JOG"工作方式。启动主轴正转，在"MDI"方式下选择需要的刀具（刀尖要找正轴线）。然后以"JOG"或"手摇"方式将刀具移到工件外圆表面试切一刀。此时，X 轴方向不能动，沿纵向（Z 轴方向）退出，主轴停止。用卡尺或千分尺测量试切工件的直径，记下它并设为尺寸 D，并记录 CRT 机械坐标系 X 的值，设其为 X_t。再用同样方法，将刀具移到工件右端面试切一刀，此时 Z 轴方向不能动，刀具沿横向（X 轴方向）退出。如果把工件的右端面设为 Z0，主轴不用停止，此时记录 CRT 机械坐标系中的 Z 值，设其为 Z_t。

③ 计算换刀点的 X、Z 坐标值。如图 3-5 所示，工件坐标系的零点设在工件的右端轴线上，刀尖所处位置是 G50 X __ Z __的位置，可称为换刀位。这个位置的条件要具备两条：一是换刀不碰工件；二是尽量选取整数，便于计算。

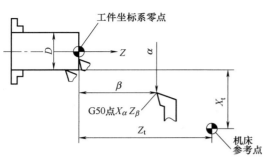

图 3-5　用 G50 建立工件坐标系

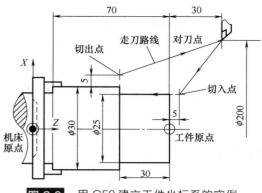

图 3-6　用 G50 建立工件坐标系的实例

例　用三爪卡盘装夹 $\phi 30 \times 70$ 的圆钢，程序中用 G50 指令建立工件坐标系，需要进行对刀操作。如图 3-6 所示，选工件右端面为工件坐标系原点，设定工件坐标系的程序段为"G50 X200.0 Z300.0；"。对刀点坐标：$X=200$，$Z=300$。使刀尖定位于对刀点位置的对刀操作步骤如下。

① 回零操作，建立机床坐标系。

② 装夹工件（毛坯尺寸为 $\phi 30 \times 70$）。

③ 手动（JOG）操作，车端面，见光即可。车完端面，车刀沿 X 轴原路退回，Z 轴不动。观测、记下屏幕 Z 轴坐标值（$Z=99.565$），如图 3-7 所示。

例如，对刀点到端面的距离为 300mm，则在机床坐标系中对刀点的 Z 坐标为：$Z=399.565$。

④ 手动（JOG）操作，车外圆。车一段外圆，车刀沿 Z 轴原路退回，X 轴不动。测量所车外圆直径 $d=\phi 27.308$，此刻，对刀点到 d 圆的距离为：$200-27.308=172.692$。记下屏幕 X 轴坐标值（$X=238.37$），如图 3-8 所示。

例如，对刀点到端面的距离为 300mm，则在机床坐标系中对刀点的 X 坐标为：
$$X=238.37+172.692=411.062$$

⑤ 手动（JOG）操作，使刀尖移动到对刀点。屏幕显示：$X=411.062$，$Z=399.565$，如图 3-9 所示。

> **注意**：在用 G50 设置刀具的起点时，一般要将该刀的刀偏值设为零。此方式的缺点是起刀点位置要在加工程序中设置，且操作较为复杂。但它提供了用手工精确调整起刀点的操作方式。

图 3-7　车完端面的坐标显示

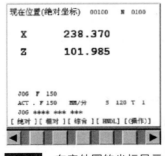

图 3-8　车完外圆的坐标显示

图 3-9　刀具移动到对刀点的显示位置

3.1.6 采用 G54～G59 指令构建工件坐标系

采用 G54～G59 指令构建工件坐标系是先测定出预置的工件原点在机床坐标系中的坐标值（即相对于机床原点的偏置值），并把该偏置值预置在为 G54～G59 设置的寄存器中。由于 G54～G59 的原点是以固定不变的机床原点作为基准的，对起刀位置无严格的要求；而 G50 的原点则对起刀位置有较高的要求，所以实际加工应用中，G54～G59 比 G50 使用起来更方便。G54～G59 对刀的关键有两点：一是如何找到工件坐标系原点的机床坐标值，二是如何将这个坐标值输入到 G54～G59 中。找到工件坐标系原点的方法多数采用试切法。

通过使用 G54～G59 命令，将机床坐标系的一个任意点（工件原点偏移值）赋予 1221～1226 的参数，并设置工件坐标系（1～6）。机床参数与 G 代码对应如下：

工件坐标系 1（G54）——工件原点返回偏移值赋予参数 1221

工件坐标系 2（G55）——工件原点返回偏移值赋予参数 1222

工件坐标系 3（G56）——工件原点返回偏移值赋予参数 1223

工件坐标系 4（G57）——工件原点返回偏移值赋予参数 1224

工件坐标系 5（G58）——工件原点返回偏移值赋予参数 1225

工件坐标系 6（G59）——工件原点返回偏移值赋予参数 1226

如图 3-10 所示工件的程序中采用 G54 指令设定工件坐标系。在机床上装夹工件后，需要设定工件原点相对于机床原点的偏移值，有两种设定方法，即直接设定或由测量功能设定。

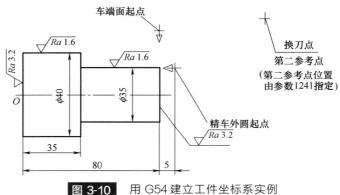

图 3-10 用 G54 建立工件坐标系实例

直接设定工件原点偏移值的步骤如下：

① 按下功能键 **OFFSET SETTING**。

② 按下软键［坐标系］，显示工件坐标系设定画面。

③ 工件原点偏移值的画面有几页，通过按翻页键 PAGE 显示所需的页面。

④ 打开数据保护键以便允许写入。

⑤ 移动光标到所需改变的工件原点偏移值处。

⑥ 用数字键输入所需值，显示在缓冲区，然后按下软键［INPUT］，缓冲区中的值被指定为工件原点偏移值。或者用数字键输入所需值，然后按下软键［＋INPUT］，则输入值与原有值相加。

⑦ 重复步骤⑤和⑥以改变其他偏移值。

⑧ 关闭数据保护键以禁止写入。

3.1.7 通过测量并输入刀具偏移量来建立工件坐标系

加工一个零件常需要几把不同的刀具，为了使编程时不用考虑不同刀具间的偏差，系统设置了自动对刀，在编程序时只需根据零件图纸及加工工艺编写工件程序，不必考虑刀具间的偏差，在加工程序的换刀指令中调用相应的刀具补偿号，系统会自动补偿不同刀具间的位置偏差，从而准确地控制每把刀具的刀尖轨迹。对车刀而言，刀具参数是指刀尖偏移值（刀具位置补偿）、刀尖半径值、磨损量和刀尖方位。如图 3-11 所示，X、Z 为刀偏值，R 为刀尖半径，T 为刀尖方位号。

刀偏量（即刀具偏移值）的设置过程又称为对刀操作。通过对刀操作，系统自动计算出刀偏量并存入数控系统中。不论是采用对刀仪对刀还是采用试切法对刀，都存在一定的对刀误差。采用试切法对刀时，减小对刀误差的方法是：对刀时将棒料端面、外圆车去薄薄一层，并仔细测量棒料直径和伸出卡盘长度；降低进给速度，使每把刀的刀尖轻微碰到棒料的程度尽可能一致；当试切加工后发现工件尺寸不符合要求时，可根据零件实测尺寸进行刀偏量的修改。

（1）设定和显示刀具偏移值和刀尖半径补偿值

设定和显示刀具偏移值和刀尖半径值的步骤如下：

① 按下功能键 ![OFFSET SETTING]。

② 按下软键选择键 ![OFFSET SETTING] 或连续按下 ![PAGE] 键，直至显示出刀具补偿屏幕界面或刀具磨损偏移屏幕界面，如图 3-11、图 3-12 所示。

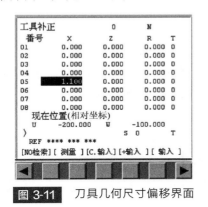

图 3-11　刀具几何尺寸偏移界面

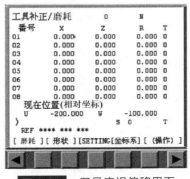

图 3-12　刀具磨损偏移界面

③ 用翻页键和光标键移动光标至所需设定或修改的补偿值处，或输入所需设定的补偿号并按下软键 ［NO 检索］。

④ 设定补偿值时，输入一个值，并按下软键 ［INPUT］；改变补偿值时，输入一个值并按下软键 ［+INPUT］，于是该值与当前值相加（也可设负值），若按下软键 ［INPUT］，则输入值替换原有值。

（2）刀具偏移值的直接输入

编程时用的刀具参考位置（刀位点）一般采用标准刀具的刀尖或转塔中心等。加工时，需要将刀具参考位置与加工中实际使用的刀尖位置之间的差值设定为刀偏值，并输入到刀偏存储器中，称为刀具偏移值的输入。

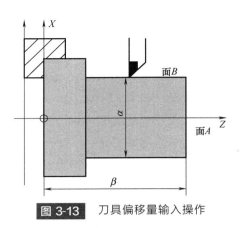

图 3-13　刀具偏移量输入操作

① 在手动方式中用一把实际刀具切削表面 A，假定工件坐标系已经设定，如图 3-13 所示。

② 在 X 轴方向退回刀具，Z 轴不动，并停止主轴。

③ 测量工件坐标系的零点至面 A 的距离，用下述方法将 β 值设为指定刀号的 Z 向测量值。

a. 按 OFFSET/SETTING 功能键，显示刀具补偿画面。如果几何补偿值和磨损补偿值必须分别设定，就显示与其相应的画面。

b. 将光标移动至欲设定的偏移号处。

c. 按地址键 Z 进行设定。

d. 键入实际测量值（β）。

e. 按软键［测量］，则测量值与编程的坐标值之间的差值作为偏移量被设为指定的刀偏号（X 轴偏移量的设定）。

④ 在手动方式中切削表面 B。

⑤ Z 轴退回而 X 轴不动，并停止主轴。

⑥ 测量表面 B 的直径（α）。用与上述设定 Z 轴的相同方法，将该测量值设为指定刀号的 X 向测量值。

⑦ 对所有使用的刀具重复以上步骤，则其刀偏量可自动计算并设定。

例如，当刀具切削表面 B 后，X 坐标值显示为 70.0，而测量表面 B 的直径 $\alpha=68.9$，光标放在刀偏号 5 处，在缓冲区输入数字 68.9，按软键［测量］，于是 5 号刀偏的 X 向刀具偏移值为 1.1，如图 3-13 所示。

刀具几何尺寸补偿界面与刀具磨损补偿界面中定义的补偿值并不相同，在刀具几何尺寸补偿界面设定的测量值，所设定的补偿值为几何尺寸补偿值，并且所有的磨损补偿值被设定为 0；在刀具磨损补偿界面设定的磨损补偿值，所测量的补偿值和当前几何尺寸补偿值之间的差值成为新的补偿值。

（3）多把刀具偏移值的输入

在设定工件坐标系的同时，确立了该刀具位置为标准刀位，其余刀具的刀尖距标准刀的距离为补偿值，设置刀偏值，从而完成多把刀具偏移值的输入。

① 手动（JOG）操作。

将标准刀移动到基准点位置，如图 3-14 所示。

② 将基准点位置的相对坐标设为零点。

依次按下述键或软键：POS、［相对］、［操作］、［起源］，如图 3-15 所示。

③ 换 02 号刀。

手动（JOG）移刀具至换刀位置，按换刀键，换 2 号刀。

④ 对刀，手动（JOG）把 2 号刀刀尖移动到

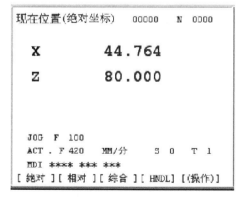

图 3-14　标准刀移动到基准点位置的坐标位置显示

基准点位置，2 号刀对刀后，2 号刀刀尖相对坐标显示如图 3-16 所示。该显示值就是 2 号刀相对于标准刀（1 号刀）的差值，也就是 2 号刀具补偿值。

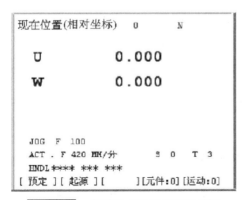

图 3-15　将基准点位置的相对坐标
设为零点的界面显示

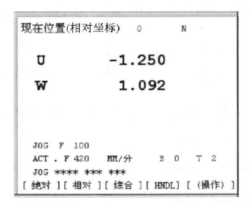

图 3-16　2 号刀刀尖相对坐标显示界面

⑤ 把 2 号刀补偿值输入到 02 补偿号存储区，02 补偿号存储数据如图 3-17 所示。

⑥ 重复③～⑤操作，把 3 号刀补偿值输入到 03 补偿号存储区，03 补偿号存储数据如图 3-18 所示。

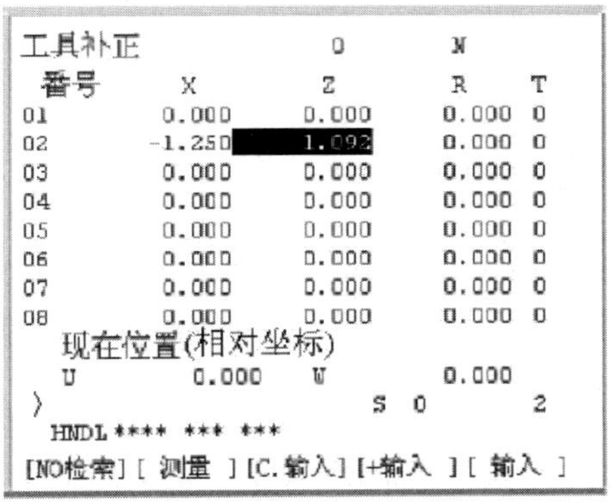

图 3-17　02 补偿号存储数据界面显示

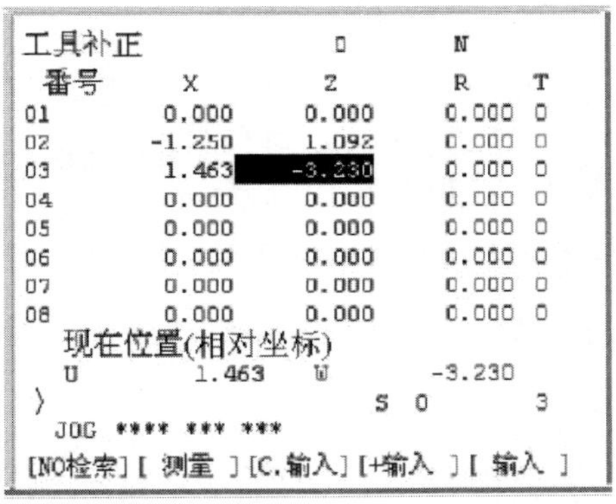

图 3-18　03 补偿号存储数据界面显示

不论是采用哪种对刀方法，在加工中经常会遇到切出的工件和实际尺寸有一定误差。例如：试切对刀时，测量是 $\phi 30.8$，而实际加工会大些或小些，这时的调整，可使用刀具补偿值中的磨损补偿，操作步骤如下：

a. 磨损页面的查找　点击"OFFSET SETTING"键，找到 CRT 画面中的"磨损"软键，按此软键，CRT 出现 01、02、…画面，1 号刀具对应 01，2 号刀具对应 02，…。

b. 磨损值的输入　以直径方向为例，如果用 2 号刀加工结果比期望值大 0.1，先把光标移到当前刀号 02 的磨损号前，输入 X－0.1，按"INPUT"键，－0.1 就进入了 02 号刀 X 值的位置里。如果 2 号刀 X 处已有数值，例如已有－0.15，此时就要使用增量值，输入 U－0.1。这样 X 值就可以进行减法运算，内部值为－0.15－0.1＝－0.25。如果 Z 方向有误差，同理往 Z 值里输入值，Z 值也有正负值，输入正值，刀具向 Z 正方向偏移，反之，刀具往负方向偏移。

以上是工件出现误差时，利用刀具补偿值中的磨损功能进行修正。如果刀具加工中出现磨损，用同样方法可进行刀具磨损补偿。例如：硬质合金刀片加工一段时间后，都会有磨损，为保持工件的尺寸公差，必须使用此项功能进行补偿。补偿中必须注意 X 方向正负号，磨损补偿的方向应指向轴线，X 负方向补偿。

由于数控机床所用的刀具各种各样，刀具尺寸也不统一，故对刀时应根据实际加工情况，选择好对刀方法，确定程序指令，设置好对刀参数和刀补值，以便简化数控加工程序的编制，使得编程时不必考虑各把刀具的尺寸与安装位置，最终加工出合格的零件。

3.2　FANUC 0i 数控车床的编程指令

3.2.1　FANUC 0i 数控车床的准备功能（G 指令）

格式：G××。

它是指定数控系统准备好某种运动和工作方式的一种命令，由地址 G 和后面的两位数字"××"组成。

常用 G 功能指令如表 3-2 所示。

▱ 表 3-2　常用 G 功能指令

代码	组别	功能	代码	组别	功能
G00	01	快速点定位	G65	00	宏程序调用
G01		直线插补	G70		精车循环
G02		顺圆弧插补	G71		外圆粗车循环
G03		逆圆弧插补	G72		端面粗车循环
G32		螺纹切削	G73		固定形状粗车循环
G04	00	暂停延时	G74		端面切槽或深孔钻复合循环
G20	06	英制单位	G75		外圆切槽复合循环
G21		公制单位	G76		螺纹车削复合循环
G27	00	参考点返回检测	G90	01	外圆切削循环
G28		参考点返回	G92		螺纹切削循环
G40	07	刀具半径补偿取消	G94		端面切削循环
G41		刀具半径左补偿	G96	02	主轴恒线速度控制
G42		刀具半径右补偿	G97		主轴恒转速度控制
G50	00	坐标系的建立、主轴最大速度限定	G98	05	每分钟进给方式
G54～G59	11	零点偏置	G99		每转进给方式

注：表中代码 00 组为非模态代码，只在本程序段中有效；其余各组均为模态代码，在被同组代码取代之前一直有效。同一组的 G 代码可以互相取代；不同组的 G 代码在同一程序段中可以指令多个，同一组的 G 代码出现在同一程序段中，最后一个有效。

3.2.2　FANUC 0i 数控车床的辅助功能（M 指令）

格式：M××。

它主要用来表示机床操作时的各种辅助动作及其状态，由 M 及其后面的两位数字"××"组成。

常用 M 功能指令如表 3-3 所示。

⊡ 表 3-3　常用 M 功能指令

代码	功能	用途
M00	程序停止	程序暂停,可用 NC 启动命令(CYCLE START)使程序继续运行
M01	选择停止	计划暂停,与 M00 作用相似,但 M01 可以用机床"任选停止按钮"选择是否有效
M02	程序结束	该指令用于程序的最后一句,表示程序运行结束,主轴停转,切削液关,机床处于复位状态
M03	主轴正转	主轴顺时针旋转
M04	主轴反转	主轴逆时针旋转
M05	主轴停止	主轴旋转停止
M07	削液开	用于切削液开
M08		用于切削液开
M09	切削液关	用于切削液关
M30	程序结束且复位	程序停止,程序复位到起始位置,准备下一个工件的加工
M98	子程序调用	用于调用子程序
M99	子程序结束及返回	用于子程序的结束及返回

3.2.3　FANUC 0i 数控车床的刀具功能（T 指令）

格式：T××××。

该功能主要用于选择刀具和刀具补偿号。执行该指令可实现换刀和调用刀具补偿值。它由 T 和其后的 4 位数字组成，其前两位"××"是刀号，后两位"××"是刀补号。

例如，T0101 表示第 1 号刀的 1 号刀补；T0102 则表示第 1 号刀的 2 号刀补，T0100 则表示取消 1 号刀的刀补。

3.2.4　FANUC 0i 数控车床的主轴转速功能（S 指令）

格式：S×××××。

它由地址码 S 和其后的若干数字组成，单位为 r/min，用于设定主轴的转速。例如，S320 表示主轴以每分钟 320 转的速度旋转。

① 恒线速控制指令——G96 指令。当数控车床的主轴为伺服主轴时，可以通过指令 G96 来设定恒线速控制。系统执行 G96 指令后，便认为用 S 指定的数值表示切削速度。例如，G96S150，表示切削速度为 150m/min，单位变成了 m/min。

② 恒转速控制指令——G97 指令。G97 是取消恒线速控制指令，程序出现 G97 以后，S 指定的数值表示主轴每分钟的转速。单位由 G96 指令的 m/min 变回 G97 指令的 r/min。

③ 主轴最高转速限制指令——G50 指令。G50 指令除有工件坐标系设定功能外，还有主轴最高转速限制功能。例如，G50S2000，表示主轴最高转速设定为 2000r/min，用于限

制在使用 G96 恒线速切削时，避免刀具在靠近轴线时主轴转速会无限增大而出现飞车事故。

3.2.5 FANUC 0i 数控车床的进给功能（F 指令）

> 格式：F××。

进给功能 F 表示刀具中心运动时的前进速度。由地址码 F 和其后的若干数字组成。F 功能用于设定直线（G01）和圆弧（G02、G03）插补时的进给速度。一般情况下，数控车床进给方式有以下两种。

① 分进给——用 G98 指令。进给单位为 mm/min，即按每分钟前进的距离来设定进刀速度，进给速度仅跟时间有关。例如，G98F100 表示进给量设定为 100mm/min。

② 转进给——用 G99 指令。进给单位为 mm/r，即按主轴旋转一周刀具沿进给方向前进的距离来设定进刀速度，进给速度与主轴转速建立了联系。例如，G99F0.2 表示进给量为 0.2mm/r。

3.2.6 数控车床坐标尺寸在编程时的注意事项

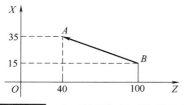

图 3-19 绝对编程与相对编程示例

（1）绝对编程和相对编程

绝对编程是指程序段中的坐标值均是相对于工件坐标系的坐标原点来计量的，用 X、Z 来表示。相对编程是指程序段中的坐标值均是相对于起点来计量的，用 U、W 来表示。如对图 3-19 所示的由 A 点到 B 点的移动，分别用绝对方式和相对方式编程，其程序如下。

> 绝对编程：X35.0 Z40.0;
>
> 相对编程：U20.0 W- 60.0;

（2）直径编程和半径编程

当地址 X 后坐标值是直径时，称直径编程；当地址 X 后的坐标值是半径时，称半径编程。由于回转体零件图纸上标注的都为直径尺寸，所以在数控车床编程时，我们常采用的是直径编程。但需要注意的是，无论是直径编程还是半径编程，圆弧插补时地址 R、I 和 K 的坐标值都以半径值编程。

（3）公制尺寸编程和英制尺寸编程

数控系统可根据所设定的状态，利用代码把所有的几何值转换为公制尺寸或英制尺寸。公制尺寸用 G21 设定，英制尺寸用 G20 设定。使用公制/英制转换时，必须在程序开头一个独立的程序段中指定上述 G 代码，然后才能输入坐标尺寸。

3.3 FANUC 0i 数控车床 G 功能指令的具体用法

3.3.1 快速点定位（G00）

指令格式如下：

> 绝对编程：G00 X __ Z __;
>
> 相对编程：G00 U __ W __;

G00 指令用于快速定位刀具到指定的目标点（X，Z）或（U，W）。

说明：

① 使用 G00 时，快速移动的速度是由系统内部参数设定的，跟程序中指定的 F 进给速度无关，且受到修调倍率的影响在系统设定的最小和最大速度之间变化。G00 不能用于切削工件，只能用于刀具在工件外的快速定位。

② 在执行 G00 指令段时，刀具沿 X、Z 轴分别以该轴的最快速度向目标点运行，故运行路线通常为折线。如图 3-20 所示，刀具由 A 点向 B 点运行的路线是 A→C→B。所以使用 G00 时一定要注意刀具的折线路线，避免与工件碰撞。

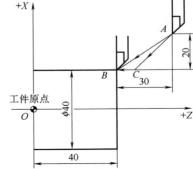

图 3-20 快速定位及直线插补示例

3.3.2 直线插补（G01）

指令格式如下：

```
绝对编程：G01 X __ Z __ F __;
相对编程：G01 U __ W __ F __;
```

G01 指令用于直线插补加工到指定的目标点（X，Z）或（U，W），插补速度由 F 后的数值指定。

3.3.3 自动倒角（倒圆）指令（G01）

指令格式如下：

```
G01 X __ Z __ C __ (R __) F __;
```

FANUC 0i 系统中 G01 指令还可以用于在两相邻轨迹线间，自动插入倒角和倒圆的控制功能。使用时在指定直线插补的程序段终点坐标后加上：

```
C __ ；自动倒角控制功能；
R __ ；自动倒圆控制功能。
```

说明：C 后面的数值表示倒角的起点或终点距未倒角前两相邻轨迹线交点的距离；R 后的数值表示倒圆半径。

例 如图 3-21 所示的工件，试使用自动倒角功能编写加工程序。

加工程序如下：

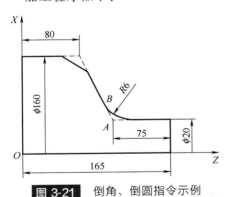

图 3-21 倒角、倒圆指令示例

```
……
G01 W- 75.0 R6.0 F0.2;
U140.0 W- 10.0 C3.0;
W- 80.0;
……
```

说明：

① 第二直线段必须从点 B 而不是从点 A 开始。

② 在螺纹切削程序段中不能出现倒角控制指令。

③ 当 X、Z 轴指定的移动量比指定的 R 或 C 小时，系统将报警。

3.3.4　圆弧插补（G02/G03）

指令格式如下：

```
G02（G03）X__ Z__ I__ K__（R__）F__；
G02（G03）U__ W__ I__ K__（R__）F__；
```

G02、G03 指令表示刀具以 F 进给速度从圆弧起点向圆弧终点进行圆弧插补。

① G02 为顺时针圆弧插补指令，G03 为逆时针圆弧插补指令。圆弧的顺、逆方向的判断方法是：朝着与圆弧所在平面垂直的坐标轴的负方向看，刀具顺时针运动为 G02，逆时针运动为 G03。车床前置刀架和后置刀架对圆弧顺时针与逆时针方向的判断，如图 3-22 所示。

② 采用绝对坐标编程时，X、Z 为圆弧终点坐标值；采用增量坐标编程时，U、W 为圆弧终点相对于圆弧起点的坐标增量。R 是圆弧半径，当圆弧所对圆心角为 0°～180° 时，R 取正值；当圆心角为 180°～360° 时，R 取负值。I、K 分别为圆心在 X、Z 轴方向上相对于圆弧起点的坐标增量（用半径值表示），I、K 为零时可以省略。

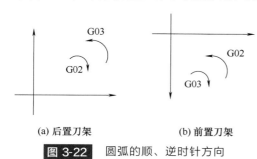

图 3-22　圆弧的顺、逆时针方向

3.3.5　暂停延时指令（G04）

指令格式如下：

```
G04 P__；后跟整数值，单位为 ms（毫秒）
或 G04 X__（U__）；后跟带小数点的数，单位为 s（秒）
```

该指令可使刀具短时间无进给地进行光整加工，主要用于车槽、钻盲孔以及自动加工螺纹等工序。

3.3.6　刀具位置补偿

刀具位置补偿用来补偿实际刀具与编程中的假想刀具（基准刀具）的偏差。如图 3-23 所示为 X 轴偏置量和 Z 轴偏置量。

在 FANUC 0i 系统中，刀具偏移由 T 代码指定，程序格式为：T 加四位数字。其中前两位是刀具号，后两位是补偿号。刀具偏移可分为刀具几何补偿偏移和刀具磨损偏移，后者用于补偿刀尖磨损，如图 3-24 所示。

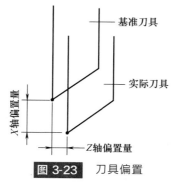

图 3-23　刀具偏置

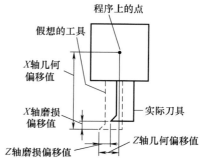

图 3-24　刀具几何补偿偏移和刀具磨损偏移

刀具补偿号由两位数字组成，用于存储刀具位置偏移补偿值，存储界面如图 3-25 所示，该界面上的 X、Z 地址用于存储刀具位置偏移补偿值。

3.3.7 刀尖圆弧半径补偿

编程时，常用车刀的刀尖代表刀具的位置，称刀尖为刀位点。实际上，刀尖不是一个点，而是由刀尖圆弧构成的，如图 3-26 中的刀尖圆弧半径为 r。车刀的刀尖点并不存在，称其为假想刀尖。为方便操作，采用假想刀尖对刀，用假想刀尖确定刀具位置，程序中的刀具轨迹就是假想刀尖的轨迹。

工具补正		O	N		
番号	X	Z	R	T
01	0.000	0.000	0.000	0
02	0.000	0.000	0.000	0
03	0.000	0.000	0.000	0
04	0.000	0.000	0.000	0
05	0.000	0.000	0.000	0
06	0.000	0.000	0.000	0
07	0.000	0.000	0.000	0
08	0.000	0.000	0.000	0

现在位置（相对坐标）
U　　　-200.000　　　W　　　-100.000
　　　　　　　　　　　　　　　　S　　　　T
REF **** *** ***
[NO检索] [测量] [C.输入] [+输入] [输入]

图 3-25 数控车床的刀具补偿设置界面

如图 3-26 所示的假想刀尖的编程轨迹，在加工工件的圆锥面和圆弧面时，由于刀尖圆弧的影响，导致切削深度不够（见图中画剖面线部分），而程序中的刀具半径补偿指令可以改变刀尖圆弧中心的轨迹（见图中虚线部分），补偿相应误差。

（1）刀具半径补偿指令

G41——刀具半径左补偿，刀尖圆弧圆心偏在进给方向的左侧，如图 3-27（a）所示。

G42——刀具半径右补偿，刀尖圆弧圆心偏在进给方向的右侧，如图 3-27（b）所示。

G40——取消刀具半径补偿。

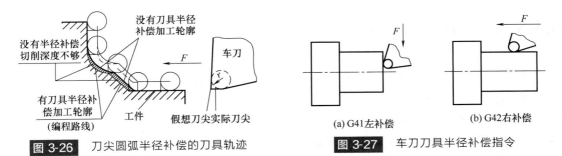

图 3-26 刀尖圆弧半径补偿的刀具轨迹　　　**图 3-27** 车刀刀具半径补偿指令

（2）刀具半径补偿值、刀尖方位号

刀具半径补偿值也存储于刀具补偿号中，如图 3-25 所示。该界面上的 R 地址用于存储刀尖圆弧半径补偿值，界面上的 T 地址用于存储刀尖方位号。

车刀刀尖方位用 0～9 十个数字表示，如图 3-28 所示，其中 1～8 表示在 XZ 面上车刀刀尖的位置；0、9 表示在 XY 面上车刀刀尖的位置。

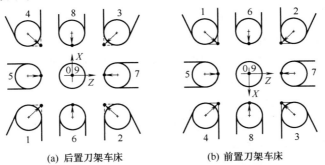

(a) 后置刀架车床　　　　　(b) 前置刀架车床

图 3-28 车刀刀尖圆弧半径补偿指令

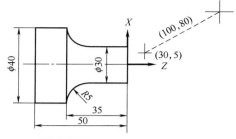

图 3-29 刀具半径补偿示例

（3）刀具半径补偿指令的使用要求

用于建立刀具半径补偿的程序段，必须是使刀具直线运动的程序段，也就是说 G41、G42 指令必须与 G00 或 G01 直线运动指令组合，不允许在圆弧程序段中建立半径补偿。在程序中应用 G41、G42 补偿后，必须用 G40 取消补偿。

例 如图 3-29 所示的零件，已经粗车外圆，试应用刀尖半径补偿功能编写精车外圆程序。

```
O1234;
G50 X100.0 Z80.0;              设定工件坐标系
M03 S1000;
T0202;                         选 2 号精车刀，刀补表中设有刀尖圆弧半径
G00 G42 X30.0 Z5.0;            建立刀具半径右补偿
G01 Z- 30.0 F0.15;            车 φ20 外圆
G02 X40.0 Z- 35.0 R5.0;      车 R5 圆弧面
G01 Z- 50.0;                  车 φ40 外圆
G00 G40 X100.0 Z80.0;        取消刀尖半径补偿，退刀
M05;
M30;
```

3.3.8 数控车床单一循环指令

（1）G90 指令的编程方法及应用

把相关的几段走刀路线用一条指令完成，这样的指令称为循环指令，其中循环一次就完成的指令称为单一循环指令，循环指令简化了编程过程。

G90 是外圆切削循环指令，如图 3-30 所示。切削一次外圆需要 4 段路线：①刀具从循环起点快速进刀；②按给定进给速度切削外圆；③按给定进给速度切削台阶面；④最后快速返回到循环起点，从而完成一次切削外圆。而用 G90 指令则可以一条指令完成这 4 段走刀路线。

程序格式：G90 X（U）__ Z（W）__ R__ F__;

功能：外圆柱面切削循环，刀具循环路线如图 3-30（a）所示；外圆锥面切削循环，刀具循环路线如图 3-30（b）所示。

图 3-30 中，虚线（R）表示刀具快速移动，实线（F）表示刀具按 F 指定的进给速度移动。程序段中，X、Z 表示切削终点坐标值，U、W 表示切削终点相对于循环起点的坐标增量。切削圆锥面时，R 表示切削起点与切削终点在 X 轴方向的坐标增量（半径值），切削圆柱面时，R 为零，可省略；F 表示进给速度。

（2）G94 指令的编程方法及应用

G94 为端面车削单一循环指令。其指令格式如下：

绝对编程：G94 X__ Z__（R__）F__;

相对编程：G94 U__ W__（R__）F__;

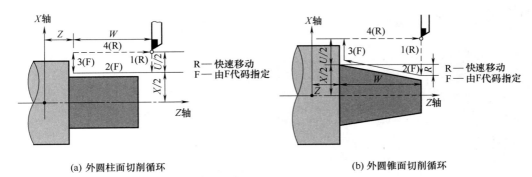

(a) 外圆柱面切削循环　　　　　　　　(b) 外圆锥面切削循环

图 3-30　G90 单一循环指令

该指令用于加工径向尺寸较大的工件端面或锥面。如图 3-31 所示，G94 固定循环的走刀路线为从循环起点开始走矩形（车直端面）或直角梯形（车锥端面），最后再回到循环起点。其加工路线按 1→2→3→4 进行，也分别对应应用基本指令编程的"进刀→切削→退刀→返回"四个程序段。

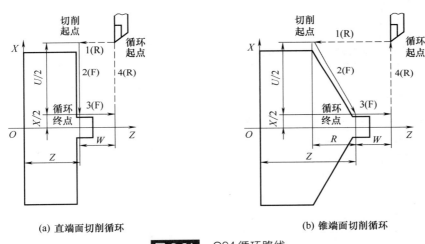

(a) 直端面切削循环　　　　　　　　(b) 锥端面切削循环

图 3-31　G94 循环路线

① X、Z 表示循环终点坐标值，U、W 为循环终点相对循环起点的坐标增量值。R 为加工圆锥面时切削起点（非循环起点）与循环终点的轴向（Z 向）坐标差值，如图 3-31（b）所示。

② 图中虚线表示快速运动，用"R"标出；实线表示刀具以 F 指定的速度运行，用"F"标出。

③ G94 运行路线区别于 G90 的"径向进刀，轴向车削"，而是"轴向进刀，径向车削"。

④ 加工直端面时 R 为 0，省略不写。加工锥端面时 R 不为 0，且有正负，R 的正负可按以下原则判断：当"切削起点"的 X 向坐标值小于"循环终点"的 X 向坐标值时，R 取负值；反之为正。

3.3.9　数控车床复合循环指令

单一固定循环要完成一个粗车过程，需要编程者计算分配车削次数和吃刀量，再一段一段地实现，虽然这比使用基本指令简单，但使用起来还是很麻烦。而复合固定循环则只需指定精加工路线和吃刀量，系统就会自动计算出粗加工路线和加工次数，因此可大大简化编程工作。

（1）外圆粗车复合循环 G71 指令

指令格式：

```
G71 U（Δd）R（e）；
G71 P（ns）Q（nf）U（Δu）W（Δw）（F__ S__ T__）；
Nns…F__ S__ T__；
…；
Nnf…；
```

指令中各参数的意义见表 3-4。

☐ 表 3-4 G71 指令中各参数的意义

地址	含义	地址	含义
Δd	每次循环的径向吃刀深度（半径值）	e	径向退刀量
n_s	精加工轮廓程序的第一个程序段名	Δu	径向精加工余量（直径值），车外圆时为正值，车内孔时为负值
n_f	精加工轮廓程序的最后一个程序段名	Δw	轴向精加工余量

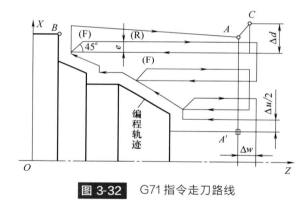

图 3-32 G71 指令走刀路线

该指令适用于圆柱毛坯料（棒料）的粗车外圆和圆筒毛坯料粗车内径的加工，工件类型多为长轴类工件。G71 的走刀路线如图 3-32 所示，与精加工程序段的编程顺序一致，按顺时针方向循环，即每一个循环都是沿"径向进刀，轴向切削"。其中，Nn_s 和 Nn_f 两行号之间的程序是描述零件最终轮廓的精加工轨迹。

（2）端面粗车复合循环 G72 指令

指令格式：

```
G72 W（Δd）R（e）；
G72 P（ns）Q（nf）U（Δu）W（Δw）
（F__ S__ T__）；
Nns…F__ S__ T__；
…；
Nnf…；
```

G72 循环参数与 G71 基本相同，其中 Δd 是每次循环轴向切深，其他见表 3-4。

该指令适用于径向尺寸较大的粗车端面的加工，工件类型多为轮盘类工件。其走刀路线如图 3-33 所示，与精加工程序段的编程顺序一致，与 G71 相反，按逆时针方向循环。即每一个循环都是沿"轴向进刀，径向切削"。

（3）固定形状粗车复合循环 G73 指令

指令格式：

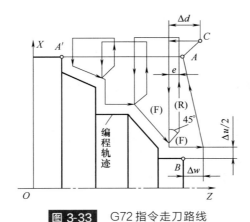

图 3-33 G72指令走刀路线

```
G73 U（Δi）W（Δk）R（d）;
G73 P（ns）Q（nf）U（Δu）W（Δw）（F __ S __ T __）;
Nns···F __ S __ T __;
···;
Nnf···;
```

指令中各参数的意义见表 3-5。

□ **表 3-5 G73 指令中各参数的意义**

地址	含义	地址	含义
Δi	X 方向总的退刀距离(半径值)，一般是毛坯径向需切除的最大厚度	d	粗加工的循环次数
Δk	Z 方向总的退刀量，一般是毛坯轴向需去除的最大厚度	Δu	径向精加工余量(直径值)
n_s	精加工轮廓程序的第一个程序段名	Δw	轴向精加工余量
n_f	精加工轮廓程序的最后一个程序段名		

该指令适用于对毛坯料是铸造或锻造而成的，且毛坯的外形与工件的外形相似但加工余量还相当大的工件的加工。它的走刀路线如图 3-34 所示，与 G71、G72 不同，每一次循环路线沿工件轮廓进行；精加工循环程序段的编程顺序与 G71 相同，按顺时针方向进行。

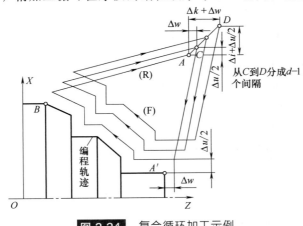

图 3-34 复合循环加工示例

$$\Delta i = \frac{毛坯最大直径－零件最小直径}{2} - 1$$

这里的减 1 是为了防止空走刀。

$$d = \frac{\Delta i}{每刀的背吃刀量}$$

Δk 的值为 Z 轴方向加工余量，一般按照经验值选取，这里取 2.0。

（4）G71、G72、G73 说明

① G71、G72、G73 程序段中的 F__ S__ T__是在粗加工时有效，而精加工循环程序段中的 F__ S__ T__在执行精加工程序时有效。

② 精加工循环程序段的段名 $n_s \sim n_f$ 需从小到大变化，而且不要有重复，否则系统会产生报警。精加工程序段的编程路线如图 3-32～图 3-34 所示，由 $A \rightarrow A' \rightarrow B$ 用基本指令（G00、G01、G02 和 G03）沿工件轮廓编写，而且 $n_s \sim n_f$ 程序段中不能含有子程序。

③ 粗加工完成以后，工件的大部分余量被去除，留出精加工预留量 $\Delta u/2$ 及 Δw。刀具退回循环起点 A 点，准备执行精加工程序。

④ 循环起点 A 点要选择在径向大于毛坯最大外圆（车外表面时）或小于最小孔径（车内表面时），同时轴向要离开工件的右端面的位置，以保证进刀和退刀安全。车削内表面时 Δu 为负值。

（5）精车循环 G70 指令

指令格式：

```
G70 P (nₛ) Q (nf);
```

该指令用于执行 G71、G72 和 G73 粗加工循环指令以后的精加工循环。只需要在 G70 指令中指定粗加工时编写的精加工轮廓程序段的第一个程序段的段号和最后一个程序段的段号，系统就会按照粗加工循环程序中的精加工路线切除粗加工时留下的余量。

注意：

① G70 指令中的 n_s 和 n_f 段号一定要与粗加工中的段号保持一致。

② 也可将 G70 精车程序段放在粗车程序中 n_f 程序段的后面，在粗车完成以后直接进行精车，使工件的粗、精加工由一个程序控制完成。

3.3.10 螺纹数控编程

螺纹切削是数控车床上常见的加工任务。螺纹的形成实际上是刀具的直线运动距离和主轴转速按预先输入的比例同时运动所致。切削螺纹使用的是成形刀具，螺距和尺寸精度受机床精度影响，牙型精度则由刀具精度保证。

（1）G32 指令的编程方法

使用 G32 指令可以车削如图 3-35 所示的圆柱螺纹、圆锥螺纹和端面螺纹。

指令格式：

```
G32 X (U) __ Z (W) __ F__;
```

其中，X、Z 为绝对编程时的终点位置值；U、W 为增量编程方式时在 X 和 Z 方向上的

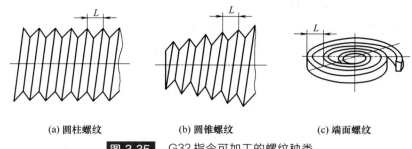

(a) 圆柱螺纹　　　　　(b) 圆锥螺纹　　　　　(c) 端面螺纹

图 3-35　G32 指令可加工的螺纹种类

增量值；F 为螺纹导程值。车削图 3-35（b）所示的锥面螺纹时，当其斜角＜45°时，螺纹导程以导程在 Z 轴方向的投影值指定；斜角≥45°时，以导程在 X 轴方向的投影值指定。

车削圆柱螺纹时，X（U）可省略。

> 指令格式：G32 Z（W）＿ F＿；
> 车削端面螺纹时，Z（W）可省略。
> 指令格式：G32 X（U）＿ F＿；

说明：

① 螺纹车削时，为保证切削正确的螺距，不能使用 G96 恒线速控制指令。

② 在编写螺纹加工程序时，始点坐标和终点坐标应考虑切入距离和切出距离。

由于螺纹车刀是成形刀具，所以刀刃与工件接触线较长，切削力也较大；为避免切削力过大造成刀具损坏或在切削中引起刀具振动，通常在切削螺纹时需要多次进刀才能完成。

（2）G92 指令的编程方法

螺纹单一切削循环指令 G92 把"切入→螺纹切削→退刀→返回"四个动作作为一个循环，用一个程序段来指令，从而简化编程，如图 3-36 所示。

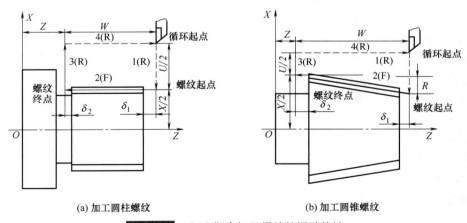

(a) 加工圆柱螺纹　　　　　(b) 加工圆锥螺纹

图 3-36　G92 指令加工螺纹的运动轨迹

指令格式：

> G92 X（U）＿ Z（W）＿ R＿F＿；

式中，X（U）、Z（W）为螺纹切削的终点坐标值，R 为螺纹部分半径之差，即螺纹切削起始点与切削终点的半径差。加工圆柱螺纹时，R＝0；加工圆锥螺纹时，当 X 向切削起始点坐标小于切削终点坐标时，R 为负，反之为正。

（3）G76 指令的编程方法及应用

复合螺纹切削循环指令 G76，可以完成一个螺纹段的全部加工任务。它的进刀方法有利于改善刀具的切削条件，在编程中应优先考虑应用该指令，其运动轨迹如图 3-37 所示。

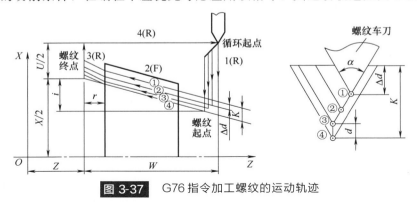

图 3-37　G76 指令加工螺纹的运动轨迹

指令格式：

```
G76 P（m）（r）（α）Q（Δd_min）R（d）；
G76 X（U）Z（W）R（i）P（k）Q（Δd）F（L）；
```

m：精加工重复次数（1～99）。

r：倒角量。当螺距由 L 表示时，可以从 $0.0L$～$9.9L$ 设定，单位为 $0.1L$（两位数：从 00～99）。

$α$：刀尖角度。可以选择 $80°$、$60°$、$55°$、$30°$、$29°$ 和 $0°$ 六种中的一种，由两位数规定。

m、r 和 $α$ 用地址 P 同时指定。例：当 $m=2$，$r=1.2L$（L 是螺距），$α=60°$ 时，指定如下：P021260。

$Δd_{min}$：最小切深（用半径值指定，μm）。

d：精加工余量（μm）。

X（U）、Z（W）：切削终点坐标值（mm）。

i：螺纹半径差。如果 $i=0$，可以进行普通直螺纹切削。加工锥螺纹时，当 X 向切削起始点坐标小于切削终点坐标时，i 为负，反之为正。

k：螺纹高（用半径值规定，μm）。

$Δd$：第一刀切削深度（半径值，μm）。

L：螺纹导程（mm）。

例如：当螺纹的底径尺寸为 $\phi60.64$，螺纹导程值为 6mm，精加工次数为 2 次，牙型角为 $60°$，切削螺纹终点坐标值为（60.64，30.0），工件坐标系原点设在工件右端面中心点位置时，用 G76 编写切削螺纹的加工程序如下：

```
G76 P020660 Q100 R100；
G76 X60.64 Z-30.0 P3897 Q1800 F6.0；
```

3.3.11　切槽复合循环指令

（1）端面切槽或深孔钻复合循环指令 G74

G74 指令主要用于加工端面环形槽。加工中轴向断续切削起到断屑、及时排屑的作用，特别适合加工宽槽，而且还可用于端面钻孔加工。其加工轨迹为：刀具从循环起点（A 点）

开始，沿轴向进刀 Δk 并到达 C 点。刀具退刀 e（断屑）并到达 D 点。刀具按该循环递进切削至轴向终点 Z 的坐标处。刀具退到轴向起刀点，完成一次切削循环。刀具沿径向偏移 Δi 至 F 点，进行第二层切削循环。依次循环直至刀具切削至程序终点坐标处（B 点），轴向退刀至起刀点（G 点），再径向退刀至起刀点（A 点），完成整个切削循环动作。其加工路线如图 3-38 所示。

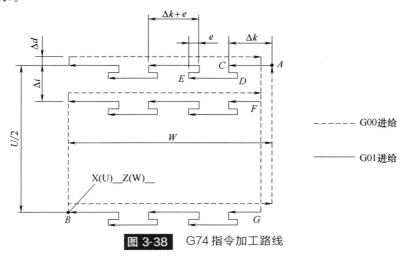

图 3-38 G74 指令加工路线

G74 程序段中的 X（U）值可省略。当省略 X（U）及 P 时，循环执行时刀具仅做 Z 向进给而不做 X 向偏移。此时，刀具做往复式排屑运动进行断屑处理，用于端面啄式深孔钻削循环加工。

1）指令格式

```
G74 R（e）；
G74 X（U）__ Z（W）__ P（Δi）__ Q（Δk）__ R（Δd）__ F__；
```

R（e）：每次轴向进刀后，轴向退刀量（返回值：每次切削的间隙，单位 mm）。

X（U）、Z（W）：表示切削终点坐标值。

P（Δi）：每次切削完成后径向的位移量。

Q（Δk）：每次加工长度（Z 轴方向的进刀量）。

R（Δd）：每次切削完成以后的径向退刀量。

F：轴向切削时的进给速度。

2）注意

① 循环动作由含 Z（W）和 Q（Δk）的 G74 程序段执行，如果仅执行"G74 R（e）；"程序段，循环动作不进行。

② Δd 和 e 均用同一地址 R 指定，其区别在于程序段中有无 Z（W）和 Q（Δk）指令字。

③ 省略 X（U）和 P，则只沿 Z 方向进行加工。

④ 在 G74 指令执行过程中，可以停止自动运行或者手动移动，但要再次执行 G74 循环时，必须返回到手动移动前的位置。如果不返回就执行，后边的运行轨迹将错位。

（2）径向切槽循环指令 G75

G75 循环轨迹如图 3-39 所示。刀具从循环起点（A 点）开始，沿径向进刀 Δi 并到达 C 点，退刀 e（断屑）并到达 D 点。按该循环递进切削至径向终点 X 的坐标处。退到径向起刀点，完成一次切削循环。沿轴向偏移 Δk 至 F 点，进行第二层切削循环。依次循环直至刀具切削至程序终点坐标处（B 点），径向退刀至起刀点（G 点）再轴向退刀至起刀点（A 点），完成整个切槽循环动作。

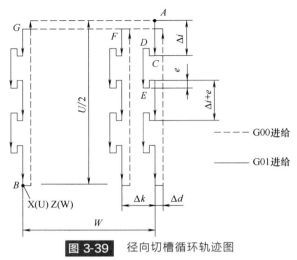

图 3-39 径向切槽循环轨迹图

指令格式：

```
G75 R (e);
G75 X (U) __ Z (W) __ P (Δi) __ Q (Δk) __ R (Δd) __ F __;
```

$R(e)$：每次径向进刀后，径向退刀量。

$X(U)$、$Z(W)$：切削终点坐标值。

$P(\Delta i)$：每次径向的切深量，用不带符号的半径值表示。

$Q(\Delta k)$：刀具完成一次径向切削后，在 Z 轴方向的进刀量，用不带符号的值表示。

$R(\Delta d)$：每次切削完成以后的轴向（Z 向）退刀量，无要求时可省略。

F：径向切削时的进给速度。

G75 程序段中的 $Z(W)$ 值可省略或设定值为 0，当 $Z(W)$ 值设为 0 时，循环执行时刀具仅作 X 向进给而不作 Z 向偏移。

对于程序段中的 Δi、Δk 值，在 FANUC 系统中，不能输入小数点，而直接输入最小编程单位，如 P2000 表示径向每次切深量为 2mm。

（3）使用切槽固定复合循环（G74、G75）时的注意事项

1）在 FANUC 0i 系统中，当出现以下情况而执行切槽固定复合循环（G74、G75）时，将会出现报警。

① $X(U)$ 或 $Z(W)$ 指定，Δi 或 Δk 未指定或指定为 0。

② Δk 值大于 Z 轴的移动量或 Δk 值设定为负值。

③ Δi 值大于 $U/2$ 或 Δi 值设定为负值。

④ 退刀量大于进刀量，即 e 值大于每次切深量 Δi 或 Δk。

2）由于 Δi、Δk 为无符号值，所以刀具切深完成后的偏移方向由数控系统根据刀具起刀点及切槽终点的坐标自动判断。

3）切槽过程中，刀具或工件受较大的单方向切削力，容易在切削过程中产生振动，因此，切槽加工中进给速度的取值应略小（特别是在端面切槽时），通常取 0.1～0.2mm/r。

第4章
FANUC 数控系统车床加工实例

本章将通过实例，遵循由浅入深的原则，来介绍 FANUC 数控系统的车床加工原理、方法与技巧。

在加工零件之前需要对零件图纸进行工艺分析，选择合适的刀具以便在加工中使用；选择合理的切削用量，以能够在保证精度的前提下，尽量提高生产效益，在数控车床中，通常会把以上的几个需确定的加工因素，用规定的图文形式记录下来，以作为机床操作者的数值依据。

4.1 简单的单头轴

加工如图 4-1 所示的零件，已知采用 $\phi45\times90$ 的棒料，材料为 45 钢。

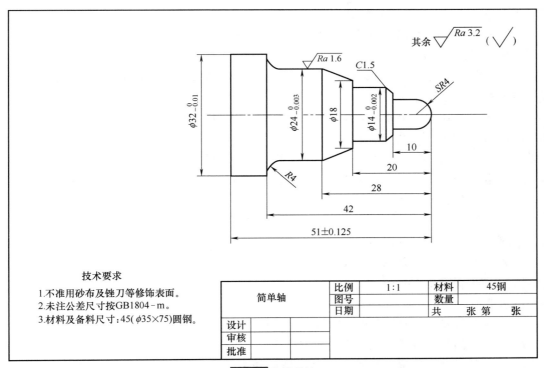

图 4-1 简单轴

4.1.1 学习目标与注意事项

（1）学习目标

① 掌握数控车床加工中的快速移动指令 G00、直线插补指令 G01、圆弧插补指令 G02/

G03、粗车外圆复合循环指令 G71 和精加工循环指令 G70 等。

② 掌握车床加工中的 G94、G95，设定 F 指令进给量单位。

③ 掌握车床加工中的 T、D 换刀和刀补指令。

（2）注意事项

① 确认车刀安装的刀位和程序中的刀号是否一致。

② 灵活运用修调按钮，调节主轴和进给速度。

③ 为了保证对刀精度，自动加工前，应试切一刀，以检验对刀精度；或粗车后暂停，检查尺寸的精度。

④ 在运行开始时，注意起刀点必须设置在远离工件的安全位置，保持刀具与工件间的距离。

4.1.2 工艺分析与加工方案

（1）分析零件工艺性能

由图 4-1 可看出，该零件外形结构并不复杂，但零件的轨迹精度要求高，其总体结构主要包括锥面、圆柱面、球面等。加工轮廓由直线、圆弧等构成。加工尺寸有公差要求。圆柱面 $\phi24$ 的粗糙度为 $Ra1.6\mu m$，其余面要求为 $Ra3.2\mu m$。尺寸标注完整，轮廓描述清楚。

（2）选用毛坯或明确来料状况

毛坯为圆钢，材料 45 钢，零件材料切削性能较好。

（3）选用数控机床

加工轮廓由直线和圆弧组成，所需刀具不多，用两轴联动数控车床可以成形。

（4）确定装夹方案

① 夹具。对于短轴类零件，用三爪卡盘自定心夹持 $\phi35$ 外圆，使工件伸出卡盘 70mm（应将机床的限位距离考虑进去），共限制 4 个自由度，一次装夹完成粗精加工。三爪自定心卡盘能自动定心，工件装夹后一般不需要找正，装夹效率高。

② 定位基准。三爪卡盘自定心，故以轴线为定位基准。

（5）加工工序

① 装夹毛坯。

② 粗车外圆、圆弧并倒角。

③ 精车外圆、圆弧并倒角至要求尺寸。

④ 切断，保证零件总长。

注意事项：

a. 确认车刀安装的刀位和程序中的刀号一致。

b. 灵活运用修调按钮，调节主轴和进给速度。

c. 为了保证对刀精度，自动加工前，应试切一刀，以检验对刀精度；或粗车后暂停，检查尺寸的精度。

（6）加工工序卡

加工工序卡如表 4-1 所示。

（7）工、量、刀具清单

工、量、刀具清单如表 4-2 所示。

表 4-1　加工工序卡

工步	工步内容	刀号	刀具类型	切削用量			备注
				主轴转速 /(r/min)	进给速度 /(mm/r)	背吃刀量 /mm	
1	车端面	T01	75°外圆车刀	500	0.05	—	手动
2	粗车外圆	T01	75°外圆车刀	500	0.2	2	自动
3	精车外圆	T02	90°外圆车刀	1000	0.05	0.25	自动
4	切断	T03	切槽刀	350	0.05	3	自动

表 4-2　工、量、刀具清单

名称	规格	精度	数量
75°外圆车刀	刀尖角 55°,YT15		1
90°外圆车刀	刀尖角 35°,YT15		1
切槽刀	2mm 刀宽		
半径规	$R1 \sim 6.5mm$,$R7 \sim 14.5mm$		1 套
游标卡尺	$0 \sim 150mm$,$0 \sim 150mm$(带表)	0.02mm	各 1
外径千分尺	$0 \sim 25mm$,$25 \sim 50mm$,$50 \sim 75mm$	0.01mm	各 1
紫铜片、垫刀片		0.5mm	若干
粗糙度样板	$0.1\mu m$,$0.2\mu m$,$0.4\mu m$,$0.8\mu m$,$1.6\mu m$,$3.2\mu m$		1

4.1.3　参考程序与注释

程序	注释
O4101;	
N10 M03 S500;	主轴正转 500r/min
N20 T0101;	选用刀具(75°外圆刀)
N30 G00 X40.0 Z5.0 M08;	快速定位到离工件还有 5mm,打开切削液
N40 G71 U2.0 R1.0;	外圆粗车纵向循环指令,每次背吃刀量为 2mm,退刀量为 1.0mm
N50 G71 P60 Q160 U0.5 W0.1 F0.2;	按 N60~N160 指令的精车加工路径,X 向留精加工余量为 0.5mm,Z 向留 0.1mm,进给量 0.2mm/r,粗车加工
N60 G01 X0.0 F0.05;	X 向进给
N70 G01 Z0.0;	Z 向进给到圆弧起点
N80 G03 X8.0 Z−4.0 R4.0;	加工 $SR4$ 球面
N90 G01 Z−10.0;	加工 $\phi 8$ 外圆
N100 X14.0 C1.5;	倒角
N110 Z−20.0;	加工 $\phi 14$ 外圆
N120 X18.0;	加工端面
N130 X24.0 Z−28.0;	加工锥面
N140 Z−38.0;	加工 $\phi 24$ 外圆
N150 G02 X32.0 Z−42.0 R4.0;	加工顺圆
N160 G01 Z−54.0;	加工 $\phi 32$ 外圆

程序	注释
N170 G00 X100.0 Z100.0 T0100;	回换刀点
N180 M00;	程序暂停,可以检查一下粗加工的尺寸等
N190 T0202 M03 S1000;	换 2 号刀,主轴正转
N200 G00 X35.0 Z2.0;	快速点定位
N210 G70 P60 Q160;	精车循环
N220 G00 X100.0 Z100.0 T0200;	回换刀点
N230 M05;	主轴停转
N240 M03 S350;	主轴正转
N250 T0303;	换切断刀 3 号刀
N260 G00 X35.0 Z−54.0;	快速定位到切断位置
N270 G01 X−1.0 F0.05;	切断
N280 G00 X100.0;	刀具回 X 方向安全位置
N290 Z100.0 T0300;	刀具回 Z 方向安全位置
N300 M05 M09;	主轴停止、切削液关
N310 M30;	程序结束,返回主程序

4.2 组合形体螺纹轴

组合形体螺纹轴的零件图如图 4-2 所示。

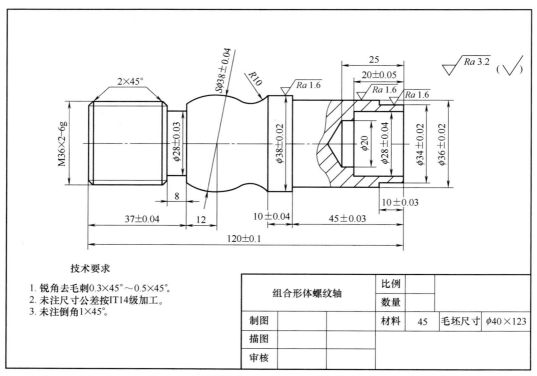

技术要求

1. 锐角去毛刺0.3×45°～0.5×45°。
2. 未注尺寸公差按IT14级加工。
3. 未注倒角1×45°。

组合形体螺纹轴		比例		
		数量		
制图		材料	45	毛坯尺寸 φ40×123
描图				
审核				

图 4-2 组合形体螺纹轴

4.2.1 学习目标与注意事项

（1）学习目标

复习数控车加工的各个要素，学习对具有各种元素要求的组合形体螺纹轴类零件的编程加工实现方法，熟悉掌握组合形体螺纹轴的加工工艺与要求，能够完成中等复杂零件的加工任务。

（2）注意事项

① 确认车刀安装的刀位和程序中的刀号是否一致。

② 灵活运用修调按钮，调节主轴和进给速度。

③ 为了保证对刀精度，自动加工前，应试切一刀，以检验对刀精度；或粗车后暂停，检查尺寸的精度。

④ 在运行开始时，注意起刀点必须设置在远离工件的安全位置，保持刀具与工件间的距离。

4.2.2 工艺分析与加工方案

（1）分析零件工艺性能

由图 4-2 可看出，该零件外形结构并不复杂，但零件的尺寸精度要求高，其总体结构主要包括锥面、圆柱面、槽、螺纹等。加工尺寸有公差要求。圆柱面 $\phi 38$、$\phi 36$、$\phi 34$ 的粗糙度为 $Ra1.6\mu m$，其余面要求为 $Ra3.2\mu m$。尺寸标注完整，轮廓描述清楚。

（2）选用毛坯或明确来料状况

毛坯为 $\phi 40 \times 123$ 圆钢，材料 45 钢，零件材料切削性能较好。

（3）选用数控机床

加工轮廓由直线和圆弧组成，用两轴联动数控车床可以成形。

（4）确定装夹方案

① 夹具。对于螺纹轴类零件，用三爪卡盘自定心夹持 $\phi 40$ 外圆，使工件伸出卡盘 60mm（应将机床的限位距离考虑进去），共限制 4 个自由度，一次装夹完成粗精加工。三爪自定心卡盘能自动定心，工件装夹后一般不需要找正，装夹效率高。

② 定位基准。三爪卡盘自定心，故以轴线为定位基准。

（5）加工工序

① 装夹毛坯。

② 平端面。

③ 打中心孔。

④ 钻 $\phi 20$ 的底孔。

⑤ 镗孔 $\phi 28$。

⑥ 粗加工右侧 $\phi 34$、$\phi 36$、$\phi 38$ 台阶面（注意，$\phi 38$ 的外圆在 Z 方向应多切削 2mm，方便调头时加工）。

⑦ 精加工零件右侧。

⑧ 调头夹持 $\phi 36$ 的台阶，台阶面贴在卡爪处。粗加工零件左侧。

⑨ 精加工零件右侧（注意，$\phi 36$ 的台阶在 Y 方向上应多切削 0.2mm，因为要加工螺纹）。

⑩ 切槽 $\phi 28 \times 8$。

⑪ 加工左侧螺纹 M36×2-6g。

⑫ 保证表面质量及尺寸精度。

（6）加工工序卡

加工工序卡如表 4-3 所示。

▣ 表 4-3　加工工序卡

工步	工步内容	刀号	刀具类型	切削用量			备注
				主轴转速 /(r/min)	进给速度 /(mm/r)	背吃刀量 /mm	
1	车端面	T01	90°外圆车刀	1000	0.05	—	手动
2	打中心孔	T02	ϕ5mm 的中心钻	800	0.1	3	手动
3	钻底孔	T03	ϕ20mm 的麻花钻	500			手动
4	粗镗孔	T04	镗刀	350	0.1	1	自动
5	精镗孔	T04	镗刀	1000	0.08	0.15	自动
6	粗车右侧外轮廓	T01	90°外圆车刀	800	0.2	1.0	自动
7	精车右侧外轮廓	T01	90°外圆车刀	1000	0.1	0.25	自动
8	调头，粗加工左侧外轮廓	T01	90°外圆车刀	500	0.2	1	自动
9	精加工左侧外轮廓	T01	90°外圆车刀	1000	0.1	0.25	自动
10	切槽	T05	4mm 切槽刀	350	0.05		自动
11	切螺纹	T06	螺纹刀	400	2		自动

（7）工、量、刀具清单

工、量、刀具清单如表 4-4 所示。

▣ 表 4-4　工、量、刀具清单

名称	规格	精度	数量
中心钻	ϕ5mm		1 把
麻花钻	ϕ20mm，118°		1 把
镗刀	ϕ28mm×25mm		1 把
90°外圆车刀	刀尖角 55°，YT15		1 把
切槽刀	刀宽为 4mm 的切槽刀		1 把
螺纹刀	60°螺纹刀		1 把
半径规	$R1\sim6.5$mm，$R7\sim14.5$mm		1 套
游标卡尺	0～150mm，0～150mm（带表）	0.02mm	各 1
外径千分尺	0～25mm，25～50mm，50～75mm	0.01mm	各 1
紫铜片、垫刀片	0.5mm		若干
粗糙度样板/μm	0.1、0.2、0.4、0.8、1.6、3.2		1

4.2.3 参考程序与注释

程序	注释
O0001；	
N10 M03 S800；	主轴正转 800r/min
N20 T0404 M08；	选用 4 号刀（镗孔刀），切削液打开
M30 G00 X20 Z5；	快速定位到离工件还有 5mm
N40 G71 U1 R1；	粗加工　G71：内外径粗车复合循环　U：X 方向进刀量　R：X 方向退刀量
N50 G71 P60 Q80 U−0.3 W0 F0.1；	P：精加工第一段程序段号　Q：结束段号　U：X 方向精加工余量　W：Z 方向精加工余量　F：进给速度
N60 G00 X28 Z5；	快速移至下刀点
N70 G01 Z0 F0.08 S1000；	精加工转速提升　因为是镗孔，刀具本身是进入工件里面，所以进给调至 F0.08
N80 X28 Z−20；	循环
N90 G70 P60 Q80；	精车　P：精加工第一段程序段号　Q：结束段号
N100 G00 X100 Z100；	快速退刀
N110 T0400；	取消刀具补偿
N120 T0101；	换至 1 号 90°外圆刀
N130 M03 S800；	转速 800r/min
N140 G00 X40 Z5；	快速定位到离工件还有 5mm
N150 G71 U1 R0.5；	粗加工　G71：内外径粗车复合循环　U：X 方向进刀量　R：X 方向退刀量
N160 G71 P170 Q220 U0.5 W0 F0.2；	P：精加工第一段程序段号　Q：结束段号　U：X 方向精加工余量　W：Z 方向精加工余量　F：进给速度
N170 G00 X34 Z5；	快速移至下刀点
N180 G01 Z0 F0.1 S1000；	精加工转速提升
N190 X34 Z−10；	循环开始
N200 Z−45；	
N210 X38；	
N220 Z−56；	循环结束
N230 G70 P170 Q220；	精车　P：精加工第一段程序段号　Q：结束段号
N240 G00 X100 Z100；	快速退刀
N250 T0100 M05 M09；	取消刀具补偿，主轴停转，切削液关
N260 M30；	程序停止并返回开头
O0002；	
N10 M03 S800；	主轴正转 800r/min
N20 T0101 M08；	选用刀具（90°外圆刀），切削液打开
N30 G00 X40 Z5；	快速定位到离工件还有 5mm
N40 G71 U1 R0.5；	粗加工　G71：内外径粗车复合循环　U：X 方向进刀量　R：X 方向退刀量

程序	注释
N50 G71 P60 Q130 U0.5 W0 F0.2；	P：精加工第一段程序段号　Q：结束段号　U：X 方向精加工余量　W：Z 方向精加工余量　F：进给速度
N60 G00 X31.8 Z5；	快速移至下刀点
N70 G01 Z0 F0.1 S1000；	精加工转速提升
N80 X35.8 Z−2；	循环开始
N90 Z−29；	
N100 X29.462 Z−37；	
N110 X29.462 Z−55.683 R19；	
N120 G02 X38 Z−65 R10；	
N130 G01 X40；	循环结束
N140 G70 P60 Q130；	精车　P：精加工第一段程序段号　Q：结束段号
N150 G00 X100 Z100；	快速退刀
N160 T0100；	取消刀具补偿
N170 T0505；	换至 5 号 4mm 割槽刀
N175 M03 S350	转速降至 350r/min
N180 G00 X37 Z−37；	快速定位至割槽部分
N190 G01 X28 F0.05；	进刀　进给速度调到 F0.05
N200 X37 F0.5；	退刀　进给速度可快些　调到 F0.5
N210 Z−35；	
N220 X28 F0.05；	进刀
N230 X37 F0.5；	退刀
N240 Z−33；	
N250 X28 F0.05；	进刀
N260 X37 F0.5；	退刀
N270 Z−31；	
N280 X35.8 F0.05；	进刀
N290 X31.8 Z−33；	
N300 X38 F0.5；	退刀
N310 G00 X100 Z100；	快速将刀移至离工件 X100、Z100 的位置
N320 T0500；	取消刀具补偿
N330 T0606 M03 S400；	换至 6 号 60°螺纹刀
N340 G00 X38 Z5；	快速定位到需切削螺纹部分
N350 G92 X35.3 Z−31 F2；	G92：螺纹切削循环　X：螺纹小径　Z：螺纹长度　F：螺纹螺距
N360 X34.8；	循环开始
N370 X3.4；	
N380 X34；	
N390 X33.7；	
N400 X33.5；	

程序	注释
N410 X33.4；	
N420 X33.4；	循环结束
N430 G00 X100 Z100；	快速退刀
N440 T0600 M05 M09；	取消刀具补偿,主轴停转,切削液关
N450 M30；	程序停止并返回开头

4.3　轴套双配件

轴套双配件零件图及装配图如图 4-3 所示,毛坯为 $\phi 60 \times 65$ 和 $\phi 60 \times 95$ 的 45 钢,要求分析其加工工艺并编写其数控车加工程序。

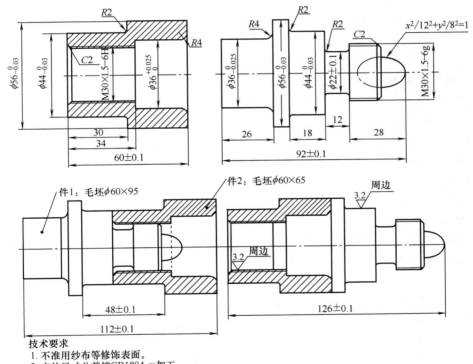

技术要求
1. 不准用纱布等修饰表面。
2. 未注尺寸公差按GB1804-m加工。
3. 未注倒角C1。
4. 配合面≥60%。

图 4-3　轴套双配件零件图及装配图

4.3.1　学习目标与注意事项

（1）学习目标

① 用宏程序加工椭圆半球。

② 内、外螺纹的切削方法。

③ 内、外螺纹及圆柱面的配合。

（2）注意事项

加工内、外螺纹时，不同的系统有不同的螺纹加工固定循环程序，而不同程序的螺纹车削方式也各不相同，在加工过程中一定要注意合理选择。加工内、外螺纹时，还应特别注意每次吃刀深度的合理选择。如果选择不当，则容易产生"崩刃"和"扎刀"等事故。

4.3.2 组合件1工艺分析与加工方案

（1）分析零件工艺性能

由图4-3可看出，零件1是个调头件，右侧是个椭圆半球，需要用宏程序对其编程。其总体结构主要包括椭圆球面、圆柱面、槽、螺纹等。加工尺寸有公差要求。尺寸标注完整，轮廓描述清楚。

车外螺纹时，车刀挤压会使螺纹大径尺寸胀大，所以车螺纹前大径一般应比基本尺寸小 $0.2 \sim 0.4mm$（约 $0.13P$），车好螺纹后牙顶处有 $0.125P$ 的宽度。同理，车削三角形内螺纹时，内孔直径会缩小，所以车削内螺纹前的孔径要比内螺纹小径略大些。

（2）选用毛坯或明确来料状况

毛坯为 $\phi60\times95$ 圆钢，材料45钢，零件材料切削性能较好。

（3）选用数控机床

加工轮廓由直线和圆弧组成，用两轴联动数控车床可以成形。

（4）确定装夹方案

① 夹具。对于螺纹轴类零件，用三爪卡盘自定心夹持 $\phi60$ 外圆，使工件伸出卡盘45mm（应将机床的限位距离考虑进去），共限制4个自由度，一次装夹完成粗精加工。三爪自定心卡盘能自动定心，工件装夹后一般不需要找正，装夹效率高。

② 定位基准。三爪卡盘自定心，故以轴线为定位基准。

（5）加工工序

① 装夹毛坯。

② 平端面。

③ 粗加工左侧 $\phi36$ 圆柱面、$R4$ 倒圆面、$\phi56$ 圆柱面（注意，$\phi56$ 的外圆在 Z 方向应多切削 $2mm$，方便调头时加工）。

④ 精加工零件左侧。

⑤ 调头夹持 $\phi36$ 的台阶，台阶面贴在卡爪处。粗加工零件右侧。

⑥ 精加工零件右侧（注意，$\phi30$ 的台阶在 Y 方向上应多切削 $0.2mm$，因为要加工螺纹）。

⑦ 切槽 $\phi22\times12$。

⑧ 加工右侧螺纹 $M30\times1.5\text{-}6g$。

⑨ 保证表面质量及尺寸精度。

（6）加工工序卡

加工工序卡如表4-5所示。

▫ 表4-5 零件1加工工序卡

工步	工步内容	刀号	刀具类型	切削用量			备注
				主轴转速 /(r/min)	进给速度 /(mm/min)	背吃刀量 /mm	
1	车端面	T01	93°外圆车刀	800	50	—	手动

工步	工步内容	刀号	刀具类型	切削用量			备注
				主轴转速 /(r/min)	进给速度 /(mm/min)	背吃刀量 /mm	
2	粗车左侧外轮廓	T01	93°外圆车刀	800	200	1	自动
3	精车左侧外轮廓	T01	93°外圆车刀	1200	100	0.25	自动
4	调头,粗加工右侧外轮廓	T01	93°外圆车刀	800	200	1.5	自动
5	精加工右侧外轮廓	T01	93°外圆车刀	1200	100	0.25	自动
6	切槽	T02	4mm切槽刀	500	50		自动
7	切螺纹	T03	螺纹刀	500	1.5		自动

4.3.3 组合件 2 工艺分析与加工方案

（1）分析零件工艺性能

由图 4-3 可看出，零件 2 的外轮廓是个台阶面，内轮廓需要加工内螺纹。加工尺寸有公差要求。尺寸标注完整，轮廓描述清楚。

车外螺纹时，车刀挤压会使螺纹大径尺寸胀大，所以车螺纹前大径一般应比基本尺寸小 $0.2 \sim 0.4$mm（约 $0.13P$），车好螺纹后牙顶处有 $0.125P$ 的宽度。同理，车削三角形内螺纹时，内孔直径会缩小，所以车削内螺纹前的孔径要比内螺纹小径略大些。

（2）选用毛坯或明确来料状况

毛坯为 $\phi 60 \times 65$ 圆钢，材料 45 钢，零件材料切削性能较好。

（3）选用数控机床

加工轮廓由直线和圆弧组成，用两轴联动数控车床可以成形。

（4）确定装夹方案

① 夹具。对于螺纹轴类零件，用三爪卡盘自定心夹持 $\phi 60$ 外圆，使工件伸出卡盘 45mm（应将机床的限位距离考虑进去），共限制 4 个自由度，一次装夹完成粗精加工。三爪自定心卡盘能自动定心，工件装夹后一般不需要找正，装夹效率高。

② 定位基准。三爪卡盘自定心，故以轴线为定位基准。

（5）加工工序

① 装夹毛坯。

② 平端面。

③ 粗、精加工零件 2 右侧 $\phi 56$ 外圆（注意，$\phi 56$ 的台阶在 Z 方向上应多切削 2mm 左右，以方便后续调头加工）。

④ 打中心孔。

⑤ 钻 $\phi 20$ 的底孔。

⑥ 镗削右端内轮廓。

⑦ 调头夹持 $\phi 56$ 的外圆。

⑧ 粗加工零件 2 左侧外轮廓。

⑨ 精加工零件 2 左侧。

⑩ 粗加工左侧 $\phi 36$ 圆柱面、$R4$ 倒圆面、$\phi 56$ 圆柱面（注意，$\phi 56$ 的外圆在 Z 方向应多切削 2mm，方便调头时加工）。

⑪ 精加工零件左侧。

⑫ 粗镗左侧内轮廓。

⑬ 精镗左侧内轮廓（注意，$\phi 30$ 的台阶在 Y 方向上应多切削 0.2mm，因为要加工螺纹）。

⑭ 加工左侧内螺纹 M30×1.5-6H。

⑮ 保证表面质量及尺寸精度。

（6）加工工序卡

加工工序卡如表 4-6 所示。

▫ **表 4-6 零件 2 加工工序卡**

工步	工步内容	刀号	刀具类型	切削用量			备注
				主轴转速 /(r/min)	进给速度 /(mm/min)	背吃刀量 /mm	
1	车端面	T01	93°外圆车刀	1000	50	—	手动
2	打中心孔	T02	$\phi 5$mm 的中心钻	800	100	3	手动
3	钻底孔	T03	$\phi 20$mm 的麻花钻	500	50	3	手动
4	粗加工右侧外轮廓	T01	93°外圆车刀	800	200	1.5	自动
5	精加工右侧外轮廓	T01	93°外圆车刀	1200	100	1	自动
6	粗镗孔	T04	镗刀	800	200	1.5	自动
7	精镗孔	T04	镗刀	1200	100	0.25	自动
8	调头,加工左侧外圆	T01	93°外圆车刀	800	200	1.0	自动
9	精车右侧外轮廓	T01	30°机夹车刀	1000	100	0.25	自动
10	粗加工左侧内轮廓	T04	镗刀	800	200	1.5	自动
11	精加工左侧内轮廓	T04	镗刀	1200	100	0.25	自动
12	加工内螺纹	T05	内螺纹车刀	500	1.5		自动

（7）工、量、刀具清单

工、量、刀具清单见表 4-7。

▫ **表 4-7 工、量、刀具清单**

名称	规格	数量	备注
游标卡尺	0～150mm(0.02mm)	1	
千分尺	0～25mm,25～50mm,50～75mm(0.01mm)	各 1	
万能量角器	0～320°(2′)	1	
螺纹塞规	M30×1.5-6H	1	
百分表	0～10mm(0.01mm)	1	
磁性表座		1	
R 规	$R7$～14.5mm,$R15$～25mm	1	

名称	规格	数量	备注
椭圆样板	长轴 24mm，短轴 16mm	1	
内径量表	18～35mm(0.01mm)	1	
塞尺	0.02～1mm	1 副	
外圆车刀	93°，45°	各 1	
不重磨外圆车刀	R 型、V 型、T 型、S 型刀片	各 1	选用
内、外螺纹车刀	三角形螺纹	各 1	
外切槽刀	刀宽 4mm	各 1	
内孔车刀	ϕ20mm 盲孔、ϕ20mm 通孔	各 1	
麻花钻	ϕ10mm、ϕ20mm、ϕ24mm	各 1	
中心钻	ϕ5mm		
辅具	莫氏钻套、钻夹头、活络顶尖	各 1	
其他	铜棒、铜皮、毛刷等常用工具		选用
	计算机、计算器、编程用书等		

4.3.4 程序清单与注释

参考程序	注释	参考程序	注释
O5101；	件 1 左端加工程序	N200　G00 X100 Z200 T0100 M05 M09；	
N10　G98 G40；		N210　M30；	
N20　M03 S800 F200；		O5102；	件 1 右端加工程序
N30　T0101 M08；		N10　G98 G40；	
N40　G00 X62 Z2；		N20　M03 S800 F200；	
N50　G71 U2 R1；	粗加工件 1 左端	N30　T0101 M08；	
N60　G71 P70 Q120 U0.5 W0.1 F200；		N40　G00 X62 Z2；	
N70　G00 X36；		N50　G73 U14 W2 R10；	
N80　G01 Z−22；		N60　G73 P70 Q210 U0.5 W0.1 F200；	
N90　G02 X44 W−4 R4；		N70　G00 X0；	
N100　G01 X56 C1；		N80　G01 Z0；	
N110　Z−36；		N90　#1＝12；	
N120　X60；		N100　#2＝8 * SQRT[12 * 12− #1 * #1]/12；	
N130　G00 X100 Z200；		N110　G01 X[2 * #2] Z[#1−12]；	
N140　M05；		N120　#1＝#1−0.5；	
N150　M00；		N130　IF [#1 GE 0] GOTO100；	
N160　M03 S1200 F100；		N140　G01 X26；	
N170　T0101；		N150　X30 W−2；	
N180　G00 X62 Z2；			
N190　G70 P70 Q120 F100；	精加工件 1 左端		

	参考程序	注释		参考程序	注释
N160	G01 Z−40；		N540	G76 P010160 Q80；	
N170	X44 C1；		N550	G76 X28.05 Z−30 R0 P975 Q350 F1.5；	
N180	W−16；				
N190	G02 X48 W−2 R2；		N560	G00 X100 Z200 T0300 M05 M09；	
N200	G01 X56 C1；				
N210	X60；		N570	M30；	
N220	G00 X100 Z200；			O5103；	件2右端加工程序
N230	M05；		N10	G98 G40；	
N240	M00；		N20	M03 S800 F200；	
N250	M03 S1200 F100；		N30	T0101；	
N260	T0101；		N40	G00 X62 Z2；	
N270	G00 X62 Z2；		N50	G90 X58 Z−33 F200；	
N280	G70 P70 Q210 F100；		N60	X56 S1200 F100；	
N290	G00 X100 Z200 T0100；		N70	G00 X54；	
N300	M05；		N80	G01 Z0；	
N310	M00；		N90	X56 W−1；	
N320	M03 S500 F50；		N100	G00 X100 Z200；	
N330	T0202；	刀宽为4mm	N110	M05；	
N340	G00 X35 Z−34；		N120	M00；	
N350	G01 X22；		N130	M03 S800 F200；	
N360	G00 X35；		N140	T0404；	
N370	W−4；		N150	G00 X22 Z5；	
N380	G01 X22；		N160	G71 U1.5 R0.5；	
N390	G00 X35；		N170	G71 P170 Q210 U−0.5 W0.1 F200；	
N400	Z−32；				
N410	G01 X26；		N180	G00 X44；	
N420	G02 X22 W−2 R2；		N190	G01 Z0；	
N430	G00 X35；		N200	G02 X36 W−4 R4；	
N440	Z−40；		N210	G01 Z−26；	
N450	G01 X26；		N220	X24；	
N460	G03 X22 W2 R2；		N230	G00 Z200；	
N470	G00 X35；		N240	M05；	
N480	G00 X100 Z200；		N250	M00；	
N490	M05；		N260	M03 S1200 F100；	
N500	M00；		N270	T0404；	
N510	M03 S500；		N280	G00 X62 Z2；	
N520	T0303；		N290	G70 P170 Q210 F100；	
N530	G00 X35 Z−9；		N300	G00 Z200；	

参考程序		注释	参考程序		注释
N310	M30;		N230	G00 X32.38;	
	O5104;	件2左端加工程序	N240	X28.38 W−2;	
N10	G98 G40;		N250	Z−35;	
N20	M03 S800 F200;		N260	X24;	
N30	T0101 M08;		N270	G00 Z200;	
N40	G00 X62 Z2;		N280	M05;	
N50	G90 X56 Z−30 F200;		N290	M00;	
N60	X52;		N300	M03 S1200 F100;	
N70	X48;		N310	T0404;	
N80	X45 Z−28;		N320	G00 X24 Z2;	
N90	G00 X42;		N330	G70 P230 Q260 F100;	
N100	G01 Z0;		N340	G00 Z200 T0400;	
N110	X44 W−1;		N360	M05;	
N120	Z−28;		N370	M00;	
N130	G02 X48 W−2 R2;		N380	M03 S500;	
N140	G01 X56 C1;		N390	T0505;	
N150	G00 X100 Z200 T0100;		N400	G00 X26 Z5;	
N160	M05;		N410	G76 P010160 Q80;	
N170	M00;		N420	G76 X30.05 Z−35 R0 P975 Q350 F1.5;	
N180	M03 S800 F200;				
N190	T0404 M08;		N430	G00 X100 Z200 T0500 M05 M09	
N200	G00 X22 Z5;				
N210	G71 U1.5 R0.5;		N440	M30;	
N220	G71 P230 Q260 U−0.5 W0.1 F200;				

4.4 端面槽加工件

端面槽加工件零件图如图4-4所示，毛坯为$\phi80\times35$的45钢，要求分析其加工工艺并编写其数控车加工程序。

4.4.1 学习目标与注意事项

（1）学习目标

① 端面槽刀的使用方法。

② 端面槽程序的编制。

（2）注意事项

① G74指令各参数的含义。

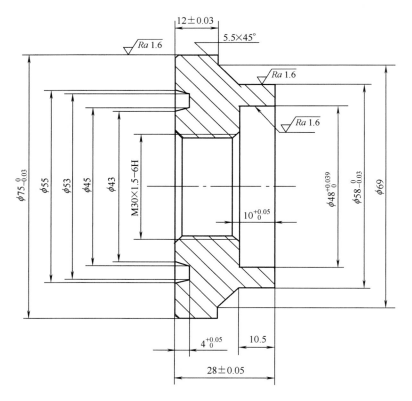

图 4-4　端面槽加工件零件图

② 端面槽加工中精加工余量的确定方法。

4.4.2　工艺分析与加工方案

（1）加工难点分析

端面槽加工可用 G74 指令，它的含义是 Z 向切槽循环。它的加工路线为从起点轴向（Z 轴）进给、回退、再进给……直至切削到与切削终点 Z 轴坐标相同的位置，然后径向退刀、轴向回退至与起点 Z 轴坐标相同的位置，完成一次轴向切削循环；径向再次进刀后，进行下一次轴向切削循环；切削到切削终点后，返回起点，轴向切槽复合循环完成。G74 的径向进刀和轴向进刀方向由切削终点 X（U）、Z（W）与起点的相对位置决定，此指令用于在工件端面加工环形槽或中心深孔，轴向断续切削起到断屑、及时排屑的作用。

（2）加工方案分析

① 加工工件右端外圆和内孔。

② 掉头加工左端端面槽。

③ 加工左端外圆和内孔。

（3）加工工序卡

端面槽零件的加工工序卡如表 4-8 所示。

工步	工步内容	刀号	刀具类型	切削用量			备注
				主轴转速 /(r/min)	进给速度 /(mm/min)	背吃刀量 /mm	
1	车端面	T01	93°外圆车刀	1000	50	—	手动
2	粗车右侧外轮廓	T01	93°外圆车刀	800	200	2.0	自动
3	精车右侧外轮廓	T01	93°外圆车刀	1200	100	0.5	自动
4	打中心孔	T02	ϕ5mm 的中心钻	800		3	手动
5	钻底孔	T03	ϕ26mm 的麻花钻	500			手动
6	粗镗零件右侧内轮廓	T04	内孔车刀	800	200	1.5	自动
7	精镗零件右侧内轮廓	T04	内孔车刀	1200	100	0.5	自动
8	调头,加工左侧端面槽	T06	端面槽刀	50	20		自动
9	粗加工左侧外轮廓	T01	93°外圆车刀	800	200	2	自动
10	精加工左侧外轮廓	T01	93°外圆车刀	1200	100	0.5	自动
11	粗加工左侧内轮廓	T04	内孔车刀	800	200	1.5	自动
12	精加工左侧内轮廓	T04	内孔车刀	1200	100	0.5	自动
13	加工左侧内螺纹	T05	60°螺纹刀	500	1.5		自动

4.4.3 工、量、刀具清单

加工端面槽加工件的工、量、刀具清单见表 4-9。

☐ 表 4-9 加工端面槽加工件的工、量、刀具清单

名称	规格	数量	备注
游标卡尺	0~150mm(0.02mm)	1	
千分尺	0~25mm,25~50mm,50~75mm(0.01mm)	各 1	
万能量角器	0~320°(2′)	1	
螺纹塞规	M30×1.5-6H	1	
百分表	0~10mm(0.01mm)	1	
磁性表座		1	
R 规	R7~14.5mm,R15~25mm	1	
内径量表	18~35mm(0.01mm)	1	
塞尺	0.02~1mm	1 副	
外圆车刀	93°,45°	各 1	
不重磨外圆车刀	R 型、V 型、T 型、S 型刀片	各 1	选用
内螺纹车刀	三角形螺纹	1	
端面槽刀	加工半径 R18~52mm	1	
内孔车刀	ϕ20mm 盲孔、ϕ20mm 通孔	各 1	
麻花钻	中心钻、ϕ10mm、ϕ20mm、ϕ24mm	各 1	
辅具	莫氏钻套、钻夹头、活络顶尖	各 1	
其他	铜棒、铜皮、毛刷等常用工具		选用
	计算机、计算器、编程用书等		

4.4.4 程序清单与注释

参考程序		注释	参考程序		注释
	O5401;	加工右端外圆	N90	G01 Z0;	
N10	G40 G98;		N100	X46 Z−0.5;	
N20	T0101;		N110	Z−10;	
N30	M03 S800 F200;		N120	X28.38 C2;	
N40	G00 X82 M08;		N130	W−1;	
N50	Z2;		N140	X24;	
N60	G71 U2 R1;		N150	G00 Z200;	
N70	G71 P80 Q150 U1 W0.1;		N160	M05;	
N80	G00 X57;		N170	M00;	
N90	G01 Z0;		N180	T0404;	
N100	X58 Z−0.5;		N190	M03 S1200 F100;	
N110	Z−10.5;		N200	G41 G00 X22;	
N120	X69 Z−26;		N210	Z2;	
N130	X73;		N220	G70 P80 Q140;	
N140	X77 W−2;		N230	G40 G00 Z200 T0400 M05 M09;	
N150	G01 X80;				
N160	G00 X150;		N240	M30;	
N170	Z200;			O5403;	加工左端端面槽
N180	M05;		N10	G40 G98;	
N190	M00;		N20	T0606;	
N200	T0101;		N30	M03 S500 F20;	
N210	M03 S1200 F100;		N40	G00 X47 M08;	
N220	G42 G00 X82;		N50	Z2;	
N230	Z2;		N60	G74 R2;	
N240	G70 P80 Q150;		N70	G74 X45 Z−4 P2000 Q1200 F20;	
N250	G40 G00 X150;				
N260	Z200 T0100 M05 M09;		N80	G01 Z2;	
N270	M30;		N90	X45;	
	O5402;	加工右端内孔	N100	Z0;	
N10	G40 G98;		N110	X43 Z−4;	
N20	T0404;		N120	Z2;	
N30	M03 S800 F200;		N130	X49;	
N40	G00 X22 M08;		N140	X47 Z−4;	
N50	Z2;		N150	Z2;	
N60	G71 U1.5 R1;		N160	G00 Z200 T0600 M05 M09;	
N70	G71 P80 Q140 U−1 W0.1;				
N80	G00 X47;		N170	M30;	

续表

	参考程序	注释		参考程序	注释
	O5404；	加工左端外圆	N40	G00 X22 M08；	
N10	G40 G98；		N50	Z2；	
N20	T0101；		N60	G71 U1.5 R1；	
N30	M03 S800 F200；		N70	G71 P80 Q120 U−1 W0.1；	
N40	G00 X82 M08；		N80	G00 X32.38；	
N50	Z2；		N90	G01 Z0；	
N60	G71 U2 R1；		N100	X28.38 Z−2；	
N70	G71 P80 Q120 U1 W0.1；		N110	Z−19；	
N80	G00 X73；		N120	X24；	
N90	G01 Z0；		N130	G00 Z200；	
N100	X75 Z−1；		N140	M05；	
N110	Z−13；		N150	M00；	
N120	G01 X80；		N160	T0404；	
N130	G00 X150；		N170	M03 S1200 F100；	
N140	Z200；		N180	G41 G00 X22；	
N150	M05；		N190	Z2；	
N160	M00；		N200	G70 P80 Q120；	
N170	T0101；		N210	G40 G00 Z200 T0400；	
N180	M03 S1200 F100；		N220	M05；	
N190	G42 G00 X82；		N230	M00；	
N200	Z2；		N240	T0505；	
N210	G70 P80 Q120；		N250	M03 S500；	
N220	G40 G00 X150；		N260	G00 X27；	
N230	Z200 T0100 M05 M09；		N270	Z5；	
N240	M30；		N280	G76 P10160 Q80 R−0.1；	
	O5405；	加工内孔和内螺纹	N290	G76 X30.05 Z−19 R0 P975 Q350 F1.5；	
N10	G40 G98；		N300	G00 Z200 T0500 M05 M09；	
N20	T0404；		N310	M30；	
N30	M03 S800 F200；				

4.5 偏心配合件

偏心配合件零件图及装配图如图4-5所示，毛坯为$\phi70\times135$和$\phi70\times35$的45钢，要求分析其加工工艺并编写其数控车加工程序。

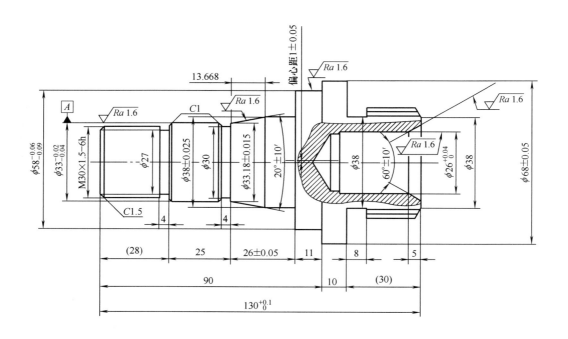

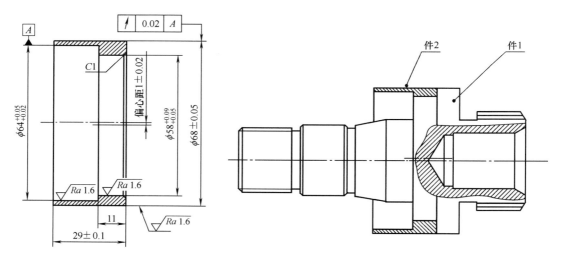

图 4-5 偏心配合件零件图及装配图

4.5.1 学习目标与注意事项

（1）学习目标

① 偏心件的加工方法。

② 偏心件的配合。

（2）注意事项

① 三爪自定心卡盘垫片厚度的确定。

② 四爪单动卡盘车偏心件的装夹。

4.5.2　工艺分析与加工方案

（1）加工难点分析

① 偏心轴套的概念　在机械传动中，常采用曲柄滑块机构来实现回转运动转变为直线运动或直线运动转变为回转运动，在实际生产中常见的偏心轴、曲柄等就是其具体应用的实例。外圆和外圆的轴线或内孔与外圆的轴线平行但不重合（彼此偏离一定距离）的工件，称为偏心工件。外圆与外圆偏心的工件称为偏心轴，如图 4-6（a）所示；内孔与外圆偏心的工件称为偏心套，如图 4-6（b）所示。平行轴线间的距离称为偏心距。

② 三爪自定心卡盘垫片厚度的确定　其加工方法如图 4-7 所示，在三爪中的任意一个卡爪与工件接触面之间，垫上一块预先选好的垫片，使工件轴线相对车床主轴轴线产生位移，并使位移距离等于工件的偏心距，垫片厚度可按下列公式计算。

$$x = 1.5e + K \qquad\qquad K \approx 1.5\Delta e$$

式中　x——垫片厚度；

　　　e——偏心距；

　　　K——偏心距修正值，正负值可按实测结果确定；

　　　Δe——试切后，实测偏心距误差。

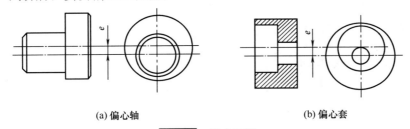

(a) 偏心轴　　　　　　　　　**(b) 偏心套**

图 4-6　偏心工件

（2）加工方案分析

① 先加工轴件左端至 79mm 长位置，然后依次加工槽和螺纹，然后再次装夹右端，打表调偏心，然后车 $\phi58$ 偏心外圆。

② 调头装夹锥面后 $\phi38$ 外圆，加工原右端外圆和内孔。

③ 加工套件，在此之前，可以先将轴上车一外螺纹、孔件车一内螺纹，以便配合加工套件外圆。外圆加工完毕，再加工偏心的内孔直径，然后加工 $\phi64$ 的内孔尺寸。

（3）选择刀具与切削用量

刀具与切削用量参数见表 4-10。

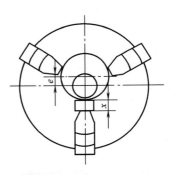

图 4-7　在三爪自定心卡盘
上车偏心工件

▫ 表 4-10　刀具与切削用量参数

刀具号	刀具名称	背吃刀量/mm	转速/r·min⁻¹	进给速度/mm·min⁻¹
T0101	外圆车刀（粗）	2	800	200
	外圆车刀（精）	0.5	1200	100
T0202	外切槽刀		500	50
T0303	外螺纹刀		500	

刀具号	刀具名称	背吃刀量/mm	转速/r·min⁻¹	进给速度/mm·min⁻¹
T0404	内孔车刀（粗）	1.5	800	200
	内孔车刀（精）	0.25	1200	100

4.5.3 工、量、刀具清单

加工偏心配合件的工、量、刀具清单见表 4-11。

▣ 表 4-11 加工偏心配合件的工、量、刀具清单

名称	规格	数量	备注
游标卡尺	0～150mm(0.02mm)	1	
千分尺	0～25mm,25～50mm,50～75mm (0.01mm)	各1	
万能量角器	0～320°(2′)	1	
螺纹塞规	M30×1.5-6H	1	
百分表	0～10mm(0.01mm)	1	
磁性表座		1	
R 规	$R7～14.5$mm,$R15～25$mm	1	
内径量表	18～35mm(0.01mm)	1	
塞尺	0.02～1mm	1 副	
外圆车刀	93°,45°	各1	
不重磨外圆车刀	R 型、V 型、T 型、S 型刀片	各1	选用
内、外螺纹车刀	三角形螺纹	各1	
内、外切槽刀	刀宽 4mm	各1	
内孔车刀	$\phi20$mm 盲孔、$\phi20$mm 通孔	各1	
麻花钻	中心钻、$\phi10$mm、$\phi20$mm、$\phi24$mm	各1	
辅具	莫氏钻套、钻夹头、活络顶尖	各1	
	偏心垫片	若干	
其他	铜棒、铜皮、毛刷等常用工具		选用
	计算机、计算器、编程用书等		

4.5.4 程序清单与注释

参考程序		注释	参考程序		注释
	O6101；	左端外圆	N40	G00 X72 Z2；	棒料直径 $\phi70$mm、 定位需大 2mm
N10	G40 G98 G97；	取消刀补，分进给， 恒转速	N50	G71 U2 R1；	切深 2mm、退刀 1mm
N20	M03 S800 F200；	主轴正转， 转速 800r/min	N60	G71 P70 Q160 U1 W0；	余量 1mm、双边
			N70	G00 X27；	循环头、工件起始点
N30	T0101 M08；	1 号刀位 1 号刀补	N80	G01 Z0；	刀尖碰端面

	参考程序	注释		参考程序	注释
N90	X29.85 Z−1.5;	进行插补		O6103;	左端螺纹
N100	Z−28;		N10	G40 G98 G97;	
N110	X33 C1;		N20	M03 S500 T0303 M08;	
N120	W−25;	Z向增量编程	N30	G00 X32 Z2;	
N130	X33.18;		N40	G76 P10160 Q80 R0.1;	
N140	X38 W−13.668;		N50	G76 X28.05 Z−25 R0 P975 Q350 F1.5;	1.5mm螺距,双边 1.975mm深
N150	Z−79;				
N160	G01 X60;	循环尾	N60	G00 X100 Z100 T0300 M05 M09;	
N170	G00 X100 Z100;	退刀			
N180	M5;	主轴停	N70	M30;	
N190	M0;	程序暂停		O6104;	右端孔
N200	M03 S1200 F100 T0101;	主轴正转 1200r/min, 进给100mm/min	N10	G40 G98 G97;	
			N20	M03 S800 F200 T0404 M08;	
			N30	G00 X18 Z2;	
N210	G42 G00 X72 Z2;	外圆锥面加刀补	N40	G71 U1.5 R0.5;	
N220	G70 P70 Q160;	精加工循环	N50	G71 P60 Q100 U−0.5 W0.1;	
N230	G40 G00 X100 Z100 T0100 M05 M09;	取消刀补	N60	G00 X31.774;	
N240	M30;	程序停	N70	G01 Z0;	
	O6102;	左端槽	N80	X28 Z−5;	
N10	G40 G98 G97;		N90	Z−32;	
N20	M03 S500 F50 T0202 M08;		N100	G01 X20;	
N30	G00 X40 Z−28;		N110	G00 Z200 T0400;	
N40	G01 X27;		N120	M5;	
N50	X40 F150;		N130	M0;	
N60	W−5;		N140	M03 S1200 F100 T0101;	
N70	X30 F50;		N150	G41 G00 X18 Z2;	
N80	X40 F150;		N160	G70 P60 Q100;	
N90	G00 X100 Z100 T0200 M05 M09;		N170	G40 G00 Z200 T0100 M05 M09;	
N100	M30;		N180	M30;	

注：其余加工步骤程序调用以上程序，修改循环部分即可。

4.6 斜椭圆加工件

斜椭圆加工件零件图如图4-8所示，毛坯为 ϕ60×75 的 45 钢，要求分析其加工工艺并编写其数控车加工程序。

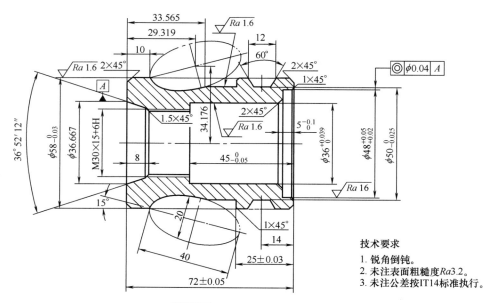

图 4-8 斜椭圆加工件零件图

4.6.1 学习目标与注意事项

（1）学习目标

斜椭圆的编程方法。

（2）注意事项

斜椭圆的坐标变换。

4.6.2 工艺分析与加工方案

（1）加工难点分析

斜椭圆的加工是本例中的一个难点，要想编制斜椭圆方程，必须对斜椭圆进行坐标变换。

如图 4-9 所示，取直角坐标系，以原点 O 为旋转中心，旋转角为 θ，平面上任意一点 $P(x, y)$ 旋转到 $P'(x', y')$，令 $\angle xOP = \alpha$，则 $\angle xOP' = \alpha + \theta$，且 $|OP| = |OP'|$。

于是

$$x' = OP'_x = |OP'| \cos(\alpha + \theta)$$
$$= |OP'| (\cos\alpha\cos\theta - \sin\alpha\sin\theta)$$
$$= |OP| \cos\alpha\cos\theta - |OP| \sin\alpha\sin\theta$$
$$= OP_x \cos\theta - P_x P \sin\theta$$
$$= x\cos\theta - y\sin\theta$$

同理 $y' = x\sin\theta + y\cos\theta$

旋转变换公式为

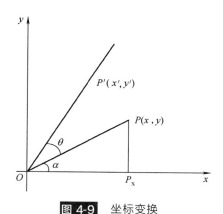

图 4-9 坐标变换

$$\begin{cases} x' = x\cos\theta - y\sin\theta \\ y' = x\sin\theta + y\cos\theta \end{cases}$$

由上面方程组解出 x 和 y

$$\begin{cases} x = x'\cos\theta + y'\sin\theta \\ y = -x'\sin\theta + y'\cos\theta \end{cases}$$

即

$$\begin{cases} x = x'\cos(-\theta) - y'\sin(-\theta) \\ y = -x'\sin(-\theta) + y'\cos(-\theta) \end{cases}$$

这就是旋转变换逆变换公式，其旋转角为 $-\theta$。

（2）加工方案分析

① 加工工件右端外圆及内孔。

② 调头找正，加工工件左端斜椭圆及内孔部分。

（3）选择刀具与切削用量

刀具与切削用量参数见表 4-12。

▣ 表 4-12 刀具与切削用量参数

刀具号	刀具名称	背吃刀量/mm	转速/r·min^{-1}	进给速度/mm·min^{-1}
T0101	外圆车刀(粗)	1	800	200
	外圆车刀(精)	0.5	1200	100
T0202	外切槽刀		500	50
T0303	外螺纹刀		500	
T0404	内孔车刀(粗)	1.5	800	200
	内孔车刀(精)	0.5	1200	100
T0505	内螺纹刀		500	

4.6.3 工、量、刀具清单

加工斜椭圆加工件的工、量、刀具清单见表 4-13。

▣ 表 4-13 加工斜椭圆加工件的工、量、刀具清单

名称	规格	数量	备注
游标卡尺	0～150mm(0.02mm)	1	
千分尺	0～25mm,25～50mm,50～75mm(0.01mm)	各1	
万能量角器	0～320°(2′)	1	
螺纹塞规	M30×1.5-6H	1	
百分表	0～10mm(0.01mm)	1	
磁性表座		1	
R 规	R7～14.5mm,R15～25mm	1	
椭圆样板	长轴40mm,短轴20mm	1	
内径量表	18～35mm(0.01mm)	1	
塞尺	0.02～1mm	1副	
外圆车刀	93°,45°	各1	

名称	规格	数量	备注
不重磨外圆车刀	R 型、V 型、T 型、S 型刀片	各 1	选用
内、外螺纹车刀	三角形螺纹	各 1	
内、外切槽刀	刀宽 4mm	各 1	
内孔车刀	ϕ20mm 盲孔、ϕ20mm 通孔	各 1	
麻花钻	中心钻、ϕ10mm、ϕ20mm、ϕ24mm	各 1	
辅具	莫氏钻套、钻夹头、活络顶尖	各 1	
其他	铜棒、铜皮、毛刷等常用工具		选用
	计算机、计算器、编程用书等		

4.6.4 程序清单与注释

参考程序		注释	参考程序		注释
	O6301;	加工斜椭圆部分	N150	IF[#1GE−1.726] GOTO100;	利用变换公式或者画图得出偏移的 Z 终点坐标到椭圆中心距离
N10	G40 G98 G97;				
N20	M03 S800 F200 T0101 M08;				
N30	G0 X62 Z2;		N160	G01 X50 Z−33.565;	再次确定椭圆终点坐标
N40	G73 U8 R8;	分 8 刀进行粗车循环 N10 到 N20			
N50	G73 P60 Q180 U1 W0.1 F100;		N170	Z−47;	
N60	G0 X54;		N180	G1 X60;	
N70	G1 Z0;		N190	G0 X100;	
N80	X58 Z−2;		N200	Z100;	
N90	#1=20;	Z 向初始值	N210	M5;	
N100	#2=10 * SQRT[20 * 20−#1 * #1]/20;	正常椭圆方程	N220	M0;	
			N230	M03 S1200 F100 T0101;	
N110	#3=#1 * COS[15]−#2 * SIN[15];	Z 向坐标变换	N240	G42 G0 X26;	调用刀补
			N250	Z2;	
N120	#4=#1 * SIN[15]+#2 * COS[15];	X 向坐标变换	N260	G70 P60 Q180;	
N130	G01 X[2 * 34.176−2 * #4] Z[#3−29.319];	调用变换后的 Z/X 坐标	N270	G40 G0 X100 Z100;	取消刀补
N140	#1=#1−0.5;	Z 每次变换 0.5	N280	M30;	

注：其余加工程序略。

第5章
加工中心工艺及调试

加工中心是在数控铣床的基础上发展起来的。早期的加工中心就是指配有自动换刀装置和刀库，并能在加工过程中实现自动换刀的数控镗铣床。所以它和数控铣床有很多相似之处，不过它的结构和控制系统功能都比数控铣床复杂得多。通过在刀库上安装不同用途的刀具，加工中心可在一次装夹中实现零件的铣、钻、镗、铰、攻螺纹等多种加工过程。现在加工中心的刀库容量越来越大，换刀时间越来越短，功能不断增强，还出现了建立在数控车床基础上的车削加工中心。随着工业的发展，加工中心将逐渐取代数控铣床，成为一种主要的加工机床。

5.1 加工中心的工艺特点

归纳起来，加工中心加工有如下工艺特点。

① 可减少工件的装夹次数，消除因多次装夹带来的定位误差，提高加工精度。当零件各加工部位的位置精度要求较高时，采用加工中心加工能在一次装夹中将各个部位加工出来，避免了工件多次装夹所带来的定位误差，既有利于保证各加工部位的位置精度要求，同时可减少装卸工件的辅助时间，节省大量的专用和通用工艺装备，降低生产成本。

② 可减少机床数量，并相应减少操作工人，节省占用的车间面积。

③ 可减少周转次数和运输工作量，缩短生产周期。

④ 在制品数量少，简化生产调度和管理。

⑤ 使用各种刀具进行多工序集中加工，在进行工艺设计时要处理好刀具在换刀及加工时与工件、夹具甚至机床相关部位的干涉问题。

⑥ 若在加工中心上连续进行粗加工和精加工，夹具既要能适应粗加工时切削力大、高刚度、夹紧力大的要求，又需适应精加工时定位精度高、零件夹紧变形尽可能小的要求。

⑦ 由于采用自动换刀和自动回转工作台进行多工位加工，决定了卧式加工中心只能进行悬臂加工。由于不能在加工中设置支架等辅助装置，应尽量使用刚性好的刀具，并解决刀具的振动和稳定性问题。另外，由于加工中心是通过自动换刀来实现工序或工步集中的，因此受刀库、机械手的限制，刀具的直径、长度、重量一般都不允许超过机床说明书所规定的范围。

⑧ 多工序的集中加工，要及时处理切屑。

⑨ 在将毛坯加工为成品的过程中，零件不能进行时效，内应力难以消除。

⑩ 技术复杂，对使用、维修、管理要求较高。

⑪ 加工中心一次性投资大，还需配置其他辅助装置，如刀具预调设备、数控工具系统或三坐标测量机等，机床的加工工时费用高，如果零件选择不当，会增加加工成本。

5.2 加工中心的工艺路线设计

设计加工中心加工零件的工艺路线时，还要根据企业现有的加工中心机床和其他机床的构成情况，本着经济合理的原则，安排加工中心的加工顺序，以期最大程度地发挥加工中心的作用。

在目前国内很多企业中，由于多种原因，加工中心仅被当作数控铣床使用，且多为单机作业，远远没有发挥出加工中心的优势。从加工中心的特点来看，由若干台加工中心配上托盘交换系统构成柔性制造单元（FMC），再由若干个柔性制造单元可以发展组成柔性制造系统（FMS），加工中小批量的精密复杂零件，就最能发挥加工中心的优势与长处，获得更显著的技术经济效益。

单台加工中心或多台加工中心构成的 FMC 或 FMS，在工艺设计上有较大的差别。

（1）单台加工中心

其工艺设计与数控铣床的相类似，主要注意以下方面。

① 安排加工顺序时，要根据工件的毛坯种类，现有加工中心机床的种类、构成和应用习惯，确定零件是否要进行加工中心工序前的预加工以及后续加工。

② 要照顾各个方向的尺寸，留给加工中心的余量要充分且均匀。通常直径小于 30mm 的孔的粗、精加工均可在加工中心上完成；直径大于 30mm 的孔，粗加工可在普通机床上完成，留给加工中心的加工余量一般为直径方向 4～6mm。

③ 最好在加工中心上一次定位装夹中完成预加工面在内的所有内容。如果非要分两台机床完成，则最好留一定的精加工余量。或者，使该预加工面与加工中心工序的定位基准有一定的尺寸精度和位置精度要求。

④ 加工质量要求较高的零件，应尽量将粗、精加工分开进行。如果零件加工精度要求不高，或新产品试制中属单件或小批，也可把粗、精加工合并进行。在加工较大零件时，工件运输、装夹很费工时，经综合比较，在一台机床上完成某些表面的粗、精加工，并不会明显发生各种变形时，粗、精加工也可在同一台机床上完成，但粗、精加工应划成两个工步分别完成。

⑤ 在具有良好冷却系统的加工中心上，可一次或两次装夹完成全部粗、精加工工序。对刚性较差的零件，可采取相应的工艺措施和合理的切削参数，控制加工变形，并使用适当的夹紧力。

一般情况下，箱体零件加工可参考的加工方案为：铣大平面→粗镗孔→半精镗孔→立铣刀加工→打中心孔→钻孔、铰孔→攻螺纹→精镗、精铣等。

（2）多台加工中心构成的 FMC 或 FMS

当加工中心处在 FMC 或 FMS 中时，其工艺设计应着重考虑每台加工设备的加工负荷、生产节拍、加工要求的保证以及工件的流动路线等问题，并协调好刀具的使用，充分利用固定循环、宏指令和子程序等简化程序的编制。对于各加工中心的工艺安排，一般通过 FMC 或 FMS 中的工艺决策模块（工艺调度）来完成。

5.3 加工中心的工步设计

设计加工中心机床的加工工艺实际就是设计各表面的加工工步。在设计加工中心工步时，主要从精度和效率两方面考虑。理想的加工工艺不仅应保证加工出符合图纸要求的合格工件，同时应能使加工中心机床的功能得到合理应用与充分发挥，主要有以下方面。

① 同一加工表面按粗加工、半精加工、精加工次序完成，或全部加工表面按先粗加工，然后半精加工、精加工分开进行。加工尺寸公差要求较高时，考虑零件尺寸、精度、零件刚性和变形等因素，可采用前者；加工位置公差要求较高时，采用后者。

② 对于既要铣面又要镗孔的零件，如各种发动机箱体，可以先铣面后镗孔。按这种方法划分工步，可以提高孔的加工精度。铣削时，切削力较大，工件易发生变形。先铣面后镗孔，使其有一段时间的恢复，可减少由变形对孔的精度的影响。反之，如果先镗孔后铣面，则铣削时，必然在孔口产生飞边、毛刺，从而破坏孔的精度。

③ 相同工位集中加工，应尽量按就近位置加工，以缩短刀具移动距离，减少空运行时间。

④ 按所用刀具划分工步。如某些机床工作台回转时间比换刀时间短，在不影响精度的前提下，为了减少换刀次数，减少空行程，减少不必要的定位误差，可以采取刀具集中工序，也就是用同一把刀把零件上相同的部位都加工完，再换第二把刀。

⑤ 当加工工件批量较大而工序又不太长时，可在工作台上一次装夹多个工件同时加工，以减少换刀次数。

⑥ 考虑到加工中存在着重复定位误差，对于同轴度要求很高的孔系，就不能采取原则4，应该在一次定位后，通过顺序连续换刀，顺序连续加工完该同轴孔系的全部孔后，再加工其他坐标位置孔，以提高孔系同轴度。

⑦ 在一次定位装夹中，尽可能完成所有能够加工的表面。

实际生产中，应根据具体情况，综合运用以上原则，从而制定出较完善、合理的加工中心切削工艺。

5.4　工件的定位与装夹

（1）加工中心定位基准的选择

合理选择定位基准对保证加工中心的加工精度，对提高加工中心的生产效率有着重要的作用。确定零件的定位基准，应遵循下列原则。

① 尽量使定位基准与设计基准重合　选择定位基准与设计基准重合，不仅可以避免因基准不重合而引起的定位误差，提高零件的加工精度，而且还可减少尺寸链的计算，简化编程。同时，还可避免精加工后的零件再经过多次非重要尺寸的加工。

② 保证零件在一次装夹中完成尽可能多的加工内容　零件在一次装夹定位后，要求尽可能多的表面被集中加工。如箱体零件，最好采用一面两销的定位方式，以便刀具对其他表面都能加工。

③ 确定设计基准与定位基准的形位公差范围　当零件的定位基准与设计基准难以重合时，应认真分析装配图，理解该零件设计基准的设计意图，通过尺寸链的计算，严格规定定位基准与设计基准之间的形位公差范围，确保加工精度。对于带有自动测量功能的加工中心，可在工艺中安排测量检查工步，从而确保各加工部位与设计基准之间的集合关系。

④ 工件坐标系原点的确定　工件坐标系原点的确定主要应考虑便于编程和测量。确定定位基准时，不必与其原点一定重合，但应考虑坐标原点能否通过定位基准得到准确的测

图 5-1 工件坐标系原点的确定

量，即得到准确的集合关系，同时兼顾到测量方法。如图 5-1 所示，零件在加工中心上加工 $\phi 80H7$ 孔及 $4 \times \phi 25H7$ 孔时，$4 \times \phi 25H7$ 孔以 $\phi 80H7$ 孔为基准，编程原点应选在 $\phi 80H7$ 孔中心上。定位基准为 A、B 两面。这种加工方案虽然定位基准与编程原点不重合，但仍然能够保证各项精度。反之，如果将编程原点也选在 A、B 上（即 P 点），则计算复杂，编程不便。

⑤ 一次装夹就能够完成全部关键精度部位的加工。为了避免精加工后的零件再经过多次非重要的尺寸加工，多次周转，造成零件变形、磕碰划伤，在考虑一次完成尽可能多的加工内容（如螺孔，自由孔，倒角，非重要表面等）的同时，一般将加工中心上完成的工序安排在最后。

⑥ 当在加工中心上既加工基准又完成各工位的加工时，其定位基准的选择需考虑完成尽可能多的加工内容。为此，要考虑便于各个表面都能被加工的定位方式，如对于箱体，最好采用一面两销的定位方式，以便刀具对其他表面进行加工。

⑦ 当零件的定位基准与设计基准难以重合时，应认真分析装配图纸，确定该零件设计基准的设计功能，通过尺寸链的计算，严格规定定位基准与设计基准间的公差范围，确保加工精度。对于带有自动测量功能的加工中心，可在工艺中安排坐标系测量检查工步，即每个零件加工前由程序自动控制用测头检测设计基准，系统自动计算并修正坐标系，从而确保各加工部位与设计基准间的几何关系。

（2）加工中心夹具的选择和使用

加工中心夹具的选择和使用，主要有以下几方面。

① 根据加工中心机床特点和加工需要，目前常用的夹具类型有专用夹具、组合夹具、可调夹具、成组夹具以及工件统一基准定位装夹系统。在选择时要综合考虑各种因素，选择较经济、较合理的夹具形式。一般夹具的选择顺序是：在单件生产中尽可能采用通用夹具；批量生产时优先考虑组合夹具，其次考虑可调夹具，最后考虑成组夹具和专用夹具；当装夹精度要求很高时，可配置工件统一基准定位装夹系统。

② 加工中心的高柔性要求其夹具比普通机床结构更紧凑、简单，夹紧动作更迅速、准确，尽量减少辅助时间，操作更方便、省力、安全，而且要保证足够的刚性，能灵活多变。因此常采用气动、液压夹紧装置。

③ 为保持工件在本次定位装夹中所有需要完成的待加工面充分暴露在外，夹具要尽量敞开，夹紧元件的空间位置能低则低，必须给刀具运动轨迹留有空间。夹具不能和各工步刀具轨迹发生干涉。当箱体外部没有合适的夹紧位置时，可以利用内部空间来安排夹紧装置。

④ 考虑机床主轴与工作台面之间的最小距离和刀具的装夹长度，夹具在机床工作台上的安装位置应确保在主轴的行程范围内能使工件的加工内容全部完成。

⑤ 自动换刀和交换工作台时不能与夹具或工件发生干涉。

⑥ 有些时候，夹具上的定位块是安装工件时使用的，在加工过程中，为满足前后左右各个工位的加工，防止干涉，工件夹紧后即可拆去。对此，要考虑拆除定位元件后，工件定位精度的保持问题。

⑦ 尽量不要在加工中途更换夹紧点。当非要更换夹紧点时，要特别注意不能因更换夹

紧点而破坏定位精度，必要时应在工艺文件中注明。

总之，在加工中心上选择夹具时，应根据零件的精度和结构以及批量因素，进行综合考虑。一般选择夹具的顺序是：优先考虑组合夹具，其次考虑可调整夹具，最后考虑专用夹具和成组夹具。

（3）确定零件在机床工作台上的最佳位置

在卧式加工中心上加工零件时，工作台要带着工件旋转，进行多工位加工，就要考虑零件（包括夹具）在机床工作台上的最佳位置，该位置是在技术准备过程中根据机床行程，考虑各种干涉情况，优化匹配各部位刀具长度而确定的。如果考虑不周，将会造成机床超程，需要更换刀具，重新试切，影响加工精度和加工效率，也增大了出现废品的可能性。

加工中心具有的自动换刀功能决定了其最大的弱点是刀具悬臂式加工，在加工过程中不能设置镗模、支架等。因此，在进行多工位零件的加工时，应综合计算各工位的各加工表面到机床主轴端面的距离以选择最佳的刀具长度，提高工艺系统的刚性，从而保证加工精度。

如某一工件的加工部位距工作台回转中心的 Z 向距离为 L_{zi}（工作台移动式机床，向主轴移动为正，背离主轴移动为负），加工该部位的刀具长度补偿（主轴端面与刀具端部之间的距离）为 H_i，机床主轴端面到工作台回转中心的最小距离为 Z_{min}，最大距离为 Z_{max}，则确定加工的刀辅具长度时，应满足下面两式。

$$H_i > Z_{min} - L_{zi} \qquad (5-1)$$

$$H_i < Z_{max} - L_{zi} \qquad (5-2)$$

满足式（5-1）可以避免机床负向超程，满足式（5-2）可以避免机床正向超程。在满足以上两式的情况下，多工位加工时工件尽量位居工作台中间部位，而单工位加工或相邻两工位加工，则应将零件靠工作台一侧或一角安置，以减小刀具长度，提高工艺系统刚性。图 5-2 所示，工件 1 加工 A 面上孔为单工位加工，图 5-2 中，工件 2 上 B、C 面加工为相邻两工位加工。此外，确定工件在机床工作台上的位置时，还应能方便准确地测量各工位工件坐标系。

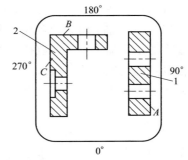

图 5-2 工件在工作台上的位置
1,2—工件

（4）零件的夹紧与安装

工件的夹紧对加工精度有较大的影响。在考虑夹紧方案时，夹紧力应力求靠近主要支承点上，或在支承点所组成的三角内，并力求靠近切削部位及刚性好的地方，避免夹紧力落在工件的中空区域，尽量不要在被加工孔的上方。同时，必须保证最小的夹紧变形。加工中心上既有粗加工，又有精加工。零件在粗加工时，切削力大，需要大的夹紧力，精加工时为了保证加工精度，减少夹压变形，需要小的夹紧力。若采用单一的夹紧力，零件的变形不能很好控制时，可将粗、精加工工序分开，或在程序编制到精加工时使程序暂停，让操作者放松夹具后继续加工。另外还要考虑各个夹紧部件不要与加工部位和所用刀具发生干涉。

夹具在机床上的安装误差和工件在夹具中的定位、安装误差对加工精度将产生直接影响。即使程序原点与工件本身的基准点相符合，也要求工件对机床坐标轴线上的角度进行准确的调整。如果编程零点不是根据工件本身，而是按夹具的基准来测量，则在编制工艺文件时，根据零件的加工精度对装夹提出特殊要求。夹具中工件定位面的任何磨损以及任何污物都会引起加工误差，因此，操作者在装夹工件时一定要清洁定位表面，并按工艺文件上的要求找正定位面，使其在一定的精度范围内。另外夹具在机床上需准确安装。一般立式加工中心工作台面上有基准T形槽，卧式加工中心上有工作台转台中心定位孔、工作台侧面基准挡板等。夹具在工作台上利用这些定位元件安装，用螺栓或压板夹紧。

对个别装夹定位精度要求很高，批量又很小的工件，可用检测仪器在机床工作台上找正基准，然后设定工件坐标系进行加工，这样对每个工件都要有手工找正的辅助时间，但节省了夹具费用。有些机床上配置了接触式测头，找正工件的定位基准可用编制测量程序自动完成。

5.5 加工中心刀具系统

加工中心使用的刀具由刃具和刀柄两部分组成。刃具部分和通用刃具一样，如钻头、铣刀、铰刀、丝锥等。加工中心上自动换刀功能，刀柄要满足机床主轴的自动松开和拉紧定位，并能准确地安装各种切削刃具，适应机械手的夹持和搬运，适应在刀库中储存和识别等。

决定零件加工质量的重要因素是刀具的正确选择和使用，对成本昂贵的加工中心更要强调选用高性能刀具，充分发挥机床的效率，降低加工成本，提高加工精度。

为了提高生产率，国内外加工中心正向着高速、高刚性和大功率方向发展。这就要求刀具必须具有能够承受高速切削和强力切削的性能，而且要稳定。同一批刀具在切削性能和刀具寿命方面不得有较大差异。在选择刀具材料时，一般尽可能选用硬质合金刀具，精密镗孔等还可以选用性能更好、更耐磨的立方氮化硼和金刚石刀具。

加工中心加工内容的多样性决定了所使用刀具的种类很多，除铣刀以外，加工中心使用比较多的是孔加工刀具，包括加工各种大小孔径的麻花钻、扩孔钻、锪孔钻、铰刀、镗刀、丝锥以及螺纹铣刀等。为了适应加工要求，这些孔加工刀具一般都采用硬质合金材料且带有各种涂层，分为整体式和机夹可转位式两类。

加工中心加工刀具系统由成品刀具和标准刀柄两部分组成。其中成品刀具部分与通用刀具相同，如钻头、铣刀、铰刀、丝锥等。标准刀柄部分可满足机床自动换刀的需求：能够在机床主轴上自动松开和拉紧定位，并准确地安装各种刀具和检具，能适应机械手的装刀和卸刀，便于在刀库中进行存取、管理、搬运和识别等。

5.6 加工方法的选择

加工方法的选择原则是：保证加工表面的加工精度和表面粗糙度的要求。由于获得同一级精度及表面粗糙度的加工方法一般有许多，因而在实际选择时，要结合零件的形状、尺寸大小和热处理要求等全面考虑。例如，对于IT7级精度的孔采用镗削、铰削、磨削等加工方法均可达到精度要求，但箱体上的孔一般采用镗削或铰削，而不宜采用磨削。一般小尺寸的箱体孔选择铰孔，当孔径较大时则应选择镗孔。此外，还应考虑生产效率和经济性的要求，以及工厂的生产设备等实际情况。常用加工方法的加工精度及表面粗糙度可查阅有关工艺手册。

5.7 加工路线和切削用量的确定

加工路线和切削用量的确定是加工中心非常重要的一项技术环节，下面具体介绍。

5.7.1 加工路线的确定

在数控机床的加工过程中，每道工序加工路线的确定都非常重要，因为它与工件的加工精度和表面粗糙度直接相关。

在数控加工中，刀具刀位点相对于零件运动的轨迹即为加工路线。编程时，加工路线的确定原则主要有以下几点。

① 加工路线应保证被加工零件的精度和表面粗糙度，且效率较高。

② 使数值计算简便，以减少编程工作量。

③ 应使加工路线最短，这样既可减少程序段，又可减少空刀时间。

确定进给路线的工作重点，主要在于确定粗加工及空行程的进给路线，因精加工切削过程的进给路线基本上都是沿其零件轮廓顺序进行的。

进给路线泛指刀具从对刀点（或机床参考点）开始运动起，直至返回该点并结束加工程序所经过的路径，包括切削加工的路径及刀具引入、切出等非切削空行程。

在保证加工质量的前提下，使加工程序具有最短的进给路线，不仅可以节省整个加工过程的执行时间，还能减少一些不必要的刀具消耗及机床进给机构滑动部件的磨损等。

实现最短的进给路线，除了依靠大量的实践经验外，还应善于分析，必要时可辅以一些简单计算。现将实践中的部分设计方法或思路介绍如下。

（1）最短的空行程路线

① 巧用起刀点 图 5-3（a）所示为采用矩形循环方式进行粗车的示例。其对刀点 A 的设定是考虑到精车等加工过程中需方便地换刀，故设置在离坯件较远的位置处，同时将起刀点与其对刀点重合在一起，按三刀粗车的进给路线安排如下：

第一刀为 $A—B—C—D—A$；

第二刀为 $A—E—F—G—A$；

第三刀为 $A—H—I—J—A$。

图 5-3（b）则是将起刀点与对刀点分离，并设于图示 B 点位置，仍按相同的切削量进行三刀粗车，其进给路线安排如下：

起刀点与对刀点分离的空行程为 $A—B$；

第一刀为 $B—C—D—E—B$；

第二刀为 $B—F—G—H—B$；

第三刀为 $B—I—J—K—B$。

显然，图 5-3（b）所示的进给路线短。该方法也可用在其他循环（如螺纹车削）指令格式的加工程序编制中。

② 巧设换（转）刀点 为了考虑换（转）刀的方便和安全，有时将换（转）刀点设置在离坯件较远的位置处 [图 5-3（a）中的 A 点]，那么，当换第二把刀后，进行精车时的空行程路线必然也较长；如果将第二把刀的换刀点设置在图 5-3（b）中的 B 点位置上，则可缩短空行程距离。

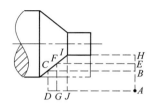 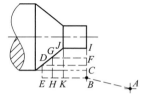

(a) 对刀点和起刀点重合　　(b) 对刀点和起刀点分离

图 5-3　巧用起刀点

③ 合理安排"回参考点"路线　在合理安排"回参考点"路线时，应使其前一刀终点与后一刀起点间的距离尽量缩短，或者为零，即可满足进给路线为最短的要求。

另外，在选择返回对刀点指令时，在不发生加工干涉现象的前提下，应尽量采用两坐标轴双向同时"回参考点"的指令，该指令功能的"回参考点"路线最短。

④ 巧排空程进给路线　对数控冲床、钻床等加工机床，其空程执行时间对生产效率的提高影响较大。例如在数控钻削如图 5-4（a）所示零件时，图 5-4（c）所示的空程进给路线，要比图 5-4（b）所示的常规的空程进给路线缩短一半左右。

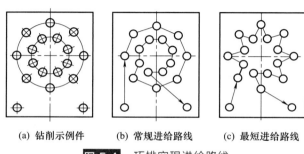

(a) 钻削示例件　　(b) 常规进给路线　　(c) 最短进给路线

图 5-4　巧排空程进给路线

（2）最短的切削进给路线

在安排粗加工或半精加工的切削进给路线时，应同时兼顾到被加工零件的刚性及加工的工艺性等要求，不要顾此失彼。

此外，确定加工路线时，还要考虑工件的加工余量和机床、刀具的刚度等情况，确定是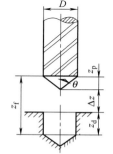一次进给还是多次进给来完成加工，以及在铣削加工中是采用顺铣还是采用逆铣等。

点位控制的数控机床，只要求定位精度较高，定位过程尽可能快，而刀具相对工件的运动路线是无关紧要的，因此这类机床应按空程最短来安排进给路线。除此之外，还要确定刀具轴向的运动尺寸，其大小主要由被加工零件的孔深来决定，但也应考虑一些辅助尺寸，如刀具的引入距离和超越量。数控钻孔的尺寸关系如图 5-5 所示。图中 z_d 为被加

图 5-5　数控钻孔的尺寸关系

工孔的深度；Δz 为刀具的轴向引入距离；$z_p = \dfrac{D\cot\theta}{2}$；$z_f$ 为刀具轴向位移量，即程序中的 z 坐标尺寸，$z_f = z_d + \Delta z + z_p$。

表 5-1 列出了刀具的轴向引入距离 Δz 的经验数据。

对于位置精度要求较高的孔系加工，特别要注意孔的加工顺序的安排，安排不当时，有可能将坐标轴的反向间隙带入，直接影响位置精度。如图 5-6 所示，图 5-6（a）为零件图，

在该零件上镗 6 个尺寸相同的孔，有两种加工路线。当按图 5-6（b）所示路线加工时，由于 5、6 孔与 1、2、3、4 孔定位方向相反，y 方向反向间隙会使定位误差增加，而影响 5、6 孔与其他孔的位置精度。

按图 5-6（c）所示路线加工完孔后往上多移动一段距离到 P 点，然后再折回来加工 5、6 孔，这样方向一致，可避免反向间隙的引入，提高 5、6 孔与其他孔的位置精度。

◱ 表 5-1　刀具的轴向引入距离 Δz 的经验数据

对象	Δz 或超越量/mm	对象	Δz 或超越量/mm
已加工面钻孔、镗孔、铰孔	1～3	攻螺纹、铣削时	5～10
毛面上钻孔、镗孔、铰孔	5～8	钻通孔时	刀具超越量为 1～3

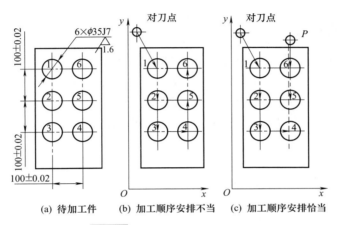

(a) 待加工件　(b) 加工顺序安排不当　(c) 加工顺序安排恰当

图 5-6　镗孔加工路线示意图

铣削平面零件时，一般采用立铣刀侧刃进行切削。为减少接刀痕迹，保证零件表面质量，对刀具的切入和切出程序需要精心设计。如图 5-7 所示，铣削外表面轮廓时，铣刀的切入和切出点应沿零件轮廓曲线的延长线上切向切入和切出零件表面，而不应沿法向直接切入零件，以避免加工表面产生刀痕，保证零件轮廓光滑［如图 5-7（b）、（c）所示］。

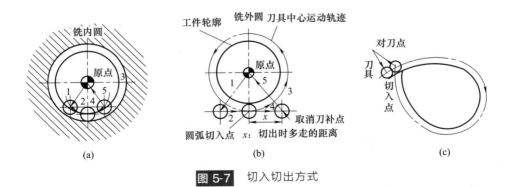

(a)　(b)　(c)

图 5-7　切入切出方式

铣削内轮廓表面时，切入和切出无法外延，这时应尽量由圆弧过渡到圆弧。在无法实现时，铣刀可沿零件轮廓的法线方向切入和切出，并将其切入、切出点选在零件轮廓两几何元素的交点处。如图 5-8 所示为加工凹槽的三种加工路线。

图 5-8（a）、（b）分别为用行切法和环切法加工凹槽的进给路线；图 5-8（c）为先用行切

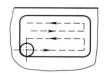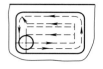

| (a) 行切法 | (b) 环切法 | (c) 先行切，后环切 |

图 5-8 凹槽加工进给路线

法，最后环切一刀光整轮廓表面。三种方案中，图 5-8（a）方案最差，图 5-8（c）方案最好。

加工过程中，在工件、刀具、夹具、机床系统弹性变形平衡的状态下，进给停顿时，切削力减小，会改变系统的平衡状态，刀具会在进给停顿处的零件表面留下刀痕。因此，在轮廓加工中应避免进给停顿。

5.7.2 切削用量的确定

数控编程时，编程人员必须确定每道工序的切削用量，并以指令的形式写入程序中。切削用量包括主轴转速、背吃刀量及进给速度等。对于不同的加工方法，需要选用不同的切削用量。切削用量的选择原则是：保证零件加工精度和表面粗糙度，充分发挥刀具的切削性能，保证合理的刀具耐用度；并充分发挥机床的性能，最大限度提高生产效率，降低成本。

（1）主轴转速的确定

主轴转速应根据允许的切削速度和工件（或刀具）直径来选择，其计算公式为

$$n = 1000v/(\pi D)$$

式中　v——切削速度，m/min，由刀具的耐用度决定；

　　　n——主轴转速，r/min；

　　　D——工件直径或刀具直径，mm。

计算的主轴转速 n，最后要根据机床说明书选取机床有的或较接近的转速。

（2）进给速度的确定

进给速度是数控机床切削用量中的重要参数，主要根据零件的加工精度和表面粗糙度要求以及刀具、工件的材料性质选取。最大进给速度受机床刚度和进给系统的性能限制。

确定进给速度的原则如下。

① 当工件的质量要求能够得到保证时，为提高生产效率，可选择较高的进给速度，一般在 100～200mm/min 范围内选取。

② 在切断、加工深孔或用高速钢刀具加工时，宜选择较低的进给速度，一般在 20～50mm/min 范围内选取。

③ 当加工精度、表面粗糙度要求高时，进给速度应选小些，一般在 20～50mm/min 范围内选取。

④ 刀具空行程时，特别是远距离"回零"时，可以设定该机床数控系统设定的最高进给速度。

（3）背吃刀量的确定

背吃刀量根据机床、工件和刀具的刚度来决定，在刚度允许的条件下，应尽可能使背吃刀量等于工件的加工余量，这样可以减少走刀次数，提高生产效率。为了保证加工表面质

量，可留少量精加工余量，一般 0.2～0.5mm。

总之，切削用量的具体数值应根据机床性能、相关的手册并结合实际经验用类比的方法确定。同时，使主轴转速、切削深度及进给速度三者能相互适应，以形成最佳的切削用量。

5.8 加工中心工艺规程的制定

在加工中心上加工零件，首先遇到的问题就是工艺问题。加工中心的加工工艺与普通机床的加工工艺有许多相同之处，也有很多不同之处，在加工中心上加工的零件通常要比普通机床所加工的零件工艺规程复杂得多。在加工中心加工前，要将机床的运动过程、零件的工艺过程、刀具的形状、切削用量和走刀路线等都编入程序，这就要求程序设计人员有多方面的知识基础。合格的程序员首先是一个很好的工艺人员，应对加工中心的性能、特点、切削范围和标准刀具系统等有较全面的了解，否则就无法做到全面周到地考虑零件加工的全过程以及正确、合理地确定零件的加工程序。

加工中心是一种高效率的设备，它的效率一般高于普通机床 2～4 倍。要充分发挥加工中心的这一特点，必须熟练掌握性能、特点及使用方法，同时还必须在编程之前正确确定加工方案，进行工艺设计，再考虑编程。

根据实际应用中的经验，数控加工工艺主要包括下列内容。

① 选择并确定零件的数控加工内容。

② 零件图样的数控工艺性分析。

③ 数控加工的工艺路线设计。

④ 数控加工工序设计。

⑤ 数控加工专用技术文件的编写。

其实，数控加工工艺设计的原则和内容在许多方面与普通加工工艺相同，下面主要针对不同点进行简要说明。

5.8.1 数控加工工艺内容的选择

对于某个零件来说，并非所有的加工工艺过程都适合在加工中心上完成，而往往只是其中的一部分适合于数控加工。这就需要对零件图样进行仔细的工艺分析，选择那些适合、最需要进行数控加工的内容和工序。在选择并做出决定时，应结合本企业设备的实际，立足于解决难题、攻克关键和提高生产效率，充分发挥数控加工的优势。在选择时，一般可按下列顺序考虑。

① 通用机床无法加工的内容应作为优选内容。

② 通用机床难加工、质量也难以保证的内容应作为重点选择内容。

③ 通用机床效率低、工人手工操作劳动强度大的内容，可在加工中心尚存在富余能力的基础上进行选择。

一般来说，上述这些加工内容采用数控加工后，在产品质量、生产效率与综合效益等方面都会得到明显提高。相比之下，下列一些内容则不宜选用数控加工。

① 占机调整时间长。如：以毛坯的粗基准定位加工第一个精基准，要用专用工装协调

的加工内容。

② 加工部位比较分散，要多次安装、设置原点。这时采用数控加工很麻烦，效果不明显，可安排通用机床补加工。

③ 按某些特定的制造依据（如：样板等）加工的型面轮廓。主要原因是获取数据困难，易与检验依据发生矛盾，增加编程难度。

此外，在选择和决定加工内容时，也要考虑生产批量、生产周期、工序间周转情况等。总之，要尽量做到合理，达到多、快、好、省的目的，要防止把加工中心降格为通用机床使用。

5.8.2　数控加工工艺路线的设计

数控加工与通用机床加工的工艺路线设计的主要区别在于，它不是指从毛坯到成品的整个工艺过程，而仅是几道数控加工工序工艺过程的具体描述，因此在工艺路线设计中一定要注意到，数控加工工序一般均穿插于零件加工的整个工艺过程中间，因而要与普通加工工艺衔接好。

另外，许多在通用机床加工时由工人根据自己的实践经验和习惯所自行决定的工艺问题，如：工艺中各工步的划分与安排、刀具的几何形状、走刀路线及切削用量等，都是数控工艺设计时必须认真考虑的内容，并将正确的选择编入程序中。在数控工艺路线设计中主要应注意以下几个问题。

（1）工序的划分

根据数控加工的特点，数控加工工序的划分一般可按下列方法进行。

① 以一次安装、加工作为一道工序。这种方法适合于加工内容不多的工件，加工完就能达到待检验状态。

② 以同一把刀具加工的内容划分工序。有些零件虽然能在一次安装中加工出很多待加工面，但考虑到程序太长，会受到某些限制，如：控制系统的限制（主要是内存容量）、机床连续工作时间的限制（如一道工序在一个工作班内不能结束）等。此外，程序太长会增加出错与检索困难。因此程序不能太长，一道工序的内容不能太多。

③ 以加工部位划分工序。对于加工内容很多的零件，可按其结构特点将加工部位分成几个部分，如内形、外形、曲面或平面。

④ 以粗、精加工划分工序。对于易发生加工变形的零件，由于粗加工后可能发生的变形需要进行校形，故一般来说凡要进行粗、精加工的都要将工序分开。

总之，在划分工序时，一定要对零件的结构与工艺性、机床的功能、零件数控加工内容的多少、安装次数及本企业生产组织状况灵活掌握。对于零件宜采用工序集中的原则还是用工序分散的原则，也要根据实际情况合理确定。

（2）顺序的安排

顺序的安排应根据零件的结构和毛坯状况，以及定位安装与夹紧的需要来考虑，重点是工件的刚性不被破坏。顺序安排一般应按以下原则进行。

① 上道工序的加工不能影响下道工序的定位与夹紧，中间穿插有通用机床加工工序的也要综合考虑。

② 先进行内形内腔加工工序，后进行外形加工工序。

③ 以相同的定位、夹紧方式或同一把刀具加工的工序，最好接连进行，以减少重复定位次数、换刀次数与挪动压板次数。

④ 在同一次安装中进行的多道工序，应先安排对工件刚性破坏较小的工序。

（3）数控加工工艺与普通工序的衔接

数控工序前后一般都穿插有其他普通工序，如衔接得不好就容易产生矛盾，因此在熟悉整个加工工艺内容的同时，要清楚数控加工工序与普通加工工序各自的技术要求、加工目的、加工特点，如：要不要留加工余量，留多少；定位面与孔的精度要求及形位公差；对校形工序的技术要求；对毛坯的热处理状态等，这样才能使各工序达到相互满足加工需要，且质量目标及技术要求明确，交接验收有依据。

数控工艺路线设计是下一步工序设计的基础，其设计质量会直接影响零件的加工质量与生产效率，设计工艺路线时应对零件图、毛坯图认真消化，结合数控加工的特点灵活运用普通加工工艺的一般原则，尽量把数控加工工艺路线设计得更合理一些。

（4）数控加工工序的设计

当数控加工工艺路线设计完成后，各道数控加工工序的内容已基本确定，要达到的目标已比较明确。对其他一些问题（诸如：刀具、夹具、量具、装夹方式等），也大体做到心中有数，接下来便可以着手进行数控工序的设计。

在确定工序内容时，要充分注意到数控加工的工艺是十分严密的。因为加工中心虽自动化程度较高，但自适应性差。它不像通用机床，加工时可以根据加工过程中出现的问题比较自由地进行人为调整，即使现代加工中心在自适应调整方面做出了不少努力与改进，但自由度也不大。比如，加工中心在攻螺纹时，就不能确定孔中是否已挤满了切屑，是否需要退一下刀，清理一下切屑再加工。所以，在数控加工的工序设计时必须注意加工过程中的每一个细节。同时，在对图形进行数学处理、计算和编程时，都要力求准确无误。因为，加工中心比同类通用机床价格要高得多，在加工中心上加工的也都是一些形状比较复杂、价值也较高的零件，万一损坏机床或零件都会造成较大的损失。在实际工作中，由于一个小数点或一个逗号的差错而酿造重大机床事故和质量事故的例子也是屡见不鲜的。

数控工序设计的主要任务是进一步把本工序的加工内容、切削用量、工艺装备、定位夹紧方式及刀具运动轨迹都要确定下来，为编制加工程序做好充分准备。

① 确定走刀路线和安排工步顺序　在数控加工工艺过程中，刀具时刻处于数控系统的控制下，因而每一时刻都应有明确的运动轨迹及位置。走刀路线就是刀具在整个加工工序中的运动轨迹，它不但包括了工步的内容，也反映出工步顺序，走刀路线是编写程序的依据之一，因此，在确定走刀路线时，最好画一张工序简图，将已经拟定出的走刀路线画上去（包括进、退刀路线），这样可为编程带来不少方便。工步的划分与安排一般可随走刀路线来进行，在确定走刀路线时，主要考虑以下几点。

a. 寻求最短加工路线，减少空刀时间以提高加工效率。

b. 为保证工件轮廓表面加工后的粗糙度要求，最终轮廓应安排在最后一次走刀中连续加工出来。

c. 刀具的进、退刀（切入与切出）路线要认真考虑，以尽量减少在轮廓切削中停刀（切削力突然变化造成弹性变形）而留下刀痕，也要避免在工件轮廓面上垂直上下刀而划伤工件。

d. 要选择工件在加工后变形小的路线，对横截面积小的细长零件或薄板零件应采用分几次走刀加工到最后尺寸或对称去余量法安排走刀路线。

② 定位基准与夹紧方案的确定　在确定定位基准与夹紧方案时应注意下列三点。

a. 尽可能做到设计、工艺与编程计算的基准统一。

b. 尽量将工序集中，减少装夹次数，尽量做到在一次装夹后就能加工出全部待加工表面。

c. 避免采用占机人工调整装夹方案。

③ 夹具的选择　由于夹具确定了零件在机床坐标系中的位置，即加工原点的位置，因而首先要求夹具能保证零件在机床坐标系中的正确坐标方向，同时协调零件与机床坐标系的尺寸。除此之外，主要考虑下列几点。

a. 当零件加工批量小时，尽量采用组合夹具、可调式夹具及其他通用夹具。

b. 当小批量或成批生产时才考虑采用专用夹具，但应力求结构简单。

c. 夹具要开敞，其定位、夹紧机构元件不能影响加工中的走刀（如产生碰撞等）。

d. 装卸零件要方便可靠，以缩短准备时间，有条件时，批量较大的零件应采用气动液压夹具、多工位工具。

④ 刀具的选择　加工中心对所使用的刀具有性能上的要求，只有达到这些要求才能使加工中心真正发挥效率。在选择加工中心所用刀具时应注意以下几个方面。

a. 良好的切削性能。现代加工中心正向着高速、高刚性和大功率方向发展，因而所使用的刀具必须具有能够承受高速切削和强力切削的性能。同时，同一批刀具在切削性能和刀具寿命方面一定要稳定，这是由于在加工中心上为了保证加工质量，往往按刀的使用寿命换刀或由数控系统对刀具寿命进行管理。

b. 较高的精度。随着加工中心、柔性制造系统的发展，要求刀具能实现快速和自动换刀；又由于加工的零件日益复杂和精密，这就要求刀具必须具备较高的形状精度。对加工中心上所用的整体式刀具也提出了较高的精度要求，有些立铣刀的径向尺寸精度高达 $5\mu m$，以满足精密零件的加工需要。

c. 先进的刀具材料。刀具材料是影响刀具性能的重要因素。除了常用的高速钢和硬质合金钢材料外，涂层硬质合金刀具已在国外广泛使用。硬质合金刀片的涂层工艺是在韧性较大的硬质合金基体表面沉积一薄层（一般厚度为 $5\sim7\mu m$）高硬度的耐磨材料，把硬度和韧性高度地结合在一起，从而改善硬质合金刀片的切削性能。

在如何使用加工中心刀具方面，也应掌握一条原则：尊重科学，按切削规律办事。对不同的零件材质，在客观规律上都有一个切削速度、背吃刀量、进给量三者互相适应的最佳切削参数。这对大零件、稀有金属零件、贵重零件更为重要，应在实践中不断摸索这个最佳切削参数。

在选择刀具时，要注意对工件的结构及工艺性认真分析，结合工件材料、毛坯余量及刀具加工部位综合考虑。在确定好以后，要把刀具规格、专用刀具代号和该刀所要加工的内容列表记录下来，供编程时使用。

⑤ 确定刀具与工件的相对位置　对于加工中心来说，在加工开始时，确定刀具与工件的相对位置是很重要的，它是通过对刀点来实现的。对刀点是指通过对刀确定刀具与工件相对位置的基准点。在程序编制时，不管是刀具相对工件移动，还是工件相对刀具移动，都是把工件看作静止，而把刀具看作在运动。对刀点往往就是零件的加工原点。它可以设在被加工零件上，也可以设在夹具与零件定位基准有一定尺寸联系的某一位置。对刀点的选择原则

如下。

　　a. 所选的对刀点应使程序编制简单。

　　b. 对刀点应选择在容易找正、便于确定零件加工原点的位置。

　　c. 对刀点的位置应在加工时检查方便、可靠。

　　d. 有利于提高加工精度。

　　例如，加工图 5-9（a）所示的零件时，对刀点的选择如图 5-9（b）所示。当按照图示路线来编制数控程序时，选择夹具定位元件圆柱销的中心线与定位平面 A 的交点作为加工的对刀点。显然，这里的对刀点也恰好是加工原点。

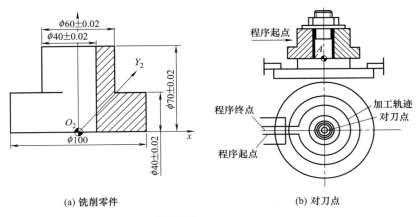

(a) 铣削零件　　　　　　　　　　(b) 对刀点

图 5-9　对刀点设计

　　在使用对刀点确定加工原点时，就需要进行"对刀"。所谓对刀是指使刀位点与对刀点重合的操作。刀位点是指刀具的定位基准点。圆柱铣刀的刀位点是刀具中心线与刀具底面的交点；球头铣刀是球头的球心点；钻头是钻尖。

　　换刀点是为加工中心多刀加工的机床编程而设置的，因为这些机床在加工过程中要自动换刀。对于手动换刀的数控铣床，也应确定相应的换刀位置为防止换刀时碰坏零件或夹具，换刀点常常设置在被加工零件轮廓之外，并要有一定的安全量。

　　当编制数控加工程序时，编程人员必须确定每道工序的切削用量。确定时一定要根据机床说明书中规定的要求以及刀具的耐用度去选择，当然也可结合实践经验采用类比的方法来确定切削用量。在选择切削用量时要充分保证刀具加工完一个零件或保证刀具的耐用度不低于一个工作班，最少也不低于半个班的工作时间。

　　背吃刀量主要受机床刚度的限制，在机床刚度允许的情况下，尽可能使背吃刀量等于零件的加工余量，这样可以减少走刀次数，提高加工效率。对于表面粗糙度和精度要求较高的零件，要留有足够的精加工余量，数控加工的精加工余量可以比普通机床加工的余量小一些。切削速度、进给速度等参数的选择与普通机床加工基本相同，选择时应注意机床的使用说明书。在计算好各部位与各把刀具的切削用量后，最好能建立一张切削用量表，主要是为了防止遗忘和方便编程。

　　（5）数控加工专用技术文件的编写

　　数控加工工艺文件既是数控加工、产品验收的依据，也是操作者要遵守、执行的规程，同时还为产品零件重复生产做了技术上的必要工艺资料积累和储备。它是编程员在编制加工程序单时做出的与程序单相关的技术文件。该文件主要包括数控加工工序卡、数控刀具调整单、机床调整单、零件加工程序单等。

不同的加工中心，工艺文件的内容有所不同，为了加强技术文件管理，数控加工工艺文件也应向标准化、规范化的方向发展。但目前由于种种原因国家尚未制定统一的标准。各企业应根据本单位的特点制定上述必要的工艺文件。下面简要介绍工艺文件的内容，仅供参考。

① 数控加工工序卡片　数控加工工序卡片与普通加工工艺卡片有许多相似之处，但不同的是该卡片中应反映使用的辅具、刀具切削参数等，它是操作人员配合数控程序进行数控加工的主要指导性工艺资料。工序卡片应按已确定的工步顺序填写。表 5-2 所示为加工中心上的数控镗铣工序卡片。

若在加工中心上只加工零件的一个工步时，也可不填写工序卡。在工序加工内容不十分复杂时，可把零件草图反映在工序卡上，并注明编程原点和对刀点等。

② 数控刀具调整单　数控刀具调整单主要包括数控刀具卡片（简称刀具卡）和数控刀具明细表（简称刀具表）两部分。

数控加工时，对刀具的要求十分严格，一般要在机外对刀仪上，事先调整好刀具直径和长度。刀具卡主要反映刀具编号、刀具结构、尾柄规格、组合件名称代号、刀片型号和材料等，它是组装刀具和调整刀具的依据。刀具卡的格式如表 5-3 所示。

数控刀具明细表是调刀人员调整刀具输入的主要依据。刀具表格式如表 5-4 所示。

▫ 表 5-2　数控加工工序卡片

××机械厂		数控加工工序卡片		产品名称或代号	零件名称	零件图号
				JS	恒星架	0102-4
工序号		程序编号	夹具名称	夹具编号	使用设备	车间
				镗胎		
工步号	工步内容	加工面	刀具号	刀具规格	主轴转速	进给速度	切削深度	备注
1	N5～N30,ϕ65H7 镗成 ϕ63mm		T13001					
2	N40～N50,ϕ50H7 镗成 ϕ48mm		T13006					
3	N60～N70,ϕ65H7 镗成 ϕ64.8mm		T13002					
4	N80～N90,ϕ65H7 镗好		T13003					
5	N100～N105,倒 ϕ65H7 孔边 1.5×45°		T13004					
6	N110～N120,ϕ50H7 镗成 ϕ49.8mm		T13007					
7	N130～N140,ϕ50H7 镗好		T13008					
8	N150～N160,倒 ϕ50H7 孔边 1.5×45°		T13009					
9	N170～N240,铣 ϕ(68＋0.3)mm 环沟		T13005					
编制		审核		批准		共　　页		第　　页

零件图号		JS0102	数控刀具卡片				使用设备
刀具号		镗刀					TC-30
刀具编号	T13003	换刀方式	自动	程序编号			
序号		编号	刀具名称	规格	数量		备注
1		7013960	拉钉		1		
2		390.140-5063050	刀柄		1		
3		391.35-4063114M	镗刀杆		1		
4		448S-405628-11	镗刀体		1		
5		2148C-33-1103	精镗单元		1		
6		TRMR110304-21SIP	刀片		1		

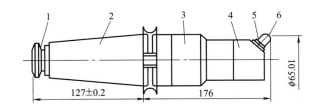

备注	
编制	审核　　　　批注　　　　共　页　　第　页

⊡ 表 5-4　数控刀具明细表

零件编号	零件名称	材料	数控刀具明细表	程序编号	车间		使用设备			
JS0102-4										
刀号	刀位号	刀具名称	刀具				刀补地址		换刀方式	加工部位
			直径/mm		长度/mm					
			设定	补偿	设定		直径	长度		
T13001		镗刀	$\phi 63$		137				自动	
T13002		镗刀	$\phi 64.8$		137				自动	
T13003		镗刀	$\phi 65.01$		176				自动	
T13004		镗刀	$\phi 65 \times 45°$		200				自动	
T13005		环沟铣刀	$\phi 50$	$\phi 50$	200				自动	
T13006		镗刀	$\phi 48$		237				自动	
T13007		镗刀	$\phi 49.8$		237				自动	
T13008		镗刀	$\phi 50.01$		250				自动	
T13009		镗刀	$\phi 50 \times 45°$		300				自动	
编制		审核			批准		年　月　日		共　页　　第　页	

③ 机床调整单　机床调整单是机床操作人员在加工前调整机床的依据。它主要包括机床控制面板开关调整单和数控加工零件安装、零件设定卡片两部分。

机床控制面板开关调整单，主要记有机床控制面板上有关"开关"的位置，如进给速度、调整旋钮位置或超调（倍率）旋钮位置、刀具半径补偿旋钮位置或刀具补偿拨码开关组数值表、垂直校验开关及冷却方式等内容。机床调整单格式如表 5-5 所示。

表 5-5　数控镗铣床调整单

零件号			零件名称			工序号			制表
F——位码调整旋钮									
F1		F2		F3		F4		F5	
F6		F7		F8		F9		F10	
刀具补偿拨盘									
1	T03	−1.20			6				
2	T54	+0.69			7				
3	T15	+0.29			8				
4	T37	−1.29			9				
5					10				
对称切削开关位置									
X	N001～N080	0	Y		0	Z	0	B	N001～N080	0
		1							N081～N110	1
垂直校验开关位置				0					
工件冷却				1					

几点说明：

a. 对于由程序中给出速度代码（如给出 F1、F2 等）而其进给速度由拨盘拨入的情况，在机床调整单中应给出各代码的进给速度值。对于在程序中给出进给速度值或进给率的情形，在机床调整单中应给出超调旋钮的位置。超调范围一般为 10%～120%，即将程序中给出的进给速度变为其值的 10%～120%。

b. 对于有刀具半径偏移运算的数控系统，应将实际所用刀具半径值记入机床调整单。在有刀具长度和半径补偿开关组的数控系统中，应将每组补偿开关记入机床调整单。

c. 垂直校验表示在一个程序段内，从第一个"字符"到程序段结束"字符"，总"字符"数是偶数个。若在一个程序内"字符"数目是奇数个，则应在这个程序段内加一"空格"字符。若程序中不要求垂直校验时，应在机床调整单的垂直校验栏内填入"断"。这时不检验程序段中字符数目是奇数还是偶数。

d. 冷却方式开关给出的是油冷还是雾冷。

数控加工零件安装和零点设定卡片（简称装夹图和零点设定卡），它表明了数控加工零件的定位方法和夹紧方法，也标明了工件零点设定的位置和坐标方向，使用夹具的名称和编号等。装夹图和零点设定卡片格式如表 5-6 所示。

加工中心的功能不同，机床调整单的形式也不同，这是仅给出一例。

④ 数控加工程序单　数控加工程序单是编程员根据工艺分析情况，经过数值计算，按照机床特点的指令代码编制的。它是记录数控加工工艺过程、工艺参数、位移数据的清单以及手动数据输入（MDI）和置备纸带，实现数控加工的主要依据。不同的加工中心，不同的

数控系统，程序单的格式不同。表 5-7 为型号 XK0816A 的立式铣床（配备 FANUC 0i-MC 数控系统）铣削加工程序单示例。

▫ **表 5-6 工件安装和零点设定卡片**

零件图号	JS0102—4		工序号	
零件名称	行星架	数控加工工件安装和零点设定卡片	装夹次数	

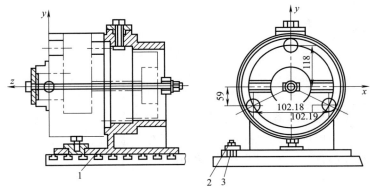

	3	梯形槽螺栓	
	2	压板	GS53—61
	1	镗铣夹具板	

编制		审核		批准		第　　页			
						共　　页	序号	夹具名称	夹具图号

▫ **表 5-7 加工程序清单**

程序名:O0001

程序段号	程序内容	程序段解释
N05	G92 X0 Y0 Z0	设置工件坐标系原点
N10	G90 G00 X−65 Y−95 Z300	快速插补
N15	G43 H08 Z−8 S350 M03	建立刀具长度补偿，主轴 350r/min 正转，刀具下降到加工位置
N20	G41 G01 X−45 Y−75 D05 F105	建立刀具半径左补偿直线插补
N25	Y−40	直线插补
N30	X−25	直线插补
N35	G03 X−20 Y−15 I−60 J25	圆弧插补
N40	G02 X20 I20 J50	圆弧插补
N45	G03 X25 Y−40 I65 J0	圆弧插补
N50	G01 X45	直线插补
N55	Y−75	直线插补
N60	X0 Y−62.9	直线插补
N65	X−45 Y−75	直线插补
N70	G40 X−65 Y−95 Z300	注销刀具补偿
N75	M30	程序结束

5.9 加工中心调试

加工中心编程离不开调试工作。对于小型的加工中心，这项工作比较简单；但对于大中型数控机床，工作比较复杂，用户需要了解许多使用事项。同样，加工中心编程需要使用一些辅助工具来完成，用户掌握了常用工具的使用，将大大提高编程效率。

5.9.1 通电试车

机床调试前，应事先做好油箱及过滤器的清洗工作，然后按机床说明书要求给机床润滑油箱、润滑点灌注规定的油液和油脂，液压油事先要经过过滤，接通外界输入的气源，做好一切准备工作。

机床通电操作可以是一次各部分全面供电，或各部件分别供电，然后再做总供电试验。分别供电比较安全，但时间较长。通电后首先观察有无报警故障，然后用手动方式陆续启动各部件。检查安全装置能否正常工作，能否达到额定的工作指标。例如，启动液压系统时先判断油泵电机转动方向是否正确，油泵工作后液压管路中是否形成油压，各液压元件是否正常工作，有无异常噪声，各接头有无渗漏，液压系统冷却装置能否正常工作等。总之，根据机床说明书资料粗略检查机床的主要部件的功能是否正常、齐全，使机床各环节都能运动起来。

然后，调整机床的床身水平，粗调机床的主要几何精度，再调整重新组装的主要运动部件与主机的相对位置，如机械手、刀库与主机换刀位置的校正、APC托盘站与机床工作台交换位置的找正等。这些工作完成后，就可以用快干水泥灌注主机和各附件的地脚螺栓，把各个预留孔灌平，等水泥完全干固以后，就可进行下一步工作。

在数控系统与机床联机通电试车时，虽然数控系统已经确认，工作正常无任何报警，但为了预防万一，应在接通电源的同时，做好按压急停按钮的准备，以备随时切断电源。例如，伺服电动机的反馈信号线接反和断线，均会出现机床"飞车"现象，这时就需要立即切断电源，检查接线是否正确。

在检查机床各轴的运转情况时，应用手动连续进给移动各轴，通过CRT或DPL（数字显示器）的显示值检查机床部件移动方向是否正确。如方向相反，则应将电动机动力线及检测信号线反接才行。然后检查各轴移动距离是否与移动指令相符。如不符，应检查有关指令、反馈参数以及位置控制环增益等参数设定是否正确。

随后，再用手动进给，以低速移动各轴，并使它们碰到行程开关，用以检查超程限位是否有效，数控系统是否在超程时会发出报警。

最后还应进行一次返回机械零点动作。机床的机械零点是以后机床进行加工的程序基准位置，因此，必须检查有无机械零点功能，以及每次返回机械零点的位置是否完全一致。

5.9.2 加工中心精度和功能的调试

（1）机床几何精度的调试

在机床安装到位粗调的基础上，还要对机床进行进一步的微调。在已经固化的地基上用地脚螺栓和垫铁精调机床床身的水平，找正水平后移动床身上的各运动部件（立柱、主轴箱和工作台等），观察各坐标全行程内机床水平的变化情况，并相应调整机床，保证机床的几何精度在允许范围之内。使用的检测工具有精密水平仪、标准方尺、平尺、平行光管等。在调整时，主要以调整垫铁为主，必要时可稍微改变导轨上的镶条和预紧滚轮等。一般来说，只要机床质量稳定，通过上述调试可将机床调整到出厂精度。

（2）换刀动作调试

加工中心的换刀是一个比较复杂的动作，根据加工中心刀库的结构型式，一般加工中心实现换刀的方法有两种：使用机械手换刀和由伺服轴控制主轴头换刀。

① 使用机械手换刀。使用机械手换刀时，让机床自动运行到刀具交换的位置，用手动方式调整装刀机械手和卸刀机械手与主轴之间的相对位置。调整中，在刀库中的一个刀位上安装一个校验芯棒，根据校验芯棒的位置精度检测和抓取准确性，确定机械手与主轴的相对位置，有误差时可调整机械手的行程，移动机械手支座和刀库位置等，必要时还可以修改换刀位置点的设定（改变数控系统内与换刀位置有关的 PLC 整定参数），调整完毕后紧固各调整螺钉及刀库地脚螺钉。然后装上几把接近规定允许重量的刀柄，进行多次从刀库到主轴的往复自动交换，要求动作准确无误，不撞击、不掉刀。

② 由伺服轴控制主轴头换刀。在中小型加工中心上，用伺服轴控制主轴头直接换刀的方案较多见，常用在刀库刀具数量较少的加工中心上。

由主轴头代替机械手的动作实现换刀，由于减少了机械手，使得加工中心换刀动作的控制简单，制造成本降低，安装调试过程相对容易。这一类型的刀库，刀具在刀库中的位置是固定不变的，即刀具的编号和刀库的刀位号是一致的。

这种刀库的换刀动作可以分为两部分：刀库的选刀动作和主轴头的还刀和抓刀动作。

刀库的选刀动作是在主轴还刀以后进行，由 PLC 程序控制刀库将数控系统传送的指令刀号（刀位）移动至换刀位；主轴头实现的动作是还刀→离开→抓刀。

安装时，通常以主轴部件为基准，调整刀库刀盘相对于主轴端面的位置。调整中，在主轴上安装标准刀柄（如 BT4.0 等）的校验芯棒，以手动方式将主轴向刀库移动，同时调整刀盘相对于主轴的轴向位置，直至刀爪能完全抓住刀柄，并处于合适的位置，记录下此时的相应的坐标值，作为自动换刀时的位置数据使用。调整完毕，应紧固刀库螺栓，并用锥销定位。

（3）交换工作台调试

带 APC 交换工作台的机床要把工作台运动到交换位置，调整托盘站与交换台面的相对位置，达到工作台自动交换时动作平稳、可靠、正确。然后在工作台面上装上 $70\%\sim80\%$ 的允许负载。进行多次自动交换动作，达到正确无误后紧固各有关螺钉。

（4）伺服系统的调试

伺服系统在工作时由数控系统控制，是数控机床进给运动的执行机构。为使数控机床有稳定高效的工作性能，必须调整伺服系统的性能参数使其与数控机床的机械特性匹配，同时在数控系统中设定伺服系统的位置控制性能要求，使处于速度控制模式的伺服系统可靠工作。

（5）主轴准停定位的调试

主轴准停是数控机床进行自动换刀的重要动作。在还刀时，准停动作使刀柄上的键槽能准确对准刀盘上的定位键，让刀柄以规定的状态顺利进入刀盘刀爪中；在抓刀时，实现准停后的主轴可以使刀柄上的两个键槽正好卡入主轴上用来传递转矩的端面键。

主轴的准停动作一般由主轴驱动器和安装在主轴电动机中用来检测位置信号的内置式编码器来完成；对没有主轴准停功能的主轴驱动器，可以使用机械机构或通过数控系统的 PLC 功能实现主轴的准停。

（6）其他功能调试

仔细检查数控系统和 PLC 装置中参数设定值是否符合随机资料中规定的数据，然后试验各主要操作功能、安全措施、常用指令执行情况等。例如，各种运行方式（手动、点动、MDI、自动方式等），主挂挡指令，各级转速指令等是否正确无误，并检查辅助功能及附件的工作是否正常。例如机床的照明灯、冷却防护罩盒、各种护板是否完整；往切削液箱中加满切削液，试验喷管是否能正常喷出切削液；在用冷却防护罩时切削液是否外漏；排屑器能否正确工作；机床主轴箱的恒温油箱能否起作用等。

在机床调整过程中，一般要修改和机械有关的 NC 参数，例如各轴的原点位置、换刀位置、工作台相对于主轴的位置、托盘交换位置等；此外，还会修改和机床部件相关位置有关的参数，如刀库刀盒坐标位置等。修改后的参数应在验收后记录或存储在介质上。

5.9.3 机床试运行

数控机床在带有一定负载条件下，经过较长时间的自动运行，能比较全面地检查机床功能及工作可靠性，这种自动运行称为数控机床的试运行。试运行的时间，一般采用每天运行 8h，连续运行 2～3 天；或运行 24h，连续运行 1～2 天。

试运行中采用的程序叫考机程序，可以采用随箱技术文件中的考机程序，也可自行编制一个考机程序。一般考机程序中应包括：数控系统的主要功能指令，自动换刀取刀库中 2/3 以上刀具；主轴转速要包括标称的最高、中间及最低在内五种以上速度的正转、反转及停止等运行转速；快速及常用的进给速度；工作台面的自动交换；主要 M 指令等。试运行时刀库应插满刀柄，刀柄质量应接近规定质量，交换工作台面上应加有负载。参考的考机程序如下。

```
O1111;
G92 X0 Y0 Z0;
M97 P8888 L10;
M30;
O8888;
G90 G00 X350 Y- 300 M03 S300;
Z- 200;
M05;
G01 Z- 5 M04 S500 F100;
X10 Y- 10 F300;
M05;
M06 T2;
G01 X300 Y- 250 F300 M03 S3000;
M05;
Z- 200 M04 S2000;
G00 X0 Y0 Z0;
M05;
M50;
G01 X200 Y- 200 M03 S2500 F300;
Z- 100;
G17 G02 I- 30 J0 F500;
```

```
M06 T10;
G00 X10 Y- 10;
M05;
G91 G28 Z0;
X0 Y0;
M50;
M99;
```

5.9.4 加工中心的检测验收

加工中心的验收大致分为两大类：一类是对于新型加工中心样机的验收，它由国家指定的机床检测中心进行验收；另一类是一般的加工中心用户验收其购置的数控设备。

对于新型加工中心样机的验收，需要进行全方位的试验检测。它需要使用各种高精度仪器来对机床的机、电、液、气等各部分及整机进行综合性能及单项性能的检测，包括进行刚度和热变形等一系列机床试验，最后得出对该机床的综合评价。

对于一般的加工中心用户，其验收工作主要根据机床检验合格证上规定的验收条件及实际能提供的检测手段来部分或全部测定机床合格证上的各项技术指标。如果各项数据都符合要求，则用户应将此数据列入该设备进厂的原始技术档案中，作为日后维修时的技术指标依据。

下面介绍一般加工中心用户在加工中心验收工作中要做的一些主要工作。

（1）机床外观检查

一般可按照通用机床的有关标准，但数控机床是价格昂贵的高技术设备，对外观的要求就更高。对各级防护罩，油漆质量，机床照明，切屑处理，电线和气、油管走线固定防护等都有进一步的要求。

在对加工中心做详细检查验收以前，还应对数控柜的外观进行检查验收，应包括下述几个方面。

① 外表检查。用肉眼检查数控柜中的各单元是否有破损、污染，连接电缆捆绑线是否有破损，屏蔽层是否有剥落现象。

② 数控柜内部件紧固情况检查。螺钉的紧固检查；连接器的紧固检查；印刷线路板的紧固检查。

③ 伺服电动机的外表检查。特别是对带有脉冲编码器的伺服电动机的外壳应认真检查，尤其是后端盖处。

（2）机床性能及 NC 功能试验

加工中心性能试验一般有十几项内容。现以一台立式加工中心为例说明一些主要的项目。

① 主轴系统的性能。

② 进给系统的性能。

③ 自动换刀系统。

④ 机床噪声。机床空运转时的总噪声不得超过标准规定（80dB）。

⑤ 电气装置。

⑥ 数字控制装置。

⑦ 安全装置。

⑧ 润滑装置。

⑨ 气、液装置。

⑩ 附属装置。

⑪ 数控机能。按照该机床配备数控系统的说明书，用手动或自动的方法，检查数控系统主要的使用功能。

⑫ 连续无载荷运转。机床长时间连续运行（如 8h，16h 和 24h 等）是综合检查整台机床自动实现各种功能可靠性的最好办法。

（3）机床几何精度检查

加工中心的几何精度综合反映该设备的关键机械零部件和组装后的几何形状误差。以下列出一台普通立式加工中心的几何精度检测内容。

① 工作台面的平面度。

② 各坐标方向移动的相互垂直度。

③ X 坐标方向移动时工作台面的平行度。

④ Y 坐标方向移动时工作台面的平行度。

⑤ X 坐标方向移动时工作台面 T 形槽侧面的平行度。

⑥ 主轴的轴向窜动。

⑦ 主轴孔的径向跳动。

⑧ 主轴箱沿 Z 坐标方向移动时主轴轴心线的平行度。

⑨ 主轴回转轴心线对工作台面的垂直度。

⑩ 主轴箱在 Z 坐标方向移动的直线度。

（4）机床定位精度检查

加工中心的定位精度有其特殊的意义。它是表明所测量的机床各运动部件在数控装置控制下运动所能达到的精度。因此，根据实测的定位精度数值，可以判断出这台机床在自动加工中能达到的工件加工精度。

定位精度主要检查的内容有。

① 直线运动定位精度（包括 X、Y、Z、U、V、W 轴）。

② 直线运动重复定位精度。

③ 直线运动轴机械原点的返回精度。

④ 直线运动失动量的测定。

⑤ 回转运动定位精度（转台 A、B、C 轴）。

⑥ 回转运动的重复定位精度。

⑦ 回转轴原点的返回精度。

⑧ 回轴运动失动量测定。

（5）机床切削精度检查

机床切削精度检查实质是对机床的几何精度和定位精度在切削和加工条件下的一项综合考核。一般来说，进行切削精度检查的加工，可以是单项加工或加工一个标准的综合性试件。国内多以单项加工为主。对于加工中心，主要的单项精度有。

① 镗孔精度。

② 端面铣刀铣削平面的精度（XY 平面）。

③ 镗孔的孔距精度和孔径分散度。

④ 直线铣削精度。

⑤ 斜线铣削精度。

⑥ 圆弧铣削精度。

⑦ 箱体掉头镗孔同轴度（对卧式机床）。

⑧ 水平转台回转 90°铣四方加工精度（对卧式机床）。

5.10 加工中心常用工具

5.10.1 加工中心夹具

根据加工中心机床特点和加工需要，目前常用的夹具结构类型有组合夹具、可调夹具、成组夹具、专用夹具和通用夹具等。组合夹具的基本特点是具有组合性、可调性、模拟性、柔性、应急性和经济性，使用寿命长，能适应产品加工中的周期短、成本低等要求。现代组合夹具的结构主要分为槽系与孔系两种基本形式，两者各有所长。

图 5-10 为槽系定位组合夹具，沿槽可调性好，但其精度和刚度稍差些。近年发展起来

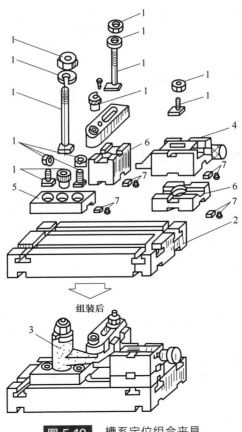

组装后

图 5-10 槽系定位组合夹具

1—紧固件；2—基础板；3—工件；4—活动 V 形铁组合件；5—支承板；6—垫铁；7—定位键、紧定螺钉

的孔系定位组合夹具使用效果较好，图 5-11 为孔系组合夹具。可调夹具与组合夹具有很大的相似之处，所不同的是它具有一系列整体刚性好的夹具体。在夹具体上，设置有可定位、夹压等多功能的 T 形槽及台阶式光孔、螺孔，配制有多种夹紧定位元件。它可实现快速调整，刚性好，且能保证加工精度。它不仅适用于多品种、中小批量生产，而且在少品种、大批量生产中也体现出了明显的优越性。

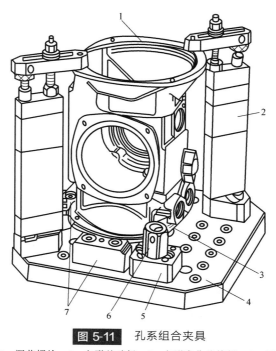

图 5-11 孔系组合夹具

1—工件；2—组合压板；3—调节螺栓；4—方形基础板；5—方形定位连接板；6—切边圆柱支承；7—台阶支承

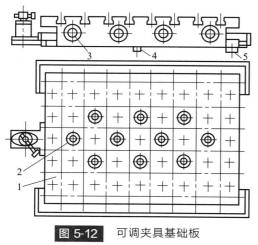

图 5-12 可调夹具基础板

1—基础板；2,3—液压缸；4,5—定位键

图 5-12 为数控铣床用通用可调夹具基础板。工件可直接通过定位件、压板、锁紧螺钉固定在基础板上，也可通过一套定位夹紧调整装置定位在基础板上，基础板为内装立式液压缸和卧式液压缸的平板，通过定位键和机床工作台的一个 T 形槽连接，夹紧元件可从上或侧面把双头螺杆或螺栓旋入液压缸活塞杆，不用的对定孔用螺塞封盖。成组夹具是随成组加工工艺的发展而出现的。使用成组夹具的基础是对零件的分类（即编码系统中的零件族）。通过工艺分析，把形状相似、尺寸相近的各种零件进行分组，编制成组工艺，然后把定位、夹紧和加工方法相同的或相似的零件集中起来，统筹考虑夹具的设计方案。对结构外形相似的零件，采用成组夹具。它具有经济、夹紧精度高等特点。成组夹具采用更换夹具可调整部分元件或改变夹具上可调元件位置的方法来实现组内不同零件的定位、夹紧和导向等的功能。

图 5-13 为成组钻模，在该夹具中既采用了更换元件的方法，又采用可调元件的方法，也称综合式的成组夹具。总之，在选择夹具时要综合考虑各种因素，选择最经济、最合理的夹具形式。一般，单件小批生产时优先选用组合夹具、可调夹具和其他通用夹具，以缩短生产准备时间和节省生产费用；成批生产时，才考虑成组夹具、专用夹具，并力求结构简单。当然，根据需要还可使用三爪卡盘、虎钳等大家熟悉的通用夹具。

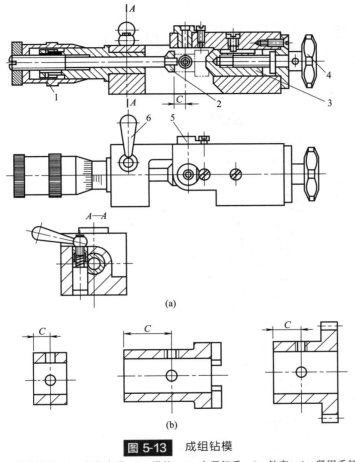

(a)

(b)

图 5-13　成组钻模

1—调节旋钮；2—定位支承；3—滑柱；4—夹紧把手；5—钻套；6—紧固手柄

对一些小型工件，若批量较大，可采用多件装夹的夹具方案。这样节省了单件换刀的时间，提高了生产效率，又有利于粗加工和精加工之间的工件冷却和时效。

5.10.2　常规数控刀具刀柄

常规数控刀具刀柄均采用 7：24 圆锥工具柄，并采用相应类型的拉钉拉紧结构。目前在我国应用较为广泛的标准有国际标准 ISO 7388，中国标准 GB/T 10944，日本标准 MAS404，美国标准 ANSI/ASMB5.5。

（1）常规数控刀柄及拉钉结构

我国数控刀柄结构（国家标准 GB/T 10944）与国际标准 ISO 7388 规定的结构几乎一致，如图 5-14 所示。相应的拉钉结构国家标准 GB/T 10945 包括两种类型的拉钉：A 型用于不带钢球的拉紧装置，其结构如图 5-15（a）所示；B 型用于带钢球的拉紧装置，其结构如图 5-15（b）所示。图 5-16 和图 5-17 分别表示日本标准锥柄及拉钉结构和美国标准锥柄及拉钉结构。

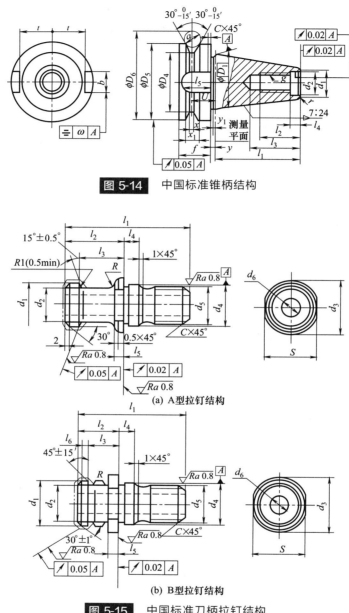

图 5-14 中国标准锥柄结构

(a) A型拉钉结构

(b) B型拉钉结构

图 5-15 中国标准刀柄拉钉结构

（2）典型刀具系统的种类及使用范围

整体式数控刀具系统种类繁多，基本能满足各种加工需求。其标准为 JB/GQ 5010 《TSG 工具系统型式与尺寸》。TSG 工具系统中的刀柄，其代号由 4 部分组成，各部分的含义如下。

$$JT \quad 45\text{-}Q \quad 32\text{-}120$$

JT：表示工具柄部型式（具体含义查有关标准）

45：对圆锥柄表示锥度规格，对圆柱表示直径

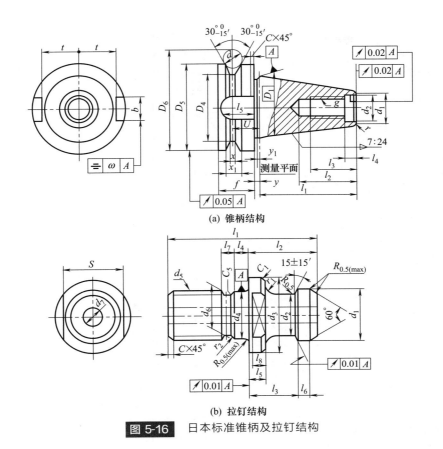

(a) 锥柄结构

(b) 拉钉结构

图 5-16 日本标准锥柄及拉钉结构

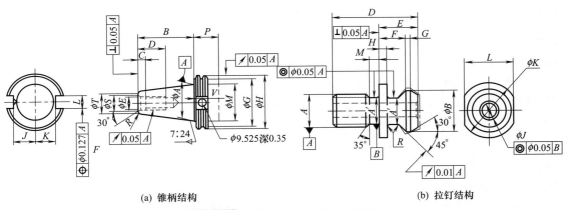

(a) 锥柄结构

(b) 拉钉结构

图 5-17 美国标准锥柄及拉钉结构

Q：表示工具的用途

32：表示工具的规格

120：表示刀柄的工作长度

上述代号表示的工具为：自动换刀机床用 7：24 圆锥工具柄（GB/T 10944），锥柄号 45 号，前部为弹簧夹头，最大夹持直径 32mm，刀柄工作长度 120mm。

整体工具系统的刀柄系列如图 5-18 所示，其所包括的刀柄种类如下。

① 装直柄接杆刀柄系列（J）它包括 15 种不同规格的刀柄和 7 种不同用途、63 种不同

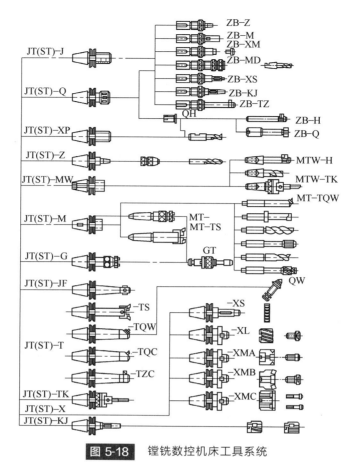

图 5-18 镗铣数控机床工具系统

尺寸的直柄接杆，分别用于钻孔、扩孔、铰孔、镗孔和铣削加工。它主要用于需要调节刀具轴向尺寸的场合。

② 弹簧夹头刀柄系列（Q）　它包括 16 种规格的弹簧夹头。弹簧夹头刀柄的夹紧螺母采用钢球将夹紧力传递给夹紧环，自动定心、自动消除偏摆，从而保证其夹持精度，装夹直径为 16～40mm。如配用过渡卡簧套 QH，还可装夹直径为 6～12mm 的刀柄。

③ 装钻夹头刀柄系列　用于安装各种莫氏短锥（Z）和贾氏锥度钻夹头，共有 24 种不同的规格尺寸。

④ 装削平型直柄工具刃柄（XP）。

⑤ 装带扁尾莫氏圆锥工具刀柄系列（M）　29 种规格，可装莫氏 1.5 号锥柄工具。

⑥ 装无扁尾莫氏圆锥工具刀柄系列（MW）　有 10 种规格，可装莫氏 1.5 号锥柄工具。

⑦ 装浮动铰刀刀柄系列（JF）　用于某些精密孔的最后加工。

⑧ 攻螺纹夹头刀柄系列（G）　刀柄由夹头柄部和丝锥夹套两部分组成，其后锥柄有三种类型供选择。攻螺纹夹头刀柄具有前后浮动装置，攻螺纹时能自动补偿螺距，攻螺纹夹套有转矩过载保护装置，以防止机攻时丝锥折断。

⑨ 倾斜微调镗刀刀柄系列（TQW）　有 45 种不同的规格。这种刀柄刚性好，微调精度高，微进给精度最高可达每 10 格误差±0.02mm，镗孔范围是 $\phi20$～285mm。

⑩ 双刃镗刀柄系列（7S） 镗孔范围是 $\phi21\sim140$mm。

⑪ 直角型粗镗刀刀柄系列（TZC） 有 34 种规格。适用于对通孔的粗加工，镗孔范围是 $\phi25\sim190$mm。

⑫ 倾斜型粗镗刀刀柄系列（TQC） 有 35 种规格。主要适用于盲孔、阶梯孔的粗加工，镗孔范围是 $\phi20\sim200$mm。

⑬ 复合镗刀刀柄系列（TF） 用于镗削阶梯孔。

⑭ 可调镗刀刀柄系列（TK） 有 3 种规格。镗孔范围是 $\phi5\sim165$mm。

⑮ 装三面刃铣刀刀柄系列（XS） 有 25 种规格。可装 $\phi50\sim200$mm 的铣刀。

⑯ 装套式立铣刀刀柄系列（XL） 有 27 种规格。可装 $\phi40\sim160$mm 的铣刀。

⑰ 装 A 类面铣刀刀柄系列（XMA） 有 21 种规格。可装 $\phi50\sim100$mm 的 A 类面铣刀。

⑱ 装 B 类面铣刀刀柄系列（XMB） 有 21 种规格。可装 $\phi50\sim100$mm 的 B 类面。

⑲ 装 C 类面铣刀刀柄系列（XMC） 有 3 种规格。可装 $\phi160\sim200$mm 的 C 类面铣刀。

⑳ 装套式扩孔钻、铰刀刀柄系列（KJ） 共 36 种规格。可装 $\phi25\sim90$mm 的扩孔钻和 $\phi25\sim70$mm 的铰刀。

刀具的工作部分可与各种柄部标准相结合组成所需要的数控刀具。

（3）常规 7：24 锥度刀柄存在的问题

高速加工要求确保高速下主轴与刀具的连接状态不发生变化。但是，传统主轴的 7：24 前端锥孔在高速运转的条件下，由于离心力的作用会产生发生膨胀，膨胀量的大小随着旋转半径与转速的增大而增大；但是与之配合的 7：24 实心刀柄膨胀量则较小，因此总的锥度连接刚度会降低，在拉杆拉力的作用下，刀具的轴向位置也会发生改变（如图 5-19 所示）。主轴锥孔的喇叭口状扩张，还会引起刀具及夹紧机构质心的偏离，从而影响主轴的动平衡。要保证这种连接在高速下仍有可靠的接触，需有一个很大的过盈量来抵消高速旋转时主轴锥孔端部的膨胀，例如标准 40 号锥需初始过盈量为 $15\sim20\mu$m，再加上消除锥度配合公差带的过盈量（AT4 级锥度公差带达 13μm），因此这个过盈量很大。这样大的过盈量要求拉杆产生很大的拉力，这样大的拉力一般很难实现。就是能实现，对快速换刀也非常不利，同时对主轴前轴承也有不良的影响。

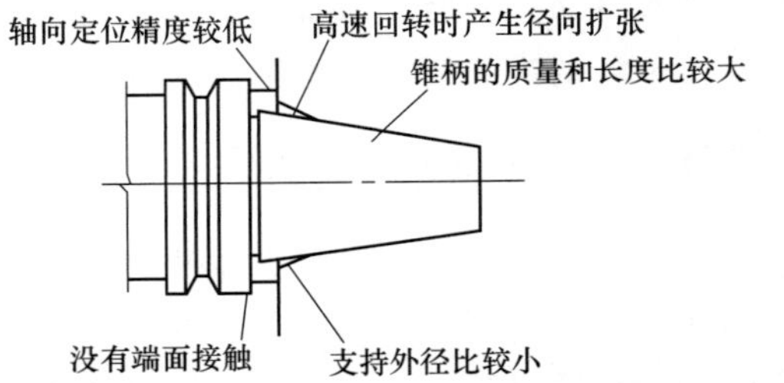

高速加工对动平衡要求非常高，不仅要求主轴组件需精密动平衡（G0.4 级以上），而且刀具及装夹机构也需精确动平衡。但是，

图 5-19 在高速运转中离心力使主轴锥孔扩张

传递转矩的键和键槽很容易破坏这个动平衡，而且标准的 7：24 锥柄较长，很难实现全长无间隙配合，一般只要求配合面前段 70% 以上接触。因此配合面后段会有一定的间隙，该间隙会引起刀具的径向圆跳动，影响主轴组件整体结构的动平衡。

键是用来传递转矩和进行圆周方向定位的，为解决键及键槽引起的动平衡问题，最近已研究出一种新的刀/轴连接结构，实现在配合处产生很大的摩擦力以传递转矩，并用在刀柄上做标记的方法实现安装的周向定位，达到取消键的目的。用三棱圆来传递转矩，也可以解决动平衡问题。

主轴与刀具的连接必须具有很高的重复安装精度，以保持每次换刀后的精度不变。否则，即使刀具进行了很好的动平衡也无济于事。稳定的重复定位精度有利于提高换刀速度和保持高的工作可靠性。

另外，主轴与刀具的连接必须有很高的连接刚度及精度，同时也希望对可能产生的振动有衰减作用等。

标准的 7：24 锥度连接有许多优点：不自锁，可实现快速装卸刀具；刀柄的锥体在拉杆轴向拉力的作用下，紧紧地与主轴的内锥面接触，实心的锥体直接在主轴锥孔内支承刀具，可以减小刀具的悬伸量；这种连接只有一个尺寸，即锥角需加工到很高的精度，所以成本较低，而且使用可靠，应用非常广泛。

但是，7：24 锥度连接也有以下一些不足。

① 单独锥面定位。7：24 连接锥度较大，锥柄较长，锥体表面同时要起两个重要的作用，即刀具相对于主轴的精确定位及实现刀具夹紧并提供足够的连接刚度。由于它不能实现与主轴端面和内锥面同时定位，所以标准的 7：24 刀轴锥度连接，在主轴端面和刀柄法兰端面间有较大的间隙。在 ISO 标准规定的 7：24 锥度配合中，主轴内锥孔的角度偏差为"－"，刀柄锥体的角度偏差为"＋"，以保证配合的前段接触。所以它的径向定位精度往往不够高，在配合的后段还会产生间隙。如典型的 AT4 级（ISO 1947、GB/T 11334）锥度规定角度的公差值为 $13\mu m$，这就意味着配合后段的最大径向间隙高达 13♯。这个径向间隙会导致刀尖的跳动和破坏结构的动平衡，还会形成以接触前端为支点的不利工况，当刀具所受的弯矩超过拉杆轴向拉力产生的摩擦力矩时，刀具会以前段接触区为支点摆动。在切削力作用下，刀具在主轴内锥孔的这种摆动，会加速主轴内锥孔前段的磨损，形成喇叭口，引起刀具轴向定位误差。7：24 锥度连接的刚度对锥角的变化和轴向拉力的变化也很敏感。当拉力增大 4～8 倍时，连接的刚度可提高 20%～50%。但是，在频繁地换刀过程中，过大的拉力会加速主轴内锥孔的磨损，使主轴内锥孔膨胀，影响主轴前轴承的寿命。

② 在高速旋转时主轴端部锥孔的扩张量大于锥柄的扩张量。对于自动换刀（ATC）来说，每次自动换刀后，刀具的径向尺寸都可能发生变化，存在着重复定位精度不稳定的问题。由于刀柄锥部较长，也不利于快速换刀和减小主轴尺寸。

5.10.3 模块化刀柄刀具

当生产任务改变时，由于零件的尺寸不同，常常使量规长度改变，这就要求刀柄系统有灵活性。当刀具用于有不同的锥度或形状的刀具安装装置的机床时，当零件非常复杂，需要使用许多专用刀具时，模块化刀柄刀具可以显著地减少刀具库存量，可以做到车床和机械加工中心的各种工序仅需一个标准模块化刀具系统。

（1）接口特性

① 对中产生高精度（如图 5-20 所示）。

② 极小的跳动量和精确的中心高　压配合和扭矩负荷对称地分布在接口周围，没有负荷尖峰，这些都是具有极小的跳动量和精确中心高特性的原因。

③ 扭矩与弯曲力的传递（如图 5-21 所示）。

接口具有最佳的稳定性，有以下原因。

a. 无销和键等　多角形传递扭矩（T）时不像销子或键有部分损失。

b. 接口中无间隙　紧密的压配合保证了接口中没有间隙。它可向两个方向传递扭矩，而不改变中心高。这对车削工序特别重要，在车削中，间隙会引起中心高突然损失，因此引起撞击。

c. 负荷对称　扭矩负荷对称地分布在多角形上，无论旋转速度如何都无尖峰，因此接口是自对中的，这保证了接口的长寿命（如图 5-22 所示）。

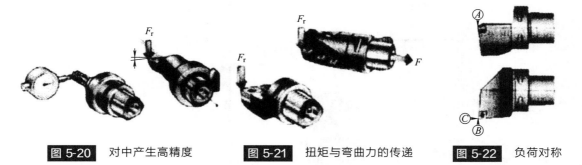

| 图 5-20 | 对中产生高精度 | 图 5-21 | 扭矩与弯曲力的传递 | 图 5-22 | 负荷对称 |

d. 双面接触/高夹紧力　由于压配合与高夹紧力相结合，使得接口得以"双面接触"。

（2）模块化刀柄的优点

① 将刀柄库存降低到最少（如图 5-23 所示）　通过将基本刀柄、接杆和加长杆（如需要）进行组合，可为不同机床创建许多不同的组件。当购买新机床时，主轴也是新的，需多次订购或购买新的基本刀柄。许多专用刀具或其他昂贵的刀柄，例如减振接杆，可以与新的基本刀柄一起使用。

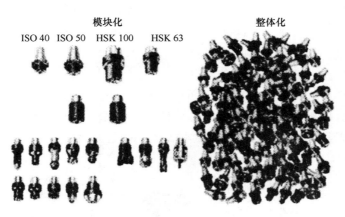

图 5-23　模块化刀具可以用很少的组件组装成非常多种类的刀具

② 可获得最大刚性的正确组合　机械加工中心经常需要使用加长的刀具，以使刀具能达到加工表面。使用模块化刀柄就可用长/短基本刀柄、加长杆和缩短杆的组合来创建组件，从而可获得正确的长度。最小长度非常重要，特别是需要采用大悬伸时。

许多时候，长度上的很小差别可导致工件可加工或不可加工。采用模块化刀具，可以使用能获得最佳生产效率的最佳切削参数。

如果使用整体式刀具，它们不是偏长就是偏短。在许多情况下，必须使用专用刀具，而专用刀具过于昂贵。模块化刀具仅几分钟便可组装完毕。

（3）模块化刀具的夹紧原理

中心螺栓夹紧可得到机械加工中心所需的良好稳定性。为了避免铣削或镗削工序中的振动，需使用刚性好的接口。弯曲力矩是关键，而产生大弯曲力矩的最主要因素是夹紧力。使用中心拉钉夹紧是最牢固和最便宜的夹紧方法。一般情况下，夹紧力是任何其他侧锁紧（前紧式）机构的两倍（如图 5-24 所示）。

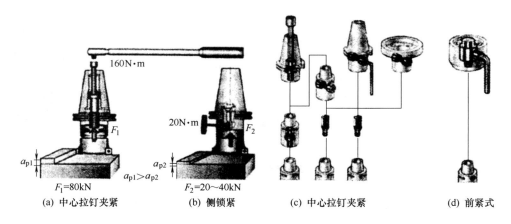

(a) 中心拉钉夹紧 　　(b) 侧锁紧 　　(c) 中心拉钉夹紧 　　(d) 前紧式

图 5-24　夹紧原理

5.10.4　HSK 刀柄

HSK 刀柄是一种新型的高速锥型刀柄，其接口采用锥面和端面两面同时定位的方式，刀柄为中空，锥体长度较短，有利于实现换刀轻型化及高速化。由于采用端面定位，完全消除了轴向定位误差，使高速、高精度加工成为可能。这种刀柄在高速加工中心上应用很广泛，被誉为"21 世纪的刀柄"。

（1）HSK 刀柄的工作原理和性能特点

德国刀具协会与阿亨工业大学等开发的 HSK 双面定位型空心刀柄是一种典型的 1：10 短锥面刀具系统。HSK 刀柄由锥面（径向）和法兰端面（轴向）共同实现与主轴的连接刚性，由锥面实现刀具与主轴之间的同轴度，锥柄的锥度为 1：10，如图 5-25 所示。

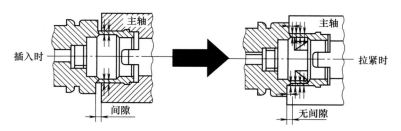

图 5-25　HSK 刀柄与主轴的连接结构与工作原理

这种结构的优点主要有以下几点。

① 采用锥面、端面过定位的结合形式，能有效地提高结合刚度。

② 因锥部长度短和采用空心结构后质量较轻，故自动换刀动作快，可以缩短移动时间，加快刀具移动速度，有利于实现 ATC 的高速化。

③ 采用 1：10 的锥度，与 7：24 锥度相比锥部较短，楔形效果较好，故有较强的抗扭能力，且能抑制因振动产生的微量位移。

④ 有比较高的重复安装精度。

⑤ 刀柄与主轴间由扩张爪锁紧，转速越高，扩张爪的离心力（扩张力）越大，锁紧力越大，故这种刀柄具有良好的高速性能，即在高速转动产生的离心力作用下，刀柄能牢固锁紧。

这种结构也有以下弊端。

① 它与现在的主轴端面结构和刀柄不兼容。

② 由于过定位安装，必须严格控制锥面基准线与法兰端面的轴向位置精度，与之相应的主轴也必须控制这一轴向精度，使其制造工艺难度增大。

③ 柄部为空心状态，装夹刀具的结构必须设置在外部，增加了整个刀具的悬伸长度，影响刀具的刚性。

④ 从保养的角度来看，HSK 刀柄锥度较小，锥柄近于直柄，加之锥面、法兰端面要求同时接触，使刀柄的修复重磨很困难，经济性欠佳。

⑤ 成本较高，刀柄的价格是普通标准 7：24 刀柄的 1.5～2 倍。

⑥ 锥度配合过盈量较小（是 KM 结构的 1/5～1/2），数据分析表明，按 DIN（德国标准）公差制造的 HSK 刀柄在 8000～20000r/min 运转时，由于主轴锥孔的离心扩张，会出现径向间隙。

⑦ 极限转速比 KM 刀柄低，且由于 HSK 的法兰端面也是定位面，一旦污染，会影响定位精度，所以采用 HSK 刀柄必须有附加清洁措施。

（2）HSK 刀柄主要类型及其特点

按 DIN 的规定，HSK 刀柄分为 6 种类型（如表 5-8 所示）：A、B 型为自动换刀刀柄，C、D 型为手动换刀刀柄，E、F 型为无键连接、对称结构，适用于超高速的刀柄。

▣ 表 5-8　HSK 各种类型的形状和特点

A 型

HSK	法兰直径 d_1/mm	锥面基准直径 d_2/mm
32	32	24
40	40	30
50	50	38
63	63	48
80	80	60
100	100	75
125	125	95
160	160	120

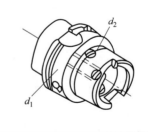

——用途：用于加工中心；

——可通过轴心供切削液；

——锥端部有传递转矩的两不对称键槽；

——法兰部有 ATC 用的 V 形槽和用于角向定位的切口，法兰上两不对称键槽，用于刀柄在刀库上定位；

——锥部有两个对称的工艺孔，用于手工锁紧

B 型

HSK	法兰直径 d_1/mm	锥面基准直径 d_2/mm
40	40	24
50	50	30
63	63	38
80	80	48
100	100	60
125	125	75
160	160	95

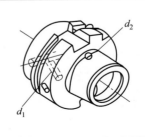

——用途:用于加工中心及车削中心;

——法兰部的尺寸加大而锥部的直径减小,使法兰轴向定位面积比 A 型大,并通过法兰供切削液;

——传递转矩的两对称键槽在法兰上,同时此键槽也用于刀柄在刀库上定位;

——法兰部有 ATC 用的 V 形槽和用于角向定位的切口;

——锥部表面仅有两个用于手工锁紧的对称工艺孔面无缺口

C 型

HSK	法兰直径 d_1/mm	锥面基准直径 d_2/mm	
32	32	24	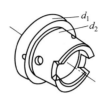
40	40	30	
50	50	38	
63	63	48	
80	80	60	
100	100	75	

——用途:用于没有 ATC 的机床;

——可通过轴心供切削液;

——锥端部有传递转矩的两不对称键槽;

——锥部有两个对称的工艺孔用于手工锁紧

D 型

HSK	法兰直径 d_1/mm	锥面基准直径 d_2/mm	
40	40	24	
50	50	30	
63	63	38	
80	80	48	
100	100	60	

——用途:用于没有 ATC 的机床;

——法兰部的尺寸加大而锥部的直径减小,使法兰轴向定位面积比 C 型大,并通过法兰供切削液;

——传递转矩的两对称键槽在法兰上,可传递的转矩比 C 型大;

——锥部表面仅有两个用于手工锁紧的对称工艺孔而无缺口

E 型

HSK	法兰直径 d_1/mm	锥面基准直径 d_2/mm	
25	25	19	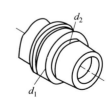
32	32	24	
40	40	30	
50	50	38	
63	63	48	

——用途:用于高速加工中心及木工机床;

——可通过轴心供切削液;

——无任何槽和切口的对称设计,以适应高速动平衡的需要;

——靠摩擦力传递转矩

F 型

HSK	法兰直径 d_1/mm	锥面基准直径 d_2/mm	
50	50	30	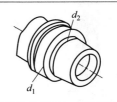
63	63	38	
80	80	48	

——用途：用于高速加工中心及木工机床；

——法兰部的尺寸加大而锥部的直径减少，使法兰轴向定位面积比 E 型大，并通过法兰供切削液；

——无任何槽和切口的对称设计，以适应高速动平衡的需要；

——靠摩擦力传递转矩

5.10.5　刀具的预调

（1）调刀与对刀仪

刀具预调是加工中心使用中一项重要的工艺准备工作。在加工中心加工中，为保证各工序所使用的刀具在刀柄上装夹好后的轴向和径向尺寸，同时为了提高调整精度并避免太多的停机时间损失，一般在机床外将刀具尺寸调整好，换刀时不再需要任何附加调整，即可保证加工出合格的工件尺寸。镗刀、孔加工刀具和铣刀的尺寸检测和预调一般都使用专用的调刀仪（又称对刀仪）。

对刀仪根据检测对象的不同，可分为数控车床对刀仪，数控镗铣床、加工中心用对刀仪及综合两种功能的综合对刀仪。对刀仪通常由以下几部分组成（图 5-26）。

① 刀柄定位机构　刀柄定位基准是测量的基准，故有很高的精度要求，一般和机床主轴定位基准的要求接近，定位机构包括一个回转精度很高，与刀柄锥面接触很好、带拉紧刀柄机构的对刀仪主轴。该主轴的轴向尺寸基准面与机床主轴相同，主轴能高精度回转便于找出刀具上刀齿的最高点，对刀仪主轴中心线对测量轴 Z、X 有很高的平行度和垂直度要求。

② 测头部分　有接触式测量和非接触式测量两种。接触式测量用百分表（或扭簧仪）直接测刀齿最高点，测量精度可达（0.002～

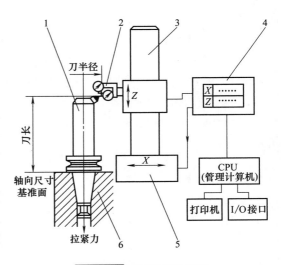

图 5-26　对刀仪示意图

1—被测刀具；2—测头；3—立柱；4—坐标显示器；5—中滑板；6—刀杆定位套

0.01mm）左右，它比较直观，但容易损伤表头和切削刃部。非接触式测量用得较多的光学投影屏，其测量精度在 0.005mm 左右，虽然它不太直观，但可以综合检查刀具质量。

③ Z、X 轴尺寸测量机构　通过带测头部分两个坐标移动，测得 Z 和 X 轴尺寸，即为刀具的轴向尺寸和半径尺寸。两轴使用的实测元件有许多种：机械式的有游标刻线尺、精密

图 5-27 数显对刀仪

丝杠和刻线尺加读数头；电测量有光栅数显、感应同步器数显和磁尺数显等。图 5-27 为数显对刀仪。

④ 测量数据处理装置　在对刀仪上配置计算机及附属装置，可存储、输出、打印刀具预调数据，并与上一级管理计算机（刀具管理工作站、单元控制器）联网，形成供 FMC、FMS 用的有效刀具管理系统。

常见的对刀仪产品有：机械检测对刀仪、光学对刀仪和综合对刀仪。用光学对刀仪检测时，将刀尖对准光学屏幕上的十字线，可读出刀具半径 R 值（分辨率一般为 0.005mm），并从立柱游标读出刀具长度尺寸（分辨率一般为 0.02mm）。

（2）对刀仪的使用

对刀仪的使用应按其说明书的要求进行。应注意的是测量时应该用一个对刀心轴对对刀仪的 Z、X 轴进行定标和定零位。而这根对刀心轴应该在所使用的加工中心主轴上测量过其误差，这样测量出的刀具尺寸就能消除两个主轴之间的系统误差。

刀具的预调还应该注意以下问题。

① 静态测量和动态加工误差的影响。刀具的尺寸是在静态条件下测量的，而实际使用时是在回转条件下，又受到切削力和振动外力等影响，因此，加工出的尺寸不会和预调尺寸一致，必然有一个修正量。如果刀具质量比较稳定，加工情况比较正常，一般轴向尺寸和径向尺寸有 0.01～0.02mm 的修调量。这应根据机床和工具系统质量，由操作者凭经验修正。

② 质量的影响。刀具的质量和动态刚性直接影响加工尺寸。

③ 测量技术影响。使用对刀仪测量的技巧欠佳也可能造成 0.01mm 以上的误差。

④ 零位漂移影响。使用电测量系统应注意长期工作时电气系统的零漂，要定时检查。

⑤ 仪器精度的影响。普通对刀仪精度，轴向（Z 向）在 0.01～0.02mm，径向（X 向）在 0.005mm 左右，精度高的对刀仪也可以达到 0.002mm 左右。但它必须与高精度刀具系统相匹配。

第 6 章
FANUC 系统加工中心程序编制基础

FANUC 系统加工中心程序编制包括插补功能指令、固定循环指令以及其他一些指令，下面一一叙述。

6.1 插补功能指令

（1）平面选择：G17、G18、G19

① 指令格式：G17

                 G18

                 G19

② 指令功能　分别用来指定程序段中刀具的圆弧插补平面和刀具半径补偿平面。

③ 指令说明

a. G17 表示选择 XY 加工平面；

b. G18 表示选择 XZ 加工平面；

c. G19 表示选择 YZ 加工平面（如图 6-1 所示）。

④ 应用举例

例如，加工如图 6-2 所示零件，当铣削圆弧面 1 时，就在 XY 平面内进行圆弧插补，应选用 G17；当铣削圆弧面 2 时，应在 YZ 平面内加工，选用 G19。

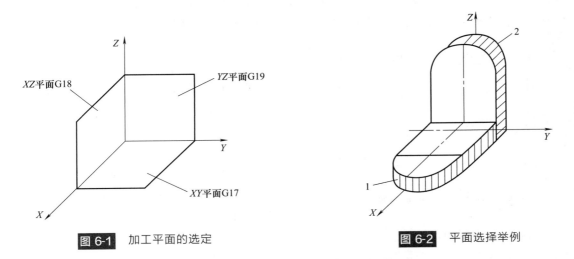

图 6-1　加工平面的选定　　　　　　　　图 6-2　平面选择举例

立式三轴加工中心大都在 X、Y 平面内加工，参数一般都将数控系统开机默认 G17 状态，故 G17 在正常情况下可以省略不写。

（2）英制尺寸/公制尺寸指令

① 指令格式：G20

                 G21

② 指令功能　数控系统可根据所设定的状态，利用代码把所有的几何值转换为公制尺寸或英制尺寸，同样进给率 F 的单位也分别为 mm/min（in/min）或 mm/r（in/r）。

③ 指令说明

a. G20　英制输入

b. G21　公制输入

该 G 代码必须要在设定坐标系之前，在程序中用独立程序段指定。一般机床出厂时，将公制输入 G21 设定为参数缺省状态。

公制与英制单位的换算关系为：

$$1\text{mm} \approx 0.0394\text{in}$$

$$1\text{in} \approx 25.4\text{mm}$$

④ 注意事项

a. 在程序的执行过程中，不能在 G20 和 G21 指令之间切换。

b. 当英制输入（G20）切换到公制（G21）或进行相互切换时，刀具补偿值必须根据最小输入增量单位在加工前设定（当机床参数 No.5006 ♯0 为 1 时，刀具补偿值会自动转换而不必重新设定）。

（3）绝对值编程与增量值编程

① 指令格式：G90

                 G91

② 指令功能　G90 和 G91 指令分别对应着绝对位置数据输入和增量位置数据输入。

③ 指令说明　G90　绝对值编程

                     G91　增量值编程

当使用 G90 绝对值编程时，不管零件的坐标点在什么位置，该坐标点的 X、Y、Z 都是以坐标系的坐标原点为基准去计算。坐标的正负方向可以通过象限的正负方向去判断。

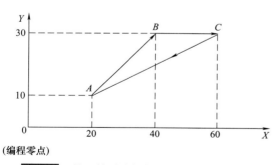

（编程零点）

图 6-3　使用绝对坐标与增量坐标方式编程

当使用 G91 增量值编程时，移动指令的坐标值 X、Y、Z 都是以上一个坐标终点为基准来计算的，也可以通俗地理解为刀具在这个移动动作中移动的距离。正负判定：当前点到终点的方向与坐标轴同向取正，反向则为负。

④ 应用举例　例如图 6-3 所示，刀具以 $A \to B \to C \to A$ 的走刀顺序快速移动，使用绝对坐标与增量坐标方式编程。

增量坐标编程为：

```
G90 G54 G0 X0 Y0 Z0;刀具定位到编程原点
G91 G00 X20.Y10.;　　从编程原点→A 点
```

```
X20.Y20. ;              从 A 点→B 点
X20. ;                  从 B 点→C 点
 X-40 Y-20;             从 C 点→A 点
```

绝对坐标编程为：

```
G90 G54 G0 X0 Y0 Z0; 刀具定位到编程原点
X20.Y10. ;           刀具快速移动到 A 点
X40.Y30. ;           从 A 点→B 点
X60. ;               从 B 点→C 点
X20.Y10. ;           从 C 点→A 点
```

（4）快速点定位 G00

① 指令格式：G00　X＿ Y＿ Z＿;

② 指令功能　使刀具以点位控制的方式从刀具起始点快速移动到目标位置。

③ 指令说明　在 G00 的编程格式中 X＿ Y＿ Z＿分别表示目标点的坐标值。G00 的移动速度由机床参数设定，在机床操作面板上有一个快速修调倍率能够对移动速度进行百分比缩放。

④ 注意事项

a. 因 G00 的移动速度非常快（根据机床的档次和性能不同，最高的 G00 速度也不尽相同，但一般普通中档机床也都会在每分钟十几米以上），所以 G00 不能参与工件的切削加工，这是初学者经常会出现的加工事故，希望读者注意。

b. G00 的运动轨迹不一定是两点一线，而有可能是一条折线（是直线插补定位还是非直线插补定位，由参数 No.1401　第 1 位设置）。所以我们在定位时要考虑刀具在移动过程中是否会与工件、夹具干涉，我们可采用三轴不同段编程的方法去避免这种情况的发生。即

刀具从上往下移动时：　　　　　　　　　　刀具从下往上移动时：

编程格式：G00　X＿ Y＿;　　　　　　　编程格式：Z＿;

　　　　　Z＿;　　　　　　　　　　　　　　　G00　X＿ Y＿;

即刀具从上往下时，先在 XY 平面内定位，然后 Z 轴再下降或下刀；刀具从下往上时，Z 轴先上提，然后再在 XY 平面内定位。

⑤ 应用举例

例如图 6-4 所示，刀具从 A 点快速移动至 B 点，使用绝对坐标与增量坐标方式编程。

增量坐标方式：G91 G00 X30.Y20. ;

绝对坐标方式：G90 G00 X40.Y30. ;

（5）直线插补 G01

① 指令格式：G01　X＿ Y＿ Z＿ F＿;

② 指令功能　使刀具按进给指定的速度从当前点运动到指定点。

③ 指令说明　G01 指令后的坐标值为直线的终点值坐标，G01 与格式里面的每一个字母都是模态代码。

（6）圆弧插补指令 G02、G03

① 指令格式：$\begin{Bmatrix} G02 \\ G03 \end{Bmatrix} X\_\_Y\_\_Z\_\_\begin{Bmatrix} R\_\_ \\ I\_\_J\_\_K\_\_ \end{Bmatrix} F\_\_;$

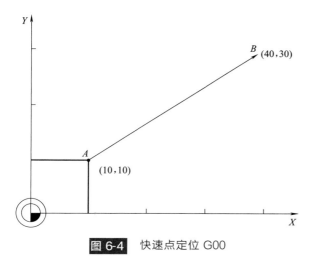

图 6-4 快速点定位 G00

② 指令功能 圆弧插补指令命令刀具在指定平面内按给定的进给速度 F 做圆弧运动，切削出圆弧轮廓。

③ 指令说明

a. G02、G03 的判断 圆弧插补指令分为顺时针圆弧插补指令（G02）和逆时针圆弧插补指令（G03）。判断方法为：沿着刀具的进给方向，圆弧段为顺时针的为 G02，逆时针则为 G03；如图 6-5 所示，刀具以 $A \to B \to C \to D$ 顺序进给加工时，BC 圆弧段因为是顺时针，故是 G02；CD 圆弧段则为逆时针，故为 G03；假使现在进给方向从 $D \to C \to B \to A$ 这样的进给路线，那么两圆弧的顺逆都将颠倒一下，所以在判断时必须牢记沿进给方向去综合判断。

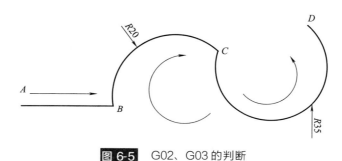

图 6-5 G02、G03 的判断

b. G02/G03 的编程格式

ⅰ. 用圆弧半径编程

$$\begin{Bmatrix} G02 \\ G03 \end{Bmatrix} X \_\_ Y \_\_ Z \_\_ R \_\_ F \_\_ ;$$

这种格式在平时的圆弧编程中最为常见，也较容易理解，只需按格式指定圆弧的终点和圆弧半径 R 即可。格式中的 R 有正负之分，当圆弧小于等于半圆（180°）时取 +R，"+" 在编程中可以省略不写；当圆弧大于半圆（180°）小于整圆（360°）时 R 应写为 "−R"。

应用举例：

如图 6-5 所示，各点坐标为 A（0，0）、B（20，0）、C（40，20）、D（55，30）。轮廓的参考程序如下：

```
G90 G54 G0 X0 Y0 M03 S800;      定位到 A 点
G01 X20.F200;                   从 A 点进给移动到 B 点
G02 X40.Y20.R20.;               走圆弧 BC
G03 X55.Y30.R-35.;              走圆弧 CD
```

注意：圆弧半径 R 编程不能加工整圆。

ⅱ. 用 I、J、K 编程

$$\begin{Bmatrix} G02 \\ G03 \end{Bmatrix} X\_\_ Y\_\_ Z\_\_ I\_\_ J\_\_ K\_\_ F\_\_;$$

这种编程方法一般用于整圆加工。

在格式中的 I、J、K 分别为 X、Y、Z 方向相对于圆心之间的距离（矢量），X 方向用 I 表示，Y 方向用 J 表示，Z 方向用 K 表示（但在 G17 平面上编程 K 均为 0）。I、J、K 的正负可以这样去判断：刀具停留在轴的负方向，往正方向进给，也就是与坐标轴同向，那么就取正值，反之则为负。

应用举例：

加工如图 6-6 所示的圆弧型腔，参考程序如下。

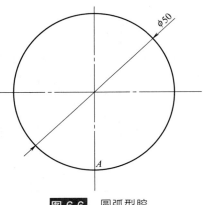

图 6-6 圆弧型腔

```
O0001;
N10 G90 G54 G0 X0 Y0 Z30.M03 S800;    刀具快速定位到圆的中心点
N20 Z3.;                              刀具接近工件表面
N30 G01 Z-5.F100;                     下刀
N40 Y-25.F200;                        刀具移动到圆弧的起点处 A 点
N50 G02 J25.;                         因加工整圆时起点等于终点值坐标，故 X、Y 值可以省略
                                      不写。又因刀具是移动到 Y 轴线上，圆弧的起点 A 点相
                                      对于圆心距离是 25，而且是刀具停在 Y 轴的负方向上，
                                      往正方向走，所以是 J25
N60 G01 X0 Y0;                        刀具进给移回到圆心点，必须使用 G01，因为圆的中间部
                                      分还有残料
N70 G0 Z30.;                          快速抬刀
N80 M30;                              程序结束并返回到程序头
```

小技巧：在加工整圆时，一般把刀具定位到中心点，下刀后移动到 X 轴或 Y 轴的轴线上，这样就有一根轴是 0，便于编程。

（7）刀具半径补偿指令 G41、G42、G40

① 指令格式：G01（G00）$\begin{Bmatrix} G41 \\ G42 \end{Bmatrix}$ X__ Y__ D__（F__）；

...

...

G40 G01（G00）X__ Y__（F__）；

② 指令功能 使用了刀具半径补偿后，编程时不需再计算刀具中心的运动轨迹，只需按零件轮廓编程。操作时还可以用同一个加工程序，通过改变刀具半径的偏移量，对零件轮廓进行粗、精加工。

③ 指令说明

a. G41 为刀具半径左补偿，定义为假设工件不动，沿着刀具运动（进给）方向向前看，刀具在零件左侧的刀具半径补偿，如图 6-7 所示；G42 为刀具半径右补偿，定义为假设工件不动，沿刀具运动方向向前看，刀具在零件右侧的刀具半径补偿，如图 6-8 所示。

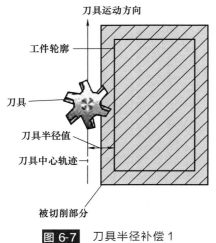

图 6-7　刀具半径补偿 1

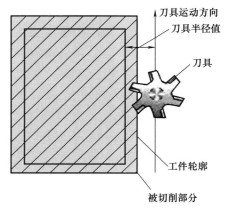

图 6-8　刀具半径补偿 2

b. 在进行刀具半径补偿时必须要有该平面的轴移动（例在 G17 平面上建立刀补则必须要有 XY 轴的移动），而且移动量必须大于刀具半径补偿值，否则机床将无法正常加工。

c. 在执行 G41、G42 及 G40 指令时，其移动指令只能用 G01 或 G00，而不能用 G02或 G03。

d. 当刀补数据为负值时，则 G41、G42 功效互换。

e. G41、G42 指令不能重复指定，否则会产生特殊状况。

f. G40、G41、G42 都是模态代码。

g. 在建立刀具半径补偿时，如果在 3 段程序中没有该平面的轴移动（如在建刀补后加了暂停、子程序名、M99 返回主程序、第三轴移动等），就会产生过切。

④ 应用举例　加工图 6-9 所示零件，参考程序如下。

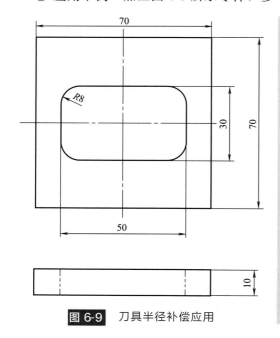

图 6-9　刀具半径补偿应用

```
O0001;
G90 G55 G0 X-80.Y-80.;
S1500 M3;
G0 Z10.;
G01 Z-10.F100;
G41 X-50.D01 F200;
X-35.;
Y35.;
X35.;
Y-35.;
X-80.;
G0 Z3;
G40 X0 Y0;
G01 Z-10.F100;
G41 X0.Y-10.D02 F200;
Y-15.;
```

```
X17.;
G3 X25.Y-7.R8.;
G1 Y7.;
G3 X17.Y15.R8.;
G1 X-17.;
G3 X-25.Y7.R8.;
G1 Y-7.;
G3 X-17Y-15R8.;
G1 X10.;
G40 X0 Y0;
G0 Z5;
M30;
```

（8）刀具长度补偿指令 G43、G44、G49

① 指令格式：$\left\{\begin{array}{l}G43\\G44\end{array}\right\}$ Z＿ H＿；

···

G49 Z0；

② 指令功能 当使用不同类型及规格的刀具或刀具磨损时，可在程序中使用刀具长度补偿指令补偿刀具尺寸的变化，而不需要重新调整刀具或重新对刀。

③ 指令说明 G43 表示刀具长度正补偿；G44 指令表示刀具长度负补偿；G49 指令表示取消刀具长度补偿。

如图 6-10 所示，T1 为基准刀。T2 比 T1 长了 50，那么就可以使用 G43 刀具长度正补偿把刀具往上提到与 T1 相同位置，具体操作为在程序开头加 G43 Z100. H01，再在 OFFSET 偏置页面找到 "01" 位置，在 H 长度里面输入 50；T3 比 T1 短了 80，使用 G44 刀具长度负补偿把刀具往下拉一段距离，让其与基准刀 T1 相等，具体操作与 G43 相同。

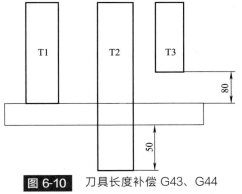

图 6-10 刀具长度补偿 G43、G44

H 指令对应的偏置量在设置时可以为 "＋"，也可以为 "－"，使用负值时 G43、G44 功能互换。在平时的生产加工中，一般只用一个 G43，然后在偏置里面加正负值。

在撤销刀具长度补偿时，切勿采用单独的 G49 格式，否则容易产生撞刀现象。

（9）子程序调用指令

① 指令格式：M98 P△△△ □□□□   O□□□□

···   ···

M30；   M99；

② 指令功能 某些被加工的零件中，常会出现几何尺寸形状相同的加工轨迹，为了简化程序可以把这些重复的内容抽出，编制成一个独立的程序即为子程序，然后像主程序一样将它作为一个单独的程序输入到机床中。加工到相同的加工轨迹时，在主程序中使用 M98

调用指令调用这些子程序。

③ 指令说明　M98 P△△△ □□□□，M98 表示调用子程序，P 后面跟七位数字（完整情况下，可按规定省略）。前三位表示调用该子程序的次数，后四位表示被调用的子程序名。

例如：M98 P0030082 表示调用 O0082 号子程序 3 次；M98P82 当调用次数为一次时可以省略前置零。

子程序的编写与一般程序基本相同，只是程序用 M99（子程序结束并返回到主程序）结束。

子程序再调用子程序这种情况叫嵌套，如图 6-11 所示。根据每个数控系统的强弱也不尽相同，FANUC 可以嵌套 4 层。

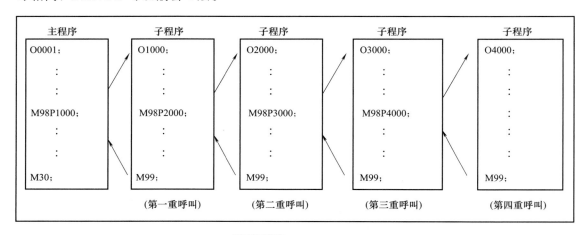

图 6-11　子程序嵌套

> **小技巧**：在使用子程序时，最关键的一个问题，就是主程序与子程序的衔接，应该知道刀每一步为什么要这样走，以达到程序精简正确。这也是新手在学习数控时需要不断提升的部分。

（10）坐标系旋转指令 G68、G69

① 指令格式：G68　X ＿ Y ＿ R ＿；

　　　　　　…

　　　　　　G69；

② 指令功能　用该功能可将工件放置某一指定角度。另外，如果工件的形状由许多相同的图形组成，则可将图形单元编成子程序，然后再结合旋转指令调用，以达到简化程序、减少节点计算的目的。

③ 指令说明　G68 表示旋转功能打开，X_Y_表示旋转的中心点，坐标轴并不移动。R_旋转的角度，逆时针为正，顺时针为负。G69 指令表示取消旋转。

④ 应用举例　加工图 6-12 实线所示方框，参考程序如下。

```
O0001;
G90 G40 G49;          取消模态指令，使机床处于初始状态
G68 X0 Y0 R30.;       打开旋转指令
```

```
G0X-65.Y-25.M3 S1200;          刀具定位（上一步虽有 X、Y 但含义不同，刀具未移动）

G43 H01 Z100.;                 使用刀具长度补偿并定位到 Z100 的地方

Z30.;                          确认工件坐标系

Z5.;                           接近工件表面

G01 Z-2. F100;                 下刀

G41 X-25. D01 F200;            建立刀具半径补偿

Y15.;

X25.;

Y-15.;

X-65. F300;

G0 Z30.;                       抬刀

G69 G40;                       取消旋转和刀具半径补偿

G91 G30 Z0 Y0;                 机床快速退回到 Z 的第二参考点，Y 轴退到机床零点，以便于测量

M30;                           程序结束
```

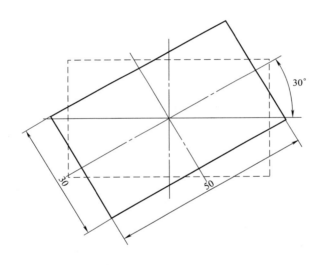

图 6-12　坐标系旋转指令

> **小技巧：**可以使用旋转指令旋转 180° 替代镜像指令，而且要比镜像指令更加简便好用。

6.2 固定循环指令

在数控加工中，有些典型的加工工序，是由刀具按固定的动作完成的。如在孔加工时，往往需要快速接近工件、进行孔加工及孔加工完成后快速回退等固定动作。将这些典型的、固定的几个连续动作，用一条 G 指令来代表，这样只需用单一程序段的指令即可完成加工，这样的指令称为固定循环指令。FANUC 中固定循环指令主要用于钻孔、镗孔、攻螺纹等孔类加工，固定循环指令详细功能见表 6-1。

G 代码	钻削(−Z 方向)	在孔底的动作	回退(＋Z 方向)	应用
G73	间歇进给	—	快速移动	高速深孔钻循环
G74	切削进给	停刀→主轴正转	切削进给	左旋攻螺纹循环
G76	切削进给	主轴定向停止	快速移动	精镗循环
G80				取消固定循环
G81	切削进给	—	快速移动	钻孔循环,点钻循环
G82	切削进给	停刀	快速移动	钻孔循环,锪镗循环
G83	间歇进给	—	快速移动	深孔钻循环
G84	切削进给	停刀→主轴反转	切削进给	攻螺纹循环
G85	切削进给	—	切削进给	镗孔循环
G86	切削进给	主轴停止	快速移动	镗孔循环
G87	切削进给	主轴正转	快速移动	背镗循环
G88	切削进给	停刀→主轴停止	手动移动	镗孔循环
G89	切削进给	停刀	切削进给	镗孔循环

固定循环由 6 个分解动作组成（见图 6-13）：

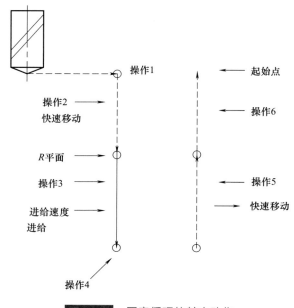

图 6-13　固定循环的基本动作

① X 轴和 Y 轴快速定位（还包括另一个轴）。

② 刀具快速从初始点进给到 R 点。

③ 以切削进给方式执行孔加工的动作。

④ 在孔底相应的动作。

⑤ 返回 R 点。

⑥ 快速返回到初始点。

编程格式：

G90/G91 G98/G99 G73～G89 X __ Y __ Z __ R __ Q __ P __ F __ K __；

指令意义：

G90/G91——绝对坐标编程或增量坐标编程；

G98——返回起始点；

G99——返回 R 平面；

G73～G89——孔加工方式，如钻孔加工、高速深孔钻加工、镗孔加工等；

X、Y——孔的位置坐标；

Z——孔底坐标；

R——安全面（R 面）的坐标，增量方式时，为起始点到 R 面的增量距离；在绝对方式时，为 R 面的绝对坐标；

Q——每次切削深度；

P——孔底的暂停时间；

F——切削进给速度；

K——规定重复加工次数。

固定循环由 G80 或 01 组 G 代码撤销。

（1）钻孔循环 G81

① 指令格式：G81 X __ Y __ R __ Z __ F __；

② 指令功能　该循环用于正常的钻孔，切削进给到孔底，然后刀具快速退回。执行此指令时，如图 6-14 所示，钻头先快速定位至 X、Y 所指定的坐标位置，再快速定位至 R 点，接着以 F 所指定的进给速率向下钻削至 Z 所指定的孔底位置，最后快速退刀至 R 点或起始点完成循环。

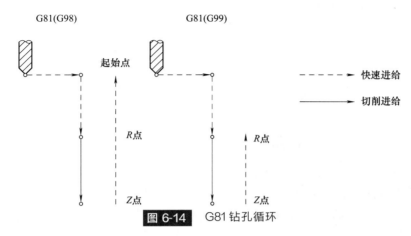

图 6-14　G81 钻孔循环

（2）固定循环取消 G80

① 指令格式：G80

② 指令功能　固定循环使用结束后，应指令 G80 取消自动切削循环，而使用 01 组指令（G00、G01、G02、G03 等），此时固定循环指令中的孔加工数据也会自动取消。

（3）沉孔加工固定循环 G82

① 指令格式：G82 X __ Y __ R __ Z __ P __ F __；

② 指令功能　G82 指令除了在孔底会暂停 P 后面所指定的时间外，其余加工动作均与 G81 相同。刀具切削到孔底后暂停几秒，可改善钻盲孔、柱坑、锥坑的孔底精度。P 不可用小数点方式表示数值，如欲暂停 0.5s 应写成 P500。

（4）高速深孔钻削循环 G73

① 指令格式：G73 X __ Y __ R __ Z __ Q __ F __；

② 指令功能　该循环执行高速排屑钻孔。执行指令时刀具间歇切削进给直到 Z 的最终深度（孔底深度），同时可从中排除掉一部分的切屑。

③ 指令说明　如图 6-15（a）所示钻头先快速定位至 X、Y 所指定的坐标位置，再快速定位到 R 点，接着以 F 所指定的进给速率向 Z 轴下钻 Q 所指定的距离（Q 必为正值，用增量值表示），再快速退回 d 距离（FANUC0M 由参数 0531 设定之，一般设定为 1000，表示 0.1mm），依此方式一直钻孔到 Z 所指定的孔底位置。此种间歇进给的加工方式可使切屑裂断且切削剂易到达切边进而使断屑和排屑容易且冷却、润滑效果佳，适合较深孔加工。图 6-15 所示为高速深孔钻加工的工作过程。其中 Q 为增量值，指定每次切削深度。d 为排屑退刀量，由系统参数设定。

（5）啄式钻孔循环 G83

① 指令格式：G83 X __ Y __ R __ Z __ Q __ F __；

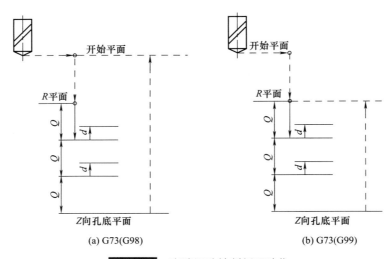

(a) G73(G98)　　　　　　　　　　　　　(b) G73(G99)

图 6-15　高速深孔钻削循环动作

② 指令功能　执行该循环刀具间歇切削进给到孔的底部，钻孔过程中按指令的 Q 值抬一次刀，从孔中排除切屑，也可让冷却液进入到加工的孔中。

③ 指令说明　G83 的加工与 G73 略有不同的是每次钻头间歇进给回退到点 R 平面，可把切屑带出孔外，以免切屑将钻槽塞满而增加钻削阻力及切削剂无法到达切边，故适于深孔钻削。d 表示钻头间断进给时，每次下降由快速转为切削进给时的那一点与前一次切削进给下降的点之间的距离，同样由系统内部参数设定。孔加工动作如图 6-16 所示。

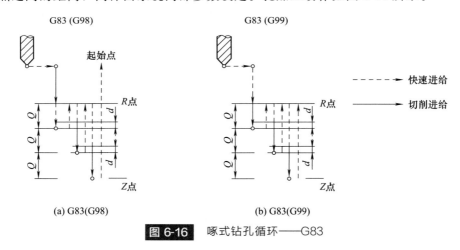

(a) G83(G98)　　　　　　　　　　　　　(b) G83(G99)

图 6-16　啄式钻孔循环——G83

（6）攻右旋螺纹指令 G84 与攻左旋螺纹指令 G74

① 指令格式：G84（G74）X __ Y __ R __ Z __ F __；

② 指令说明　G84 用于攻右旋螺纹，丝锥到达孔底后主轴反转，返回到 R 点平面后主轴恢复正转；G74 用于攻左旋螺纹，丝锥到达孔底后主轴正转，返回到 R 点平面后主轴恢复反转。格式中的 F 在 G94 和 G95 方式各有不同，在 G94（每分钟进给）中，进给速率（mm/min）＝导程（mm/r）×主轴转速（r/min）；在 G95（每转进给）中，F 即为导程，一般机床设置都为 G94。加工动作如图 6-17 所示。

（7）铰（粗镗）孔循环指令 G85 与精镗阶梯孔循环指令 G89

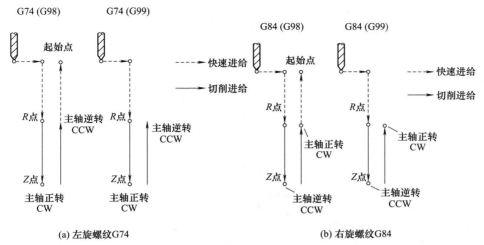

(a) 左旋螺纹G74　　　　　　　　(b) 右旋螺纹G84

图 6-17　攻螺纹循环

① 指令格式：G85 X ＿＿ Y ＿＿ R ＿＿ Z ＿＿ F ＿＿；

　　　　　　G89 X ＿＿ Y ＿＿ R ＿＿ Z ＿＿ P ＿＿ F ＿＿；

② 指令说明　这两种加工方式，刀具是以切削进给的方式加工到孔底，然后又以切削方式返回到点 R 平面，因此适用于铰孔、镗孔。G89 在孔底又因有暂停动作，所以适宜精镗阶梯孔。加工动作如图 6-18 所示。

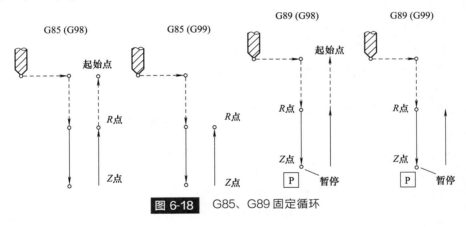

图 6-18　G85、G89 固定循环

（8）精镗孔循环指令 G76

① 指令格式：G76 X ＿＿ Y ＿＿ R ＿＿ Z ＿＿ Q ＿＿ F ＿＿；

② 指令功能　此指令到达孔底时，主轴在固定的旋转位置停止，并且刀具以刀尖的相反方向移动退刀。这可以保证孔壁不被刮伤，实现精密和有效的镗削加工。

③ 指令说明　G76 切削到达孔底后，主轴定向，刀具再偏移一个 Q 值，动作如图 6-19 所示。

④ 注意事项

a. 在装镗刀到主轴前，必须使用 M19 执行主轴定向。镗刀刀尖朝哪边，可在没装刀前就用程序试验出方向。以免方向相反在刀具到达孔底后移动刮伤工件或造成镗刀报废。

b. Q 一定为正值。如果 Q 指定为负值，符号被忽略。也不可使用小数点方式表示，如欲偏移 0.5mm，则必须写成 Q500。Q 值一般取 0.5～1mm，不可取过大，要避免刀杆刀背与机床孔壁相摩擦。Q 的偏移方向由参数 No.5101 ♯4（RD1）和 ♯5（RD2）设定。

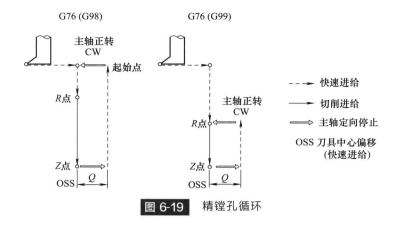

图 6-19 精镗孔循环

6.3 其他指令

（1）极坐标编程 G16、G15

① 指令格式：G16；

...

G15；

② 指令功能 在有些指定了极半径与极角的零件图中，可以简化程序和减少节点计算。

③ 指令说明 一旦指定了 G16 后，机床就会进入极坐标编程方式。X 表示为极坐标的极半径，Y 将会表示为极角。

④ 应用举例 如图 6-20 所示，编程的参考程序如下。

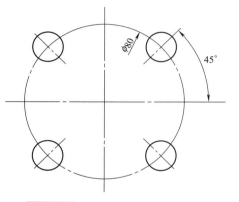

图 6-20 极坐标编程 G16、G15

O0001;	
M06 T01;	换 01 号刀具
G43 H01 Z100.;	执行刀具长度补偿
G40 G69 G15;	取消模态代码，使机床初始化
G90 G54 G0 X0 Y0 M03 S1000;	定位，主轴打开
Z3.M08;	接近工件表面，打开冷却液
G16;	打开极坐标编程
G81 X40.Y45.Z-10.R3.F120;	使用 G81 打孔循环，X40 表示孔的极半径为 40，Y45 则表示极角为 45°；
Y135.;	极半径不变，极角增大
Y225.;	
Y315.;	
G0 Z30.;	
G15;	取消极坐标
M09;	在主轴停转前关闭冷却液
M30;	程序结束

（2）时间延迟指令 G04

① 指令格式：G04 X ___ . 或 G04 P ___；

② 指令功能　当加工台阶孔或有需要执行时间延迟动作时可使用该指令。

③ 指令说明　地址码 X 或 P 都为暂停时间。其中 X 后面可用带小数点的数值，单位为 s，如 G04 X3. 表示前面程序执行完后，要延迟 3s 再继续执行下面程序；地址 P 后面不允许用小数点，单位为 ms。需延迟 3s 则用 G04 P3000。

（3）程序暂停指令 M00、M01

① 指令格式：M00（M01）

② 指令说明　当执行到 M00（M01）时程序将暂停，当按"循环启动"按钮后程序又继续往后走，适用于加工中的测量等。动作为：进给停止，主轴仍然转动（视机床情况而定，但一般都是不停），冷却液照常。

M01 功能和 M00 相同，但选择停止或不停止，可由执行操作面板上的"选择停止"按钮来控制。当按钮置于 ON（灯亮）时则 M01 有效，其功能等于 M00，若按钮置于 OFF（灯熄）时，则 M01 将不被执行，即程序不会停止。

FANUC 0i-MC 系统 G 指令如表 6-2 所示。

▫ 表6-2　FANUC 0i-MC 系统 G 指令

G 码	群	功　能
G00☆	01	快速定位（快速进给）
G01☆		直线切削（切削进给）
G02		圆弧切削 CW
G03		圆弧切削 CCW
G04	00	暂停、正确停止
G09		正确停止
G10		资料设定
G11		资料设定取消
G15	17	极坐标指令取消
G16		极坐标指令
G17☆	02	XY 平面选择
G18		ZX 平面选择
G19		YZ 平面选择
G20	06	英制输入
G21		米制输入
G22☆	00	内藏行程检查功能 ON
G23		内藏行程检查功能 OFF
G27		原点复位检查
G28		原点复位
G29		从参考原点复位
G30		从第二原点复位
G31		跳跃功能
G33	01	螺纹切削

G 码	群	功　　能
G39	00	转角补正圆弧插补
G40☆	07	刀具半径补正取消
G41		刀具半径补正左侧
G42		刀具半径补正右侧
G43		刀具长补正方向
G44		刀具长补正方向
G45	00	刀具位置补正伸长
G46		刀具位置补正缩短
G47		刀具位置补正 2 倍伸长
G48		刀具位置补正 2 倍缩短
G49	08	刀具长补正取消
G50	11	缩放比例取消
G51		缩放比例
G52	14	特定坐标系设定
G53		机械坐标系选择
G54☆		工件坐标系统 1 选择
G55		工件坐标系统 2 选择
G56		工件坐标系统 3 选择
G57		工件坐标系统 4 选择
G58		工件坐标系统 5 选择
G59		工件坐标系统 6 选择
G60	00	单方向定位
G61	15	确定停止模式
G62		自动转角进给率调整模式
G63		攻螺纹模式
G64		切削模式
G65	12	自设程式群呼出
G66		自设程式群状态呼出
G67☆		自设程式群状态取消
G68☆	16	坐标系旋转
G69		坐标系旋转取消
G73	09	高速啄式深孔钻循环
G74		反攻螺纹循环
G76		精镗孔循环
G80☆		固定循环取消
G81		钻孔循环,点钻孔循环
G82		钻孔循环,反镗孔循环
G83		啄式钻孔循环

G 码	群	功　能
G84		攻螺纹循环
G85		镗孔循环
G86	09	反镗孔循环
G87		镗孔循环
G88		镗孔循环
G89		镗孔循环
G90☆	03	绝对指令
G91☆		增量指令
G92	00	坐标系设定
G94	05	每分钟进给
G95		每转进给
G96	13	周速一定控制
G97		周速一定控制取消
G98	04	固定循环中起始点复位
G99		固定循环中 R 点复位

注：1. ☆记号的 G 代码在电源开时是这个状态。对 G20 和 G21，保持电源关以前的 G 代码。G00、G01、G90、G91 可用参数设定选择。

2. 群 00 的 G 码不是状态 G 码。它们仅在所指定的单步有效。

3. 如果输入的 G 码一览表中未列入的 G 码，或指令系统中无特殊功能的 G 码会显示警示（No. 010）。

4. 在同一单步中可指定几个 G 码。同一单步中指定同一群 G 码一个以上时，最后指定的 G 码有效。

5. 如果在固定循环模式中指定群 01 的任何 G 代码，固定循环会自动取消，成为 G80 状态。但是 01 群的 G 码不受任何固定循环的 G 码的影响。

M 码功能说明见表 6-3。

▣ 表 6-3　M 码功能说明

M 码	功　能	M 码	功　能
M00	程序暂停	M08	冷却液开
M01	选择性停止	M09	关闭冷却
M02	程序结束且重置	M19	主轴定位
M03	主轴正转	M29	刚性攻螺纹
M04	主轴反转	M30	程式结束重置且回到程序起点
M05	主轴旋转停止	M98	呼叫子程序
M06	主轴自动换刀	M99	返回主程序
M07	气冷开		

第 7 章
FANUC 系统加工中心实例

本章将介绍 FANUC 系统加工中心实例，遵循由浅入深的原则，读者通过学习，将对 FANUC 数控加工技术有一定的了解，并能自行完成部分普通零件的程序编制。

7.1 矩形板

零件图纸如图 7-1 所示。

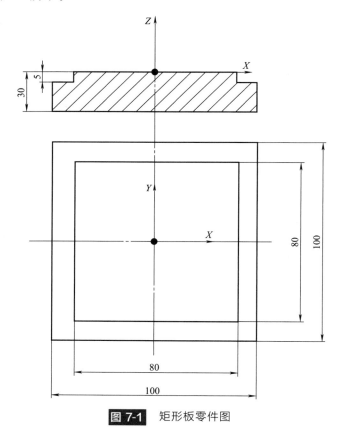

图 7-1 矩形板零件图

7.1.1 学习目标与注意事项

（1）学习目标

通过本例的学习使读者对数控加工程序的编制有一定的了解，能够读懂简单程序的编程思路。

（2）注意事项

① 能够使用 G00、G01 插补指令。

② 能够使用刀具半径补偿功能（G41/G42）。

7.1.2 工、量、刀具清单

工、量、刀具清单如表 7-1 所示。

☐ 表 7-1 工、量、刀具清单

名　称	规　格	精　度	数　量
立铣刀	ϕ20 四刃立铣刀		1
面铣刀	ϕ80 面铣刀		1
偏心式寻边器	ϕ10	0.02mm	1
游标卡尺	0～150（带表）	0.02mm	各 1
千分尺	0～25,25～50,50～75	0.01mm	各 1
深度游标卡尺	0～200	0.02mm	1 把
平行垫块,拉杆,压板,螺钉	M16		若干
扳手	12″,10″		各 1 把
锉刀	平锉和什锦锉		1 套
毛刷	50mm		1 把
铜皮	0.2mm		若干
棉纱			若干

7.1.3 工艺分析及具体过程

此零件为外形规则、图形较简单的一般零件，我们可以通过刀具半径补偿功能来达到图纸的要求。

（1）加工准备

① 认真阅读零件图，检查坯料尺寸。

② 编制加工程序，输入程序并选择该程序。

③ 用平口钳装夹工件，伸出钳口 8mm 左右，用百分表找正。

④ 安装寻边器，确定工件零点为坯料上表面的中心，设定零点偏置。

⑤ 根据编程时刀具的使用情况编制刀具及切削参数表见表 7-2，对应刀具表依次装入刀库中，并设定各补偿。

（2）铣削平面

使用 ϕ80 面铣刀铣削平面，达到图纸尺寸和表面粗糙度要求。

（3）粗铣外形轮廓

工步号	工步内容	刀具号	刀具类型	切削用量			备注
				主轴转速 /(r/min)	进给速度 /(mm/min)	背吃刀量 /mm	
1	铣平面	T01	φ80 面铣刀	500	110	0.7	
2	粗铣外形轮廓	T02	φ20 四刃立铣刀	400	120	5	
3	精铣外形轮廓	T02	φ20 四刃立铣刀	600	110	5	

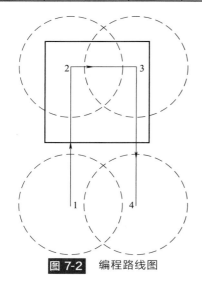

图 7-2　编程路线图

使用 T02 号 φ20 四刃立铣刀粗铣外形轮廓，D 值为 10.3。

（4）精铣外形轮廓

因零件精度要求不高，可以使用同一把刀具作为粗精加工，以减少换刀，提高加工效率。

（5）检验

去毛刺，按图纸尺寸检验加工的零件。

7.1.4　参考程序与注释

铣平面可以编制程序进行铣削，以减少人在加工过程中的参与，并可减小劳动强度，充分发挥数控机床的特点，以下先介绍一种最简单的铣平面程序，此方法适用于批量生产，并且毛坯材料均匀，编程路线参照图 7-2。

铣平面程序如下。

O0111;	铣平面程序可以用程序名的位数不同来区分不同用途的程序，但一般使用的程序范围在 O0001～O7999 之间
N10 G40 G69 G49;	机床加工初始化
N15 T01 M06;	自动换 01 号刀
N20 G90 G54 G00 X0 Y0 S500;	使用绝对编程方式和 G54 坐标系，并使用 G00 快速将刀具定位于 X0、Y0，以便能再次检查对刀点是否在中心处，往机床里赋值主轴转速
N30 G00 Z100.;	主轴 Z 轴定位
N40 G00 X- 20. Y- 130.;	X、Y 轴定位到加工初始点 1 点
N50 G00 Z5. M03;	Z 轴快速接近工件表面，并打开主轴（主轴的转速在 N20 行已进行赋值）
N60 G01 Z- 1. F60 M08;	以 G01 进给切削方式 Z 方向下刀
N70 G01 X- 20. Y20. F110;	进给切削到 2 点
N80 G01 X30. Y20.;	进给切削到 3 点
N90 G01 X30. Y- 130.;	进给切削到 4 点
N100 G00 Z5. M09;	以 G00 方式快速抬刀，并关闭冷却液
N110 M30;	程序结束并返回到程序头

图 7-1 矩形板零件参考程序与注释如下。

程序	注释
O0001;	程序名，在 FANUC 中程序的命名范围为 O0000~O9999，但一般用户普通程序选择都是在 O0001~O7999 之间
N10 G40 G69 G49;	机床模态功能初始化，本行可取消在此程序前运行到机床里的模态指令，读者在运用过程中可根据自己前面所使用功能做相对的取消，不必在此行写太多的取消指令
N20 G90 G54 G0 X0 Y0 S400;	使用绝对编程方式，用 G54 坐标系，并把转速写入到机床中
N30 Z100.;	Z 方向定位，读者在机床运行到此行时需特别注意刀具离工件的距离，及时发现对刀操作错误
N35 T02 M06;	自动换 02 号刀
N40 X- 65. Y- 65. M03;	X，Y 轴定位并使主轴正转，转速在 N20 处已赋值
N50 Z5.;	接近工件表面
N60 G01 Z- 5. F80;	使用直线插补 Z 方向下刀，因工件深度不深，可以一刀到位，以减少切削加工时间
N70 G41 X- 40. D01 F120;	建立左刀补，刀补号为 01
N80 Y40.;	沿轮廓走刀
N90 X40.;	沿轮廓走刀
N100 Y- 40.;	沿轮廓走刀
N110 X- 65.;	此行为切削的最后一行，可以采取多走一段的方法避免退刀时在轮廓的节点处停刀而影响表面质量
N120 G0 Z5.;	抬刀
N130 G40	撤销刀补
N140 M01;	选择性停止，此指令可通过机床面板上的选择性停止开关来控制此指令的有效与无效，当有效时等同于 M00（机床进给停止，其他辅助功能不变如主轴、冷却液等），在这里因为粗加工结束，可以通过此指令的暂停来实现测量，并按测量值给相应的补偿值，以达到更好的控制精度
N145 T03 M06;	自动换 03 号刀
N150 X- 65. Y- 65. S600;	X、Y 重新定位，主轴转速提高
N160 G01 Z- 5. F80;	Z 轴切削下刀，在 Z 轴的下刀过程中应将速度降低，一般为轮廓的三分之一左右
N170 G41 X- 40. D01 F110;	建立刀具半径左补偿，补偿号为 01 号
N180 Y40.;	Y 正方向切削进给
N190 X40.;	X 正方向切削进给
N200 Y- 40.;	Y 负方向切削进给
N300 X- 65.;	X 负方向切削进给，在编程时尽量不要在轮廓处停留，以免影响表面质量，可以在退刀时走到轮廓的延长线上，然后再退刀
N310 G0 Z5.;	以 G00 方式快速抬刀
N320 Z100.;	快速提刀
N330 M30;	程序结束

7.2 对称圆弧板零件

零件图纸如图 7-3 所示。

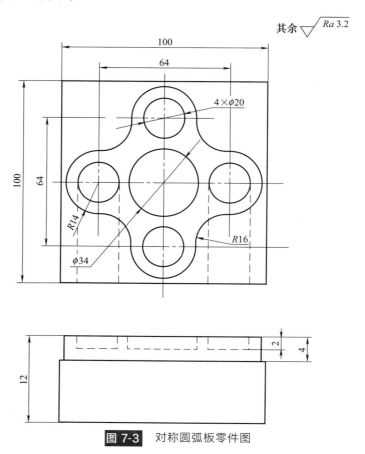

图 7-3 对称圆弧板零件图

7.2.1 学习目标与注意事项

（1）学习目标

通过本例的学习，能够熟练掌握旋转指令加子程序结合的使用模式，对相类似的零件能够进行举一反三。对数铣加工中心的程序编制养成一个较好的编程习惯，比如下刀、抬刀等都需根据自己的个人习惯在脑中形成一个模块，这样可利于程序的正确规范，也有利于更快更好地把程序这部分加强巩固。

（2）注意事项

① 能够熟练使用坐标系旋转指令（G68，G69）。

② 能够根据图纸选择合适的刀具。

③ 能够使用增量旋转方式。

7.2.2 工、量、刀具清单

工、量、刀具清单如表 7-3 所示。

名　称	规　　格	精　度	数　量
可转位式面铣刀	$\phi 80$		1
键槽铣刀	$\phi 16$ 键槽铣刀		1
立铣刀	$\phi 20$ 四刃立铣刀		1
半径规			1 套
偏心式寻边器	$\phi 10$	0.02mm	1
游标卡尺	0~150 0~150（带表）	0.02mm	各 1
千分尺	0~25,25~50,50~75	0.01mm	各 1
垫块,拉杆,压板,螺钉	M16		若干
扳手	12″,10″		各 1 把
锉刀	平锉和什锦锉		1 套
毛刷	50mm		1 把
铜皮	0.2mm		若干
棉纱			若干

7.2.3　工艺分析及具体过程

本例零件外形较为简单，通过正常的编程方式就可完成，如需简化也可使用旋转指令加子程序的模式去做。中间圆及等尺寸的圆可使用同一把刀具对其进行精加工。四个圆尺寸位置都一致，可使用前面所提到的旋转指令加子程序的模式去做，以简化程序。

（1）加工准备

① 认真阅读零件图，检查坯料尺寸。

② 编制加工程序，输入程序并选择该程序。

③ 用平口钳装夹工件，伸出钳口 8mm 左右，用百分表找正。

④ 安装寻边器，确定工件零点为坯料上表面的中心，设定零点偏置。

⑤ 根据编程时刀具的使用情况需编制刀具及切削参数表见表 7-4，对应刀具表依次装入刀库中，并设定各长度补偿。

□ 表 7-4　刀具及切削参数表

工步号	工步内容	刀具号	刀具类型	切削用量			备注
				主轴转速 /(r/min)	进给速度 /(mm/min)	背吃刀量 /mm	
1	铣平面	T11	$\phi 80$ 面铣刀	500	110	0.7	
2	粗铣各轮廓	T01	$\phi 16$ 键槽铣刀	560	110	4	
3	精加工各部轮廓	T02	$\phi 20$ 四刃立铣刀	600	80	2	

（2）粗铣外形轮廓

使用 T01 号 $\phi 16$ 键槽铣刀粗铣外形轮廓，留精加工余量。

（3）粗铣中间圆

仍旧使用 T01 号 $\phi 16$ 键槽铣刀粗铣中间圆，留精加工余量。

（4）粗铣四个 ϕ34 圆

还是使用 ϕ16 键槽铣刀粗铣四个 ϕ34 圆，留精加工余量。

（5）精加工各部轮廓

使用刀库自动换取 ϕ20 四刃立铣刀精加工各部轮廓，至尺寸要求。

（6）检验

去毛刺，按图纸尺寸检验加工的零件。

7.2.4 参考程序与注释

程序	注释
O0008;	主程序，程序名为 O8
G40 G69 G49;	机床模态信息初始化
M06 T01;	换 T01 号 ϕ16 键槽铣刀
G90 G54 G0 X0 Y0 S560;	使用绝对编程方式，采用 G54 坐标系，以 G00 方式快速定位到对刀点
G43 Z100. H01;	执行刀具长度正补偿，补偿号为 01，在一行中指令的前后顺序可以任意倒换，不会影响加工，因为机床在加工时读取是整行，而非单个指令
Y- 65.;	XY 轴定位
Z3. M03;	Z 轴快速接近工件表面
G01 Z- 4. F100;	以切削方式下到图纸尺寸深度
G41 Y- 48. D01 F110 M08;	执行刀具半径左补偿，补偿号为 01，并打开冷却液
G02 X- 16. Y- 32. R16.;	走外形轮廓
G03 X- 32. Y- 16. R16.;	
G02 Y16. R16.;	
G03 X- 16. Y32. R16.;	
G02 X16. R16.;	
G03 X32. Y16. R16.;	
G02 Y- 16. R16.;	
G03 X16. Y- 32. R16.;	
G02 X- 16. Y- 32. R16.;	
G01 X- 65.;	以 G01 切削方式多走一段距离
G0 Z5.;	Z 轴快速抬刀离开工件表面
G40;	取消刀具半径补偿
G90 G0 X0 Y0;	XY 轴重新定位
G01 Z- 2. F60;	以切削方式下刀
G41 Y- 17. D02 F110;	执行刀具半径左补偿，补偿号为 02
G03 J17.;	走整圆
G40 G01 X0 Y0 F140;	边走边撤回到圆的圆心处
G0 Z3.;	快速抬刀离开工件表面
M98 P0040081;	调 4 次 O0081 粗铣圆的子程序
G90 G0 Z30. M09;	以绝对方式快速抬刀，关闭冷却液
G40 G69;	撤销刀具半径补偿，取消旋转功能
G91 G30 Z0;	返回换刀点
M06 T02;	自动换取 T02 号 ϕ20 四刃立铣刀对各部进行精加工

G90 G54 G0 X0 Y- 65. S600;	XY 轴重新定位，转速重新赋值
G43 H02 Z100.;	执行刀具长度正补偿，补偿号为 02
Z3. M03;	快速接近工件表面，打开主轴旋转
G01 Z- 4. F100;	以切削方式下刀
G41 Y- 48. D04 F80 M08;	执行刀具左补偿，半径补偿号为 03
G02 X- 16. Y- 32. R16.;	精加工外形轮廓
G03 X- 32. Y- 16. R16.;	
G02 Y16. R16.;	
G03 X- 16. Y32. R16.;	
G02 X16. R16.;	
G03 X32. Y16. R16.;	
G02 Y- 16. R16.;	
G03 X16. Y- 32. R16.;	
G02 X- 16. Y- 32. R16.;	
G01 X- 65.;	离开节点
G0 Z5.;	快速抬刀
G40;	撤销刀具半径补偿
G90 G0 X0 Y0;	XY 轴重新定位
G01 Z- 2. F60;	以切削方式进刀
G41 Y- 17. D05 F110;	执行刀具半径左补偿，半径补偿号为 05 号
G03 J17.;	逆圆加工
G40 G01 X0 Y0 F140;	边走边撤回到圆心点
G0 Z3.;	以 G00 方式快速抬刀
M98 P0040082;	调用 4 次 O0082 精加工圆的子程序
G90 G0 Z30. M09;	以绝对方式快速抬刀离开工件表面，关闭冷却液
G40 G69;	撤销刀具半径补偿，取消旋转功能
G91 G30 Z0 Y0;	Z 轴返回到换刀点，Y 轴退回零点
M30;	程序结束，光标返回到程序头
O0081;	粗加工子程序
G0 X32. Y0;	此步不能少，因在旋转过程中，此步为旋转的支点
G01 Z- 2. F60;	以切削方式下刀
G41 Y- 10. D03 F110;	执行刀具半径左补偿，半径补偿号为 03
G3 J10.;	走整圆轮廓
G40 G01 X32. Y0 F140;	边走边撤回到圆心点
G90 G0Z3.;	以绝对编程方式快速抬刀，离开工件表面，此步应特别注意，如果没加 G90 则实际移动到 Z1 的位置，在有些情况下可能未抬升至工件表面而导致撞刀，故应特别注意
G91 G68 X0 Y0 R90.;	使用增量旋转，每次递增 90°
M99;	子程序结束并返回到主程序
O0082;	精加工子程序
G0 X32. Y0;	此步不能少，因在旋转过程中，此步为旋转的支点
G01 Z- 2. F60;	
G41 Y- 10. D06 F110;	建立刀具半径补偿，补偿号为 06

```
G3 J10. ;
G40 G01 X32. Y0 F140;
G90 G0 Z3. ;                           快速离开工件表面
G91 G63 X0 Y0 R90. ;                    使用增量旋转,每次递增90°
M99;                                    子程序结束并返回到主程序
```

在这里再介绍一种适宜于单件零件的平面铣削程序。

```
O0100;                                  铣平面程序名
M03 S500;                               主轴旋转
G91 G01 Y120. F80 M08;                  使用增量方式从刀具当前点切削120mm,打开冷却液
X30;                                    横越一个距离
Y- 150. ;                               走Y的负方向
G0 Z100. M09;                           快速抬刀,关闭冷却液
M30;                                    程序结束
```

程序说明：此种方法在操作时应注意刀具当前点，操作步骤如下。①打到手轮挡，将主轴打开；②姿近工件表面；③在工件的上表面轻轻试切一下；④在保持Z轴未动的情况下，将POS里的相对坐标Z值归零；⑤Z轴上抬；⑥将刀具移动到与程序对应的位置，上图程序则应将刀具移动到工件的左下角（刀具未在工件表面上方）；⑦看相对值，下到需要的深度；⑧选择程序，打到自动挡运行程序。

> **小技巧**：在使用增量旋转过程中需特别注意细节，细读以上每一行程序。如不能很好地理解，读者可使用在主程序里变换旋转角度、子程序再调用的方法，虽程序稍有繁琐，但比此法更易学、易懂。

7.3 排孔

零件图纸如图7-4所示。

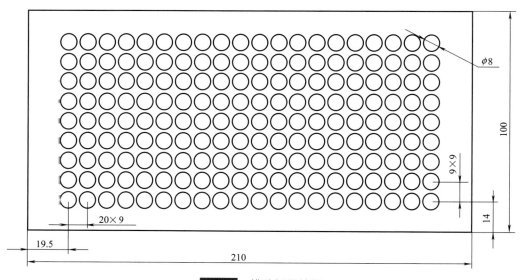

图 7-4 排孔板零件图

7.3.1 学习目标与注意事项

（1）学习目标

通过本例要求对宏程序有一个了解，能使用简单的宏程序进行编程。

（2）注意事项

① 掌握简单的 A 类宏程序和 B 类宏程序。

② 能够对重复形状尺寸的零件，使用简单的编程方法快速编程。

7.3.2 工、量、刀具清单

工、量、刀具清单如表 7-5 所示。

⊡ 表 7-5　工、量、刀具清单

名　　称	规　　格	精　　度	数　　量
中心钻	A2.5 中心孔		1
麻花钻	ϕ7.8mm 的钻头		1
机用铰刀	ϕ8H8	H8	1
偏心式寻边器	ϕ10	0.02mm	1
游标卡尺	0～150 0～150（带表）	0.02mm	各 1 把
垫块，拉杆，压板，螺钉	M16		若干
扳手	12″,10″		各 1 把
锉刀	平锉和什锦锉		1 套
毛刷	50mm		1 把
铜皮	0.2mm		若干
棉纱			若干

7.3.3 工艺分析及具体过程

在加工这类零件图时，要注意编程的效率，这类零件图的特点是形状和间隔尺寸都有一定的关系，可以用宏程序的表达式表达清楚，让加工中心自己运算坐标数值。

零件加工工艺过程如下。

（1）加工准备

① 认真阅读零件图，检查坯料尺寸。

② 编制加工程序，输入程序并选择该程序。

③ 用平口钳装夹工件，伸出钳口 3mm 左右，用百分表找正上平面和各条边。

④ 安装寻边器，确定工件零点为坯料的左下角，设定零点偏置。

⑤ 根据编程时刀具的使用情况需编制刀具及切削参数表见表 7-6，对应刀具表依次装入刀库中，并设定各长度补偿。

（2）点孔

使用 T1 号 A2.5 中心钻点孔。

（3）钻孔

调用 T2 号 ϕ7.8mm 的钻头。

工步号	工步内容	刀具号	刀具类型	切削用量			备　注
				主轴转速 /(r/min)	进给速度 /(mm/min)	背吃刀量 /mm	
1	钻中心孔	T01	A2.5 中心钻	1800	60		
2	钻孔	T02	ϕ7.8mm 的钻头	1100	80	5	
3	铰孔	T03	ϕ8H8 铰刀	300	50		

（4）铰孔

调用 T3 号 ϕ8H8 铰刀。

7.3.4　参考程序与注释

程序设计方法说明：对于这种零件，除了使用宏程序外，还可以使用子程序调用的方法达到同样的编程效果。

主程序：

```
O0020;
G15 G40 G49 G80;                                    机床加工初始化
M06 T1;                                             自动换取 T01 A2.5 中心钻
G54 G90 G0 X0 Y0 M03 S1800;                         选择 G54 加工坐标系，使用绝对编程方
                                                    式并定位刀具位置
G43 Z50 H1 M08;                                     执行刀具长度补偿并打开冷却液
G65 P21 X19.5 Y14 A9 B20 I9 J9 R2 Z-3 Q0 F60;       宏程序赋值
G0 G49 Z150 M09;                                    取消刀具补偿，关闭冷却液
M06 T2;                                             换 02 号 $\phi$7.8mm 的钻头
G90 G43 Z50 H2 M03 M07 S1100;                       建立 02 号刀具长度补偿
G65 P21 X19.5 Y14 A9 B20 I9 J9 R2 Z- 22 Q2 F80;     宏程序参数赋值
G0 G49 Z150 M05 M09;                                取消刀具补偿，关闭冷却液
M06 T03;                                            换 03 号 $\phi$8H8 铰刀
G90 G43 Z50 H2 M03 M07 S300;                        建立 03 号刀具长度补偿
G65 P21 X19.5 Y14 A9 B20 I9 J9 R2 Z- 22 Q2 F50;     宏程序参数赋值
G0 Z30;                                             刀具快速上抬
G91 G30 Z0 Y0;                                      回到换刀点和 Y 轴的原点
M30;                                                程序结束
```

宏程序调用参数说明：

```
X（# 24），Y（# 25）——阵列左下角孔位置
A（# 1）——行数
B（# 2）——列数
I（# 4）——行间距
J（# 5）——列间距
R（# 7）——快速下刀高度
Z（# 26）——钻深
Q（# 17）——每次钻进量，Q= 0，则一次钻进到指定深度
```

F（# 9）——钻进速度

```
% 21（单向进刀）
# 10= 1;                                行变量
# 11= 1;                                列变量
WHILE［# 10 LE # 1］DO1;
# 12= # 25+［# 10- 1］* # 4;             Y 坐标
WHILE［# 11 LE # 2］DO2;
 # 13= # 24+［# 11- 1］* # 5;            X 坐标
G0 X# 13 Y# 12;                         孔心定位
Z# 7;                                   快速下刀
IF［# 17 EQ 0］GOTO 10;
# 14= # 7- # 17;                        分次钻进
WHILE［# 14 GT # 26］DO3
G1 Z# 14 F# 9;
G0 Z［# 14+ 2］;
Z［# 14+ 1］;
# 14= # 14- # 17;
END3;
N10 G1 Z# 26 F# 9;                      一次钻进/或补钻
G0 Z# 7;                                抬刀至快进点
# 11= # 11+ 1;                          列加 1
END2;
# 10= # 10+ 1;                          行加 1
END1;
M99;


% 21（双向进刀）
# 10= 1;                                行变量
# 12= # 25;                             孔心 Y 坐标
# 13= # 24;                             X 坐标
# 15= 1;                                方向
WHILE［# 10 LE # 1］DO1;
# 11= 1;                                列变量
WHILE［# 11 LE # 2］DO2;
G0 X# 13 Y# 12;                         孔心定位
Z# 18;                                  快速下刀
IF［# 17 EQ 0］GOTO 10;
# 14= # 18- # 17;                       分次钻进
WHILE［# 14 GT # 26］DO3;
G1 Z# 14 F# 9;
G0 Z［# 14+ 2］;
Z［# 14+ 1］;
```

```
# 14= # 14- # 17;
END3;
N10 G1 Z# 26 F# 9;                              一次钻进/或补钻
G0 Z# 18;                                        抬刀至快进点
# 11= # 11+ 1;                                   列加 1
# 13= # 13+ # 5* # 15;
END2;
# 13= # 13- # 15* # 5;
# 10= # 10+ 1;                                   行加 1
# 15= - # 15;
# 12= # 12+ # 4;
END1;
M99;
```

7.4 椭圆板

零件图纸如图 7-5 所示。

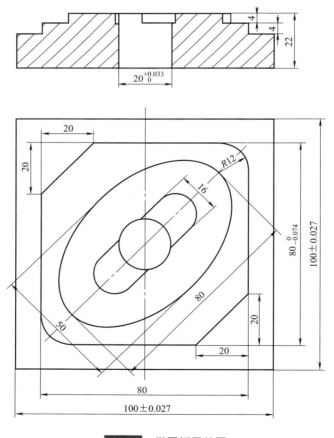

图 7-5 椭圆板零件图

7.4.1 学习目标及注意事项

（1）学习目标

能加工较复杂的综合类零件，能熟练地保证精镗孔及内外轮廓的精度，并能使用宏程序加工椭圆等典型零件。

（2）注意事项

① 能够使用坐标系旋转指令（G68，G69），简化编程量。

② 能够使用角度倒角、拐角圆弧简化编程。

③ 掌握镗削加工过程中的注意事项。

④ 能够通过刀具半径补偿功能的运用，划分零配件加工的粗精加工，以满足精度要求。

7.4.2 工、量、刀具清单

工、量、刀具清单如表 7-7 所示。

⊡ 表 7-7 工、量、刀具清单

名　　称	规　　格	精　　度	数　　量
立铣刀	$\phi20$ $\phi10$ $\phi12$		各 2
镗　刀	$\phi18\sim\phi25$		1 套
钻头	$\phi19$ 的钻头		1
中心钻	A2.5		1
杠杆百分表及表座	$0\sim0.8$	0.01mm	1 个
偏心式寻边器	$\phi10$	0.02mm	1
内径百分表	$18\sim35$	0.01mm	1 套
外径千分表	$0\sim10$mm	0.01mm	1 套
游标卡尺	$0\sim150$ $0\sim150$（带表）	0.02mm	各 1
千分尺	$0\sim25,25\sim50,$ $50\sim75$	0.01mm	各 1
粗糙度样板	N0$\sim$N1	12 级	1 副
半径规	$R7\sim14.5$		1 套
深度游标卡尺	$0\sim200$	0.02mm	1 把
垫块,拉杆,压板,螺钉	M16		若干
扳手,锉刀	12″,10″		各 1 把

7.4.3 工艺分析及具体过程

零件加工工艺过程如下。

（1）加工准备

① 认真阅读零件图，检查坯料尺寸。

② 编制加工程序，输入程序并选择该程序。

③ 用平口钳装夹工件，伸出钳口 15mm 左右，用百分表找正。

④ 安装寻边器，确定工件零点为坯料上表面的中心，设定零点偏置。

⑤ 根据编程时刀具的使用情况需编制刀具及切削参数表见表 7-8，对应刀具表依次装入刀库中，并设定各长度补偿。

□ 表 7-8　刀具及切削参数表

工步号	工步内容	刀具号	刀具类型	切削用量			备注
				主轴转速 /(r/min)	进给速度 /(mm/min)	背吃刀量 /mm	
1	粗铣外轮廓	T01	ϕ20 三刃立铣刀	800	80	4.8	
2	半精铣、精铣外轮廓	T02	ϕ10 四刃立铣刀	1200	50	5	
3	钻中心孔	T03	A2.5 中心钻	1500	60	2.5	
4	钻孔	T04	ϕ19 钻头	600	80	19	
5	镗孔	T05	镗刀	400	40	1	
6	粗铣键槽	T06	ϕ12 粗立铣刀	600	120	4	
7	半精铣、精铣键腰形槽	T07	ϕ12 精立铣刀	1000	50	4	

（2）粗铣外轮廓

① 使用 T1 号 ϕ20 的立铣刀粗铣外轮廓，留 0.3mm 单边余量。

② 铣椭圆轮廓。

③ 实测工件尺寸，调整刀具参数，精铣外轮廓至要求尺寸。

（3）精铣外轮廓

① 使用 T2 号 ϕ10 的立铣刀精铣外轮廓至尺寸要求。

② 铣椭圆轮廓至尺寸要求。

（4）加工孔

① 调用 T3 号 A2.5 的中心钻，设定刀具参数，选择程序，打中心孔。

② 换 T4 号刀具 ϕ19 的钻头，设定刀具参数，钻通孔。

③ 调用 T5 号镗刀，粗镗孔，留 0.4mm 单边余量。

④ 调整镗刀，半精镗孔，留 0.1mm 单边余量。

⑤ 使用已经调整好的内径百分表测量孔的尺寸，根据余量调整镗刀，精镗孔至要求尺寸。

（5）铣键槽

① 换 T06 号 ϕ12 粗立铣刀，粗铣键槽，留 0.3mm 单边余量。

② 换 T07 号 ϕ12 精立铣刀，半精铣键腰形槽，留 0.1mm 单边余量。

③ 测量腰形尺寸，调整刀具参数，精铣键槽至要求尺寸。

7.4.4　参考程序与注释

程序设计方法说明：粗铣、半精铣和精铣时使用同一加工程序，只需要调整刀具参数分 3 次调用相同的程序进行加工即可。精加工时换精加工的刀具加工。

铣削外形和椭圆轮廓主程序：

```
O0001;                              主程序
G90 G40 G49 G80;                    加工初始化
M06 T01;                            换 01 号刀具
G54 G0 X65. Y0;                     选用 G54 加工坐标系，刀具定位
G43 H01 Z100. S800 M03;             执行刀具长度补偿，主轴旋转
G01 Z- 4. F100;                     刀具下刀
M98 P11;                            调用 O11 号子程序
G01 Z- 8. F100;                     下第二层深度
M98 P11;                            调用 O11 号子程序
G68 X0 Y0 R45. ;                    执行旋转功能
G00 G42 X50. Y0 D01;                执行刀具补偿功能，建立右刀补
G01 Z- 4. F60;                      下刀
M98 P12;                            调用 O12 号子程序
G0 Z30. ;                           刀具快速上拉
G69;                                取消旋转指令
M06 T02;                            换 02 号刀具
G43 H02 Z100. S1200 M03;            执行刀具长度补偿，补偿地址号为 02 号，主轴旋转
G0 X65. Y0;                         刀具定位
G01 Z- 8. F100;                     刀具下刀
M98 P11;                            调用 O11 号子程序，执行精加工
G68 X0 Y0 R45. ;                    执行旋转指令
G00 G42 X50. Y0 D02;                执行刀具补偿功能，建立右刀补，刀补地址号为 D02
G01 Z- 4. F60;                      下刀
M98 P12;                            调用 O12 号子程序
G0 Z30. ;                           刀具快速上抬
G69;                                取消旋转功能
M06 T03;                            执行换刀命令，换 03 号刀具
G43 H03100. S1500 M03;              执行刀具长度，打开主轴
G82 X0 Y0 Z- 4. R5. P2500 F60;      使用 G82 固定循环加工中心孔，在孔底暂停 2.5s
G0 Z100. ;                          刀具快速上抬
M06 T04;                            执行换刀命令
G43 H04 Z100. S600 M03;             执行刀具长度补偿，并打开主轴功能
G83 X0 Y0 Z- 28. R5. Q4. P1000 F80; 因加工的孔较深，故采用 G83 固定循环，以改善加工
                                    环境
G0 Z100. ;                          刀具快速上抬
M06 T05;                            执行换刀命令，换 05 号刀具
G43 H05 Z100. ;                     执行刀具长度补偿，补偿号为 05 号
G0 Z5. M03 S400;                    刀具接近工件表面，并打开主轴
G76 X0 Y0 Z- 23. R5. Q0. 1 F40;     使用 G76 精镗孔固定循环加工
G0 Z100. ;                          刀具快速上抬
M06 T06;                            换 06 号刀
G43 H06 Z100. ;                     执行 06 号刀具长度补偿
```

```
Z30. S600 M03;                                          Z 轴定位, 打开主轴
Z3. ;                                                   刀具接近工件表面
G68 X0 Y0 R45. ;                                        打开旋转命令, 旋转角度为 45°
M98 P13;                                                调用 O13 号子程序
G69;                                                    取消旋转功能
G0 Z100. ;                                              刀具上抬
G91 G30 Z0 Y0;                                          刀具返回 Z 轴换刀点, Y 轴的参考点
M30;                                                    程序结束

O11;                                                    铣外轮廓子程序
G00 X60. Y- 50. ;                                       刀具定位
G42 G42 X41. Y- 45. D01 F200;                           建立刀具右补偿
G01 Y41. F60;
X- 21. ;
X- 41. Y21. ;
Y- 41. ;
X21. ;
G01 X41. Y- 20. ;
Y28. ;
G03 X28. Y40. R12. ;
G01 X- 20. ;
G01 X- 40. Y20. ;
G01 Y- 28. ;
G03 X- 28. Y- 40. R12. ;
G01 X20. ;
G01 X40. Y- 20. ;
G00 Z5. ;                                               刀具离开工件表面
G40 X60. Y0;                                            取消刀具补偿
M99;                                                    子程序结束并返回到主程序

O12;                                                    铣椭圆轮廓子程序
N5 # 101= 0;                                            # 101 赋初值, 刀具处于起始位置
N10 IF [# 101GT360] GOTO30;                             条件跳转语句, 直至椭圆加工完为止
N15 G1 X [40* COS (# 101) Y [25* SIN (# 101)] F30;      刀具移动到 XY 值
N20 # 101= # 101+ 0. 1;                                 变量条件增量
GOTO10;
M99;                                                    子程序结束并返回到主程序

O13;                                                    铣键槽子程序
G00 X0 Y0;                                              刀具定位
G01 Z- 4. F80;                                          下刀
G01 G41 X17. Y8. D1 F60;                                建立刀补
G01 X- 17. ;
```

```
G03 X- 17.Y- 8.R8.;
G01 X17.;
G03 X17.Y8.R8.;
G00 Z5.;                        刀具离开工件表面
G00 G40 X0 Y0;                  撤销刀补
M99;                            子程序结束并返回主程序
```

7.5 型腔槽板

零件图纸如图 7-6 所示。

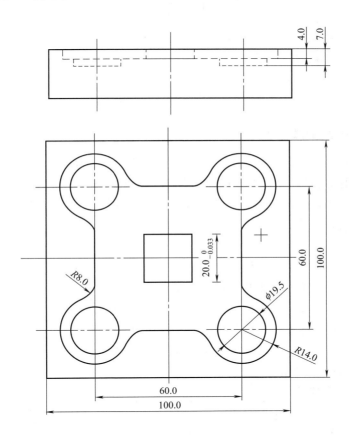

图 7-6 型腔槽板零件图

7.5.1 学习目标与注意事项

通过本例学习解决某些难以下刀建刀补或者根本无法建刀补的零件，要求掌握空中建刀补的方法。

7.5.2 工、量、刀具清单

工、量、刀具清单如表 7-9 所示。

名　　称	规　　格	精　度	数　量
立铣刀	ϕ12 的精四刃立铣刀 ϕ10 精三刃立铣刀		各 1
键槽铣刀	ϕ12 粗键槽立铣刀 ϕ10 粗键槽立铣刀		1
半径规	R1～6.5 R7～14.5		1 套
偏心式寻边器	ϕ10	0.02mm	1
游标卡尺	0～150 0～150（带表）	0.02mm	各 1
千分尺	0～25，25～50， 50～75	0.01mm	各 1
深度游标卡尺	0～200	0.02mm	1 把
垫块，拉杆，压板，螺钉	M16		若干
扳手，锉刀	12″，10″		各 1 把

7.5.3   工艺分析及具体过程

在加工这个零件之前需要对零件图纸进行工艺分析，选择合适的刀具以便在加工中使用；选择合理的切削用量，以能够在保证精度的前提下，尽量提高生产效益。在数控机床，特别是加工中心中，常会把以上几个需确定的加工因素用规定的图文形式记录下来，以作为机床操作者的数值依据。

（1）加工准备

① 认真阅读零件图，检查坯料尺寸。

② 编制加工程序，输入程序并选择该程序。

③ 用平口钳装夹工件，伸出钳口 5mm 左右，用百分表找正。

④ 安装寻边器，确定工件零点为坯料上表面的中心，设定零点偏置。

⑤ 根据编程时刀具的使用情况需编制刀具及切削参数表见表 7-10，对应刀具表依次装入刀库中，并设定各长度补偿。

□ 表 7-10   刀具及切削参数表

工步号	工步内容	刀具号	刀具类型	切削用量			备注
				主轴转速 /(r/min)	进给速度 /(mm/min)	背吃刀量 /mm	
1	粗铣铣削内腔轮廓	T01	ϕ12 粗键槽立铣刀	800	180	4	
2	粗铣铣削四个内凹圆	T01	ϕ12 粗键槽立铣刀	750	160	3	
3	精铣内腔轮廓和四个内凹圆	T02	ϕ12 的精四刃立铣刀	1200	150	4 和 7	
4	粗加工 20×20 的正方	T03	ϕ10 粗键槽立铣刀	850	120	4	
5	精加工 20×20 的正方	T04	ϕ10 精三刃立铣刀	1350	100	4	

（2）粗铣铣削内腔轮廓

① 使用 T01 号 ϕ12 粗键槽铣刀粗铣内腔轮廓，留 0.3mm 单边余量，粗铣时可采用增

大刀补值来区分粗精加工（即刀具半径 10＋精加工余量＋0.3）

② 因为键槽铣刀中间部位也能参与切削，结合了钻头和立铣刀的功能，所以在加工一些封闭的内槽时，通常选用它。

（3）粗铣铣削四个内凹圆

仍旧使用 T01 号 φ12 粗键槽铣刀粗铣四个内凹圆，刀具半径补偿的方法和内腔轮廓相同。

（4）精铣内腔轮廓和四个内凹圆

自动换 T02 号 φ12 的精四刃立铣刀并设定刀具参数，选择程序，打到自动挡运行程序。对于内腔的精加工一般选择刃数较多的立铣刀，这样可使整个加工过程比较平稳，有利于保证精度和粗糙度。

（5）粗加工 20×20 的正方

调用 T3 号 φ10 粗键槽立铣刀，设定刀具参数，选择程序，打到自动挡运行粗加工程序。

（6）精加工 20×20 的正方

调用 T4 号 φ10 精三刃立铣刀，设定刀具参数，选择程序，打到自动挡运行粗加工程序。

（7）检验

去毛刺，按图纸尺寸检验加工的零件。

7.5.4 参考程序与注释

程序设计方法说明：这个程序先把几个需要在粗精加工中两次使用的轮廓程序作为子程序，再通过主程序的调用来实现区分粗精加工。

O0001;	程序名为 O0001
G40 G90 G49 G15;	机床加工初始化
M06 T01;	换 T01 号 φ12 粗键槽铣刀
G43 H01 Z100.;	执行刀具长度补偿
G54 G0 X0 Y0 Z100. S800 M03;	使用 G54 机床坐标系，刀具定位，主轴打开
Z3;	接近工件表面
G41 X22. D01;	建立左刀补，并把刀补建在离工件表面还有一段空间的地方，然后再切削到工件表面处，以保证良好的粗糙度。因为这个零件图的特殊性，建刀补没有充足的空间，所以在这个程序里面使用了空中建刀补的方法
G01 Z- 4. F100;	下刀（在加工前必须复查是否在 G01 状态，否则有可能出现撞机事故）
M98 P2;	调用 O0002 号程序
G68 X0 Y0 R90.;	使用旋转指令旋转 90°
M98 P2;	调用 O0002 号程序
G68 X0 Y0 R180.;	使用旋转指令旋转 180°
M98 P2;	调用 O0002 号程序
G68 X0 Y0 R270.;	使用旋转指令旋转 270°
M98 P2;	再次调用 O0002 号程序
G1 Z2. F500;	刀具上抬
G0 Z10.;	快速离开工件表面
G40;	撤销刀具补偿

G0 X30. Y30. S750;	刀具重新定位在第一象限圆的上方
M98 P4;	调用 O0004 号程序
G0X- 30. Y30. ;	刀具重新定位在第二象限圆的上方
M98 P4;	调用 O0004 号程序
G0Y- 30. X- 30. ;	刀具重新定位在第三象限圆的上方
M98 P4;	调用 O0004 号程序
G0X30. Y- 30. ;	刀具重新定位在第四象限圆的上方
M98 P4;	调用 O0004 号程序
G0 Z30. ;	
M06 T02;	执行换刀命令，自动换取精加工 T02 号 φ12 的四刃立铣刀
G43 H02 Z100. ;	
G54 G0 X0 Y0 Z100. S1200 M03;	使用 G54 机床坐标系，刀具定位，主轴打开
Z3;	接近工件表面
G41 X22. D01;	建立左刀补，并把刀补建在离工件表面还有一段空间的地方，然后再切削到工件表面处，以保证良好的粗糙度。因为这个零件图的特殊性，建刀补没有充足的空间，所以在这个程序里面使用了空中建刀补的方法
G01 Z- 4. F100;	下刀（在加工前必须复查是否在 G01 状态，否则有可能出现撞机事故）
M98 P2;	调用 O0002 号程序
G68 X0 Y0 R90. ;	使用旋转指令旋转 90°
M98 P2;	调用 O0002 号程序
G68 X0 Y0 R180. ;	使用旋转指令旋转 180°
M98 P2;	调用 O0002 号程序
G68 X0 Y0 R270. ;	使用旋转指令旋转 270°
M98 P2;	再次调用 O0002 号程序
G1 Z2. F500;	刀具上抬
G0 Z10. ;	快速离开工件表面
G40;	撤销刀具补偿
G0 X30. Y30. S670;	刀具重新定位在第一象限圆的上方
M98 P4;	调用 O0004 号内圆子程序
G0X- 30. Y30. ;	刀具重新定位在第二象限圆的上方
M98 P4;	调用 O0004 号内圆子程序
G0Y- 30. X- 30. ;	刀具重新定位在第三象限圆的上方
M98 P4;	调用 O0004 号内圆子程序
G0X30. Y- 30. ;	刀具重新定位在第四象限圆的上方
M98 P4;	调用 O0004 号内圆子程序
G0 Z30. ;	刀具快速离开工件表面
M06 T03;	换 T03 号 φ10 键槽立铣刀
G43 H03 Z100. ;	执行刀具长度补偿
G90 G54 G0 X- 30. Y- 45. Z100. S850 M03;	
M98 P5;	调用 O0005 号内方子程序，粗加工内方
M06 T04;	换 T04 号 φ10 三刃立铣刀

```
G43 H04 Z100. ;                                        执行刀具长度补偿
G90 G40 G54 G0 X- 30. Y- 45. Z100. S1350 M03;
M98 P05;                                               调用 O0005 号内方子程序，精加工内方
G91 G30 Z0 Y0;                                         刀具回 Z 轴换刀点，返加 Y 轴的原点上，以方便测量
M30;                                                   程序结束


O0002;                                                 内腔子程序
X30. Y0 F200;
Y9. 5;
G02 X35. 1 Y17. R8. ;
G03 X17. Y35. 1 R- 14. ;
G02 X9. 5 Y30. R8. ;
G01 X0;
G69;                                                   取消旋转
M99;                                                   子程序结束并返回到主程序


O0004;                                                 内圆子程序
G0 Z0. ;                                               接近工件表面
G01 Z- 7. F100;                                        切削下刀
G42 G91 Y- 9. 75 D02 F200;                             以 G91 增量方式切削建立右刀补，刀补地址为 D02
G02 J9. 75;                                            走整圆指令
X- 9. 75 Y9. 75 R9. 75;                                多走一段圆弧，以避免欠切的情况产生
G01 X9. 75;                                            走回圆弧的圆心
G90 Z3. ;                                              换回绝对方式，刀具上抬 3mm
G40;                                                   撤销刀具半径补偿
M99;                                                   子程序结束并返回到主程序


O0005;                                                 加工 20×20 内方子程序
Z3. ;                                                  接近工件表面
G41 X- 18. Y- 18. D03;                                 建立左刀补，刀补地址为 D03
G01 Z- 4. F100;                                        刀具切削下刀
X- 10. ;
Y10. ;
X10. ;
Y- 10. ;
X- 18. ;                                               刀具切削比需要的坐标值多一些
Z3. F600;                                              刀具快速上抬
G0 Z30. ;                                              刀具快速离开工件表面
M99                                                    子程序结束并返回到主程序
```

7.6 组合零件的加工

如图 7-7～图 7-9 所示为所加工零件的装配图和零件图。

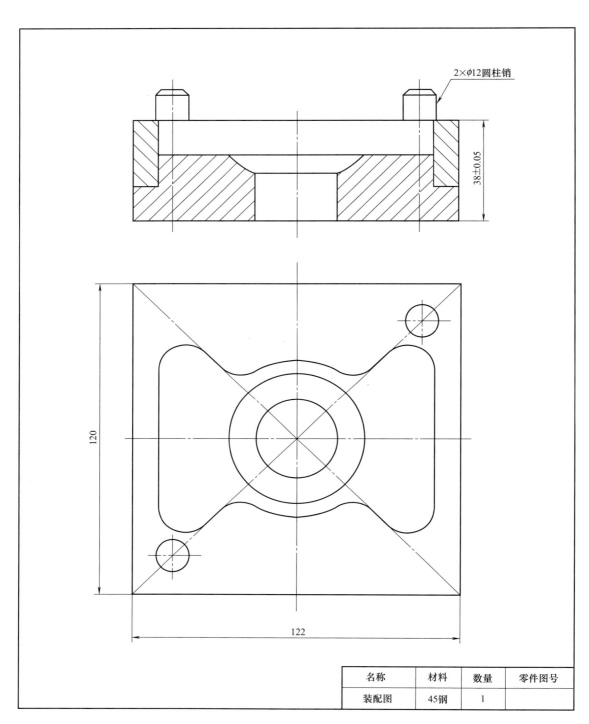

图 7-7 装配图

名称	材料	数量	零件图号
装配图	45钢	1	

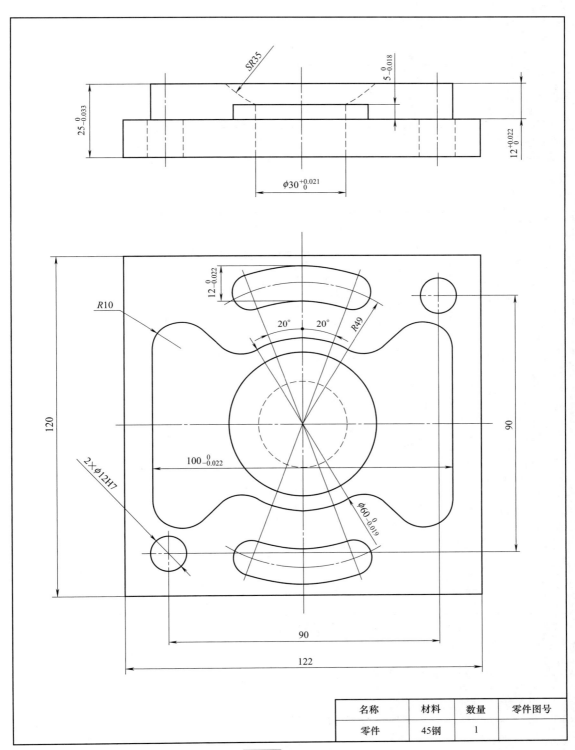

图 7-8　零件图 1

名称	材料	数量	零件图号
零件	45钢	1	

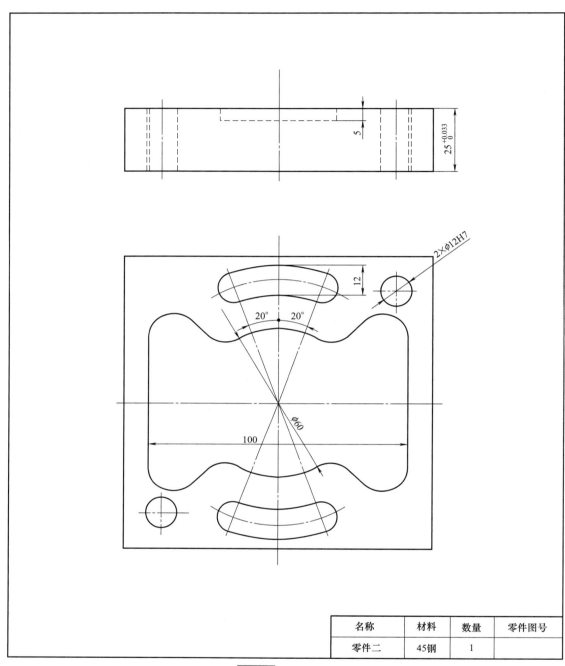

名称	材料	数量	零件图号
零件二	45钢	1	

图 7-9 零件图 2

7.6.1 学习目标与注意事项

（1）学习目标

通过本实例的学习，掌握组合零件的编程加工方法、刀具轨迹路线及进刀与退刀路线的设计。

（2）注意事项

充分考虑和利用数控机床的特点，发挥其优势，合理安排工艺路线，协调数控铣削工序与其他工序之间的关系，确定数控加工工序的内容和步骤，并为程序编制准备必要的条件。掌握宏程序编写方法，可用变量执行相应操作，实际变量值可由宏程序指令赋给变量。

7.6.2 加工方案确定

（1）工艺分析

此工件为配合件。根据图样要求，可先加工件 1，完工后再配作件 2；图样中可以看到轮廓的周边曲线圆弧和表面粗糙度值要求都较高，零件的装夹采用平口钳。将工件坐标系建立在工件上表面零件的对称中心处。$\phi 30^{+0.021}_{0}$ mm 孔需要进行镗削加工。$SR35$ mm 圆球面可以使用变量编程方式完成。

（2）工艺方案（表 7-11、表 7-12）

☐ 表 7-11 加工件 1

序号	加工内容	刀具号	刀具名称	刀具长度补偿号	主轴转速/(r/min)	进给速度/(mm/min)
1	通过垫铁组合,保证工件上表面伸出平口钳的距离大于 12mm,并找正,X、Y 向原点设为工件中心,Z 向尺寸为工件表面					
2	铣顶面,保证高度尺寸 $25^{0}_{-0.033}$ mm	T01	$\phi 80$ mm 可转位面铣刀	H01/D01	600	200
3	铣两个腰形顶面	T01	$\phi 80$ mm 可转位面铣刀	H11/D11	600	200
4	铣外轮廓周边	T02	$\phi 10$ mm 立铣刀	H02/D02	1500	100
5	铣两个腰形凸台周边	T02	$\phi 10$ mm 立铣刀	H12/D12	1500	100
6	钻孔 $\phi 11.8$ mm	T04	$\phi 11.8$ mm 钻头	H04	1000	100
7	扩孔 $\phi 11.95$ mm	T02	$\phi 10$ mm 立铣刀	H22/D22	1500	100
8	扩孔 $\phi 29.5$ mm	T03	$\phi 16$ mm 立铣刀	H03/D03	1200	100
9	镗 $\phi 30^{+0.021}_{0}$ mm 孔	T06	$\phi 30$ mm 精镗刀	H06	500	50
10	铣凹圆球面	T03	$\phi 16$ mm 立铣刀	H13/D13	1200	200
11	铰 $\phi 12$H7 孔	T05	$\phi 12$H7 铰刀	H05	300	50

☐ 表 7-12 加工件 2

序号	加工内容	刀具号	刀具名称	刀具长度补偿号	主轴转速/(r/min)	进给速度/(mm/min)
1	通过垫铁组合,保证工件上表面伸出平口钳的距离大于 5mm,并找正,X、Y 向原点设为工件中心,Z 向尺寸为工件表面					
2	铣顶面,保证高度尺寸 $25^{+0.033}_{0}$ mm	T01	$\phi 80$ mm 可转位面铣刀	H01/D01	600	200
3	铣两个腰形凹台周边	T02	$\phi 10$ mm 立铣刀	H02/D02	1500	100
4	粗铣内轮廓,落料	T02	$\phi 10$ mm 立铣刀	H12/D12	1000	100
5	钻孔 $\phi 11.8$ mm	T04	$\phi 11.8$ mm 钻头	H04	1000	100
6	精铣内轮廓	T02	$\phi 10$ mm 立铣刀	H22/D22	1500	100
7	铰 $\phi 12$H7 孔	T05	$\phi 12$H7 铰刀	H05	300	50

7.6.3 参考程序与注释

（1）工件1程序

① 工件1主程序

```
% ;
O001;
G00 G17 G40 G49 G80 G90 G54 Z300;
T01 M06;                              换 1 号刀（铣顶面）
X- 30 Y- 110;
M03 S600;
G43 Z10 H01;                          加 H01 长度补偿
M08;
G01 Z0 F100;
G01 Y65 F200;
X30;
Y- 110;
M09;
C49 G00 Z200 M05;                     取消长度补偿，主轴停止
G00 G17 G40 G49 G80 G90 G54 Z300;
X- 120 Y- 76;
M03 S600;
G43 Z10 H11;                          加 H11 长度补偿（铣两个腰形顶面）
M08;
G01 Z0 F100;
G01 X120 F200;
Y76;
X- 120;
M09;
G49 G00 Z200 M05;                     取消长度补偿，主轴停止
G91 G28 Z0;
T02 M06;                              换 2 号刀（铣外轮廓周边）
G00 G17 G40 G49 G80 G90 G54 Z300;
M03 S1500;
G43 Z10 H02;                          加入 H02 长度补偿
M08;
X- 70 Y- 70;
G01 Z0 F100;
G41 X- 50 Y- 60 D02 F100;             加入 D02 半径补偿
Y25.858;
G02 X- 32. 929 Y32. 929 R10;
G01 X- 27. 386 Y27. 386;
G03 X- 15. 236 Y25. 843 R10;
G02 X15. 236 R30;
```

```
G03 X27. 386 Y27. 386 R10;
G1 X32. 929 Y32. 929;
G02 X50 Y25. 858 R10;
G01 Y- 25. 858;
G02 X32. 929 Y- 32. 929 R10;
G01 X27. 386 Y- 27. 386;
G03 X15. 236 Y- 25. 843 R10;
G02 X- 15. 236 R30;
G03 X- 27. 386 Y- 27. 386 R10;
G01 X- 32. 929 Y- 32. 929;
G02 X- 50 Y- 25. 858 R10;
G01 Y70;
G49 G00 Z200 M09;                              长度补偿取消
G40 X0 Y0 M05;                                 半径补偿取消
G00 G17 G40 G49 G80 G90 G54 Z300;              开始铣两个腰形凸台周边
M03 S1500;
G43 Z10 H12;                                   加入 H12 长度补偿
M08;
M98 P9104;                                     调入子程序
G68 X0 Y0 P180;
M98 P9104;
G69;
G49 G00 Z200 M09;                              长度补偿取消
M05;
G91 G28 Z0;
T04 M06;                                       换 4 号刀（钻孔 $\phi$11. 8mm）
G00 G17 G40 G49 G80 G90 G54 Z300;
X0 Y0;
M03 S1000;
G43 Z10 H04;                                   加入 H04 长度补偿
G83 X0 Y0 Z- 30 R2 Q0. 5 P200 F100;
X- 45 Y- 45;
X45 Y45;
G80;
G49 G00 Z200 M09;                              长度补偿取消
M05;
G91 G28 Z0;
T02 M06;                                       换 2 号刀（扩孔）
G00 G17 G40 G49 G80 G90 G54 Z300;
X- 45 Y- 45;
M03 S1500;
G43 Z10 H22;                                   加入 H22 号长度补偿
M98 P9107;
```

```
X45 Y45;
M98 P9107;
G49 G00 Z200 M09;                              与取消长度补偿
M05;
G91 G28 Z0;
T03 M06;                                       换3号刀（扩孔）
G00 G17 G40 G49 G80 G90 G54 Z300;
X0 Y0;
M03 S1200;
G43 Z10 H03;                                   加入H03号长度补偿
M08;
G01 Z0 F100;
G41 X- 5 Y10 D03 F100;                         加入D03号半径补偿
G03 X- 15 Y0 R10;
G03 I15;
G03 X- 5 Y- 10 R10;
G40 G01 X0 Y0;                                 取消半径补偿
G49 G00 Z200 M09;                              取消长度补偿
G91 G28 Z0;
T06 M06;                                       换6号刀（镗孔）
G00 G17 G40 G49 G80 G90 G54 Z300;
X0 Y0;
M03 S500;
G43 Z10 H06;                                   加入H06号长度补偿
G85 X0 Y0 Z- 26 R5 P1 F50;
G80;
G49 G00 Z200 M09;                              取消长度补偿
M05;
G91 G28 Z0;
T03 M06;                                       换3号刀（铣凹圆球面）
G00 G17 G40 G49 G80 G90 G54 Z300;
X0 Y0;
M03 S1200;
G43 Z10 H13;                                   加入H13号长度补偿
G1 Z0 F200;
# 100= 0;
WHILE [# 100LE7] D01;
# 101= 24.6228+ # 100;
# 102= SQRT (35* 35- # 101* # 101);
G01 Z [- # 100] F200;
G41 X [- # 102] Y0 D13;                         加入D13号半径补偿
G03 I [# 102];
G40 G01 X0 Y0;                                  取消半径补偿
```

```
# 100= # 100+ 0.03;
END1;
G49 G00 Z200 M09;                    取消长度补偿
M05;
G91 G28 Z0;
T05 M06;                             换 5 号刀（铰 φ12H7 孔）
G00 G17 G40 G49 G80 G90 G54 Z300;
X0 Y0;
M03 S300;
G43 Z10 H05;                         加入 H05 号长度补偿
G82 X- 45 Y- 45 Z- 30 R5 P1 F50;
X45 Y45;
G80;
G49 G00 Z200 M09;                    取消长度补偿
M05;
M30;
% ;
```

② 工件 1 子程序 O9104（铣腰形凸台周边子程序）

```
% ;
O9104;
X- 70 Y- 70;
G01 Z0 F100;
G42 X- 70 Y- 55 D12 F100;
X0;
G03 X18. 811 Y- 51. 683 R55;
G03 X14. 707 Y- 40. 407 R6;
G02 X- 14. 707 R43;
G03 X- 18. 811 Y- 51. 683 R6;
G03 X0 Y- 55 R55;
G01 X70;
G00 Z20;
G40 X0 Y0;
M99;
% ;
```

③ 工件 1 子程序 O9107（扩孔子程序）

```
% ;
O9107;
G01 Z0 F100;
G91 G41 X- 0. 5 Y5. 5 D22 F100;
G03 X- 5. 5 Y- 5. 5 R5. 5;
G03 I6;
G03 X5. 5 Y- 5. 5 R5. 5;
```

```
G40 G01 X0. 5 Y5. 5;

G90 G00 Z10;

M99;

% ;
```

（2）工件 2 程序

① 工件 2 主程序

```
% ;
O001;
G00 G17 G40 G49 G80 G90 G54 Z300;
T01 M06;                              换 1 号刀（铣顶面）
X- 30 Y- 110;
M03 S600;
G43 Z10 H01;                          加 H01 长度补偿
M08;
G01 Z0 F100;
G01 Y65 F200;
X30;
Y- 110;
M09;
C49 G00 Z200 M05;                     取消长度补偿，主轴停止
G91 G28 Z0;
T02 M02;                              换 2 号刀（铣两个腰形凹台周边）
G00 G17 G40 G49 G80 G90 G54 Z300;
M03 S1500;
G43 Z10 H02;                          加入 H02 号长度补偿
M06;
M98 P9112;
G68 X0 Y0 P180;
M09 P9112;
G69;
G49 G00 Z200 M09;                     取消长度补偿
M05;
G00 G17 G40 G49 G80 G90 G54 Z300;
M03 S1500;
G43 Z10 H12;                          加入 H12 长度补偿
M08;
X0 Y0;
G0l Z0 F100;
G42 X- 35 Y- 15 D12 F100;             加入 D12 半径补偿
G02 X- 50 Y0 R15;
G01 Y25. 858;
G02 X- 32. 929 Y32. 929 R10;
```

```
G01 X- 27. 386 Y27. 386;
G03 X- 15. 236 Y25. 843 R10;
G02 X15. 236 R30;
G03 X27. 386 Y27. 386 R10;
G01 X32. 929 Y32. 929;
G02 X50 Y25. 858 R10;
G01 Y- 25. 858;
G02 X32. 929 Y- 32. 929 R10;
G01 X27. 386 Y- 27. 386;
G03 X15. 236 Y- 25. 843 R10;
G02 X- 15. 236 R30;
G03 X- 27. 386 Y- 27. 386 R10;
G01 X- 32. 929 Y- 32. 929;
G02 X- 50 Y- 25. 858 R10;
G01 Y0;
G02 X- 35 Y15 R15;
G49 G00 Z200 M09;                          取消长度补偿
G40 X0 Y0 M05;                             取消半径补偿，主轴停止
G91 G28 Z0;
T04 M06;                                   换 4 号刀（钻孔）
G00 G17 G40 G49 G80 G90 G54 Z300;
X0 Y0;
M03 S1000;
G43 Z10 H04;                               加入 H04 号长度补偿
G83 X- 45 Y- 45 Z- 30 R2 Q0. 5 P200 F100;
X45 Y45;
G80;
G49 G00 Z200 M09;                          取消长度补偿，主轴停止
M05;
G00 G17 G40 G49 G80 G90 G54 Z300;
M03 S1500;
G43 Z10 H22;                               加入 H22 半径补偿
M08;
X0 Y0;
G01 Z0 F100;
G42 X- 35 Y- 15 D22 F100;                  加入 D22 半径补偿
G02 X- 50 Y0 R15;
G01 Y25. 858;
G02 X- 32. 929 Y32. 929 R10;
G01 X- 27. 386 Y27. 386;
G03 X- 15. 236 Y25. 843 R10;
G02 X15. 236 R30;
G03 X27. 386 Y27. 386 R10;
```

```
G01 X32. 929 Y32. 929;
G02 X50 Y25. 858 R10;
G01 Y- 25. 858;
G02 X32. 929 Y- 32. 929 R10;
G01 X27. 386 Y- 27. 386;
G03 X15. 236 Y- 25. 843 R10;
G02 X- 15. 236 R30;
G03 X- 27. 386 Y- 27. 386 R10;
G01 X- 32. 929 Y- 32. 929;
G02 X- 50 Y- 25. 858 R10;
G01 Y0;
G02 X- 35 Y15 R15;
G49 G00 Z200 M09;                              取消长度补偿
G40 X0 Y0 M05;                                 取消半径补偿
G91 G28 Z0;
T05 M06;                                       换 5 号刀（铰 $\phi$12H7孔）
G00 G17 G40 G49 G80 G90 G54 Z300;
X0 Y0;
M03 S300;
G43 Z10 H05;                                   加入 H05 号长度补偿
G82 X- 45 Y- 45 Z- 30 R5 P1 F50;
X45 Y45;
G80;
G49 G00 Z200 M09;                              取消长度补偿
M05;
M30;
% ;
```

② 工件 2 子程序（铣腰形凸台周边子程序）

```
% ;
O9112;
X0 Y- 49;
G01 Z0 F100;
G41 X0 Y- 55 D02 F100;
G03 X18. 811 Y- 51. 683 R55;
G03 X14. 707 Y- 40. 407 R6;
G02 X- 14. 707 R43;
G03 X- 18. 811 Y- 51. 683 R6;
G03 X18. 811 Y- 51. 683 R55;
G00 Z20;
G40 X0 Y0;
M99;
% ;
```

第 8 章
Mastercam 车床自动编程实例

Mastercam 是美国 CNC Software Inc. 开发的基于 PC 平台的 CAD/CAM 软件。它集二维绘图、三维实体造型、曲面设计、图素拼合、数控编程、刀具路径模拟及真实感模拟等功能于一身，它具有方便、直观的几何造型功能。Mastercam 提供了设计零件外形所需的环境，其稳定的造型功能可设计出复杂的曲线、曲面零件。Mastercam9.0 以上版本支持中文环境，而且价位适中，对广大的中、小企业来说是理想的选择，是经济有效的全方位软件系统，是工业界及学校广泛采用的 CAD/CAM 系统。

作为 CAD/CAM 集成软件，Mastercam 系统包括设计（CAD）和加工（CAM）两大部分。其中设计（CAD）部分主要由 Design 模块来实现，它具有完整的曲线曲面功能，不仅可以设计和编辑二维、三维空间曲线，还可以生成方程曲线；采用 NURBS、PARAME-TERICS 等数学模型，可以以多种方法生成曲面，并具有丰富的曲面编辑功能。加工（CAM）部分主要由 Mill、Lathe 和 Wire 三大模块来实现，并且各个模块本身都包含完整的设计（CAD）系统，其中 Mill 模块可以用来生成加工刀具路径，并可进行外形铣削、型腔加工、钻孔加工、平面加工、曲面加工以及多轴加工等的模拟；Lathe 模块可以用来生成车削加工刀具路径，并可进行粗/精车、切槽以及车螺纹的加工模拟；Wire 模块用来生成线切割激光加工路径，从而能高效地编制出任何线切割加工程序，可进行 1~4 轴上下异形加工模拟，并支持各种 CNC 控制器。

8.1 Mastercam 2020 简介

CNC Software 在 2019 年 6 月发布了 Mastercam 2020。在 Mastercam 2020 中，从加工准备、编程速度、刀路效率等方面为制造企业进一步提升生产效率提供了可能性。

（1）设计与显示功能增强

① 半透明显示　Mastercam 2020 中可以调整零件显示的透明度。在"视图"选项卡中打开"半透明"效果，通过透明度滑块调整零件显示的透明度。

② 截面视图　Mastercam 2020 进一步提升了多种材质的显示效果，赋予了零件更真实直观的视觉体验。

③ 实体串连更加快捷简便　Mastercam 2020 的串连选择，可以设置仅显示实体面中的凸台和型腔。在同一个串连对话中可以设置多个不连续的串连。支持选择相似的圆角、孔和特征进行串连。

（2）车削和车铣复合

① 3D 车刀增强　使用 Mastercam 中新的刀片和刀柄设计器，可方便直观地创建自定义

3D车削刀具。3D刀具管理界面直观实用，支持智能判断刀具组装状态，可对3D车削刀具进行快速组装设置。

② 直观便捷的车铣复合操作　机床组件库支持保存和调用卡盘卡爪等机床组件信息。车铣复合中进一步优化机床设置工作流程，进一步加快车铣复合的编程速度。

③ 机床模拟　支持主流车削中心的整机模拟，更直观地展示车削运动中机床、刀具和零件的状态。

（3）铣削、木雕、Mastercam for SolidWorks®

① 刀路孔定义　Mastercam 2020中的刀路孔定义功能令孔加工变得更方便快捷。支持选择圆弧、点、线框、实体等多种图素。支持根据直径和向量方向批量筛选符合条件的孔。

② 残料粗加工刀柄检查　在Mastercam 2020中无需同时设置残料加工的最大值和最小值，软件会基于毛坯模型自动计算最大深度。

③ 高级刀路控制　Mastercam 2020中刀路控制新增选项，可更快捷准确地定义刀路的安全范围。新增的"边界轮廓"选项可以根据选中的轮廓自动生成安全轮廓范围。更多的刀路策略中可以使用刀具补正选项和刀尖与接触点控制功能。

④ 设置多个空切区域　在Mastercam 2020的动态铣削、区域铣削等刀路策略中，支持同时定义多个不同的安全区域。

⑤ Dynamic Motion动态加工技术　Mastercam 2020对动态加工刀路的编程方式进行了优化，进一步提升编程速度，减少加工循环时间。

⑥ 多轴去毛刺　Mastercam 2020支持在去毛刺刀路中设置顺铣和逆铣，可以通过新增的选项来更快捷精准地限制检测区域。

⑦ Accelerated Finishing超弦精加工技术　超弦精加工可以成倍地提升精加工效率。在Mastercam 2020中又新增了椭圆形式和镜筒形式的大圆弧刀具，进一步扩展了超弦精加工的适用场景和加工效率。

⑧ 等距环绕策略优化　Mastercam的等距环绕刀路为陡坡，曲面和平面创建均匀顺滑的刀路。通过新增的刀尖补偿、"封闭"及"修剪"刀路补正选项，进一步优化各种复杂的曲面特征的精加工效果。

Mastercam 2020软件主要包括Design（设计）、Mill（铣削加工）、Lathe（车削加工）和Wire（激光线切割加工）四个功能模块。本章主要介绍它的加工模块的功能及使用。

8.1.1　Mastercam 2020 系统配置

Mastercam对硬件的要求不高，在一般配置的计算机上就可运行，它操作灵活，界面友好，易学易会，适用于大多数用户，能使企业迅速取得经济效益。

建议用户使用的基本硬件配置如表8-1所示。

▣ 表8-1　Mastercam 基本硬件配置表

项目	基本要求	推荐采用
操作系统	Windows7,Windows8.1	仅推荐 Windows1064 位专业版
处理器	Windows1064 位专业版英特尔或 AMD64 位处理器(2.4GHz 或更高)	英特尔 i7 或 XeonE3 处理器,3.2GHz(或更高)NVIDIA Quadro 或 AMD FirePro/Radeon Pro 显卡,具有 4GB(或更高)专用显存

项目	基本要求	推荐采用
显卡	OpenGL3.2 和 OpenCL1.2 的 1GB 显存,需配置独立显卡	32GB
内存	8GB	20GB 可用硬盘,USB 驱动器(用于安装),分辨率 1920×1080
硬盘	20GB 可用硬盘,USB 驱动器(用于安装),分辨率 1920×1080	推荐采用
屏幕分辨率	基本要求	仅推荐 Windows1064 位专业版

8.1.2 Mastercam 2020 用户界面

Mastercam 2020 安装完成后,将在程序文件夹和桌面上建立相应的快捷方式,双击桌面上的"Mastercam 2020"图标 ,或选择"开始"→"程序"→"Mastercam 2020"命令,可启动 Mastercam 2020 软件,启动后其界面如图 8-1 所示,其中包括标题栏、文件菜单、快速访问工具栏、管理器面板、工具选项卡、属性栏、快捷工具栏、快速限定按钮和绘图区等。

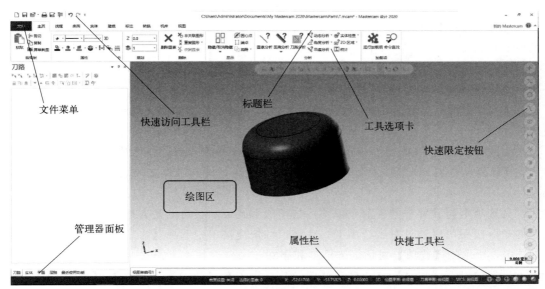

图 8-1

(1)标题栏

显示界面的顶部是"标题栏",从左向右依次显示软件名称、当前所使用的模块、当前打开的文件路径和名称。例如,当用户使用铣削加工模块时,标题栏将显示 Mastercam 2020。在标题栏的右上角是三个标准的控制按钮,包括【最小化窗口】 、【还原窗口】 和【关闭程序窗口】 。

(2)文件菜单

文件菜单位于软件标题栏的下方左侧,包含了当前文件操作信息的所有命令。文件菜单用于文件的新建、打开、合并、保存、打印及属性等操作。文件操作将在后面详细介绍，文件的属性信息操作按钮如图 8-2 所示。

图 8-2

①【项目管理】：使用项目管理指定文件类型保存到你的项目文件夹，指定这些文件类型的所有项目文件可以保存在同一个地方。

②【更改识别】：将两个图形零件版进行比较，确定已更改的图形，查看修改过的操作，并决定是否要更新原始文件。

③【追踪更改】：管理 Mastercam 追踪文件，并自定义搜索 Mastercam 追踪搜索更新版本文件。

④【自动保存】：在固定和指定时间间隔内配置 Mastercam，自动保存当前图形和操作。

⑤【修复文件】：对当前文件执行日常维护并提高性能和确保文件的完整性。

（3）工具选项卡

工具选项卡将软件中的各命令以图标按钮的形式表示，目的是方便用户的操作，工具选项卡的命令按钮可以通过右击选项卡，在弹出的快捷菜单中选择【自定义功能区】命令，打开如图 8-3 所示的【选项】对话框来添加和删除。

工具选项卡有【主页】、【线框】、【曲面】、【实体】、【建模】、【标注】、【转换】、【机床】和【视图】等。

不同的加工模块使用不同的命令打开，在 Mastercam 2020 中所包含的刀具路径功能的工具选项卡如图 8-4 所示。

在【选项】对话框的【下拉菜单】选项页中，可以设置右键菜单中的命令，如图 8-5 所示。

（4）绘图区

绘图区主要用于创建、编辑、显示几何图形以及产生刀具轨迹和模拟加工的区域。在其中单击鼠标右键，会弹出如图 8-6 所示的快捷菜单，可以操作视图、删除图素及分析属性等。

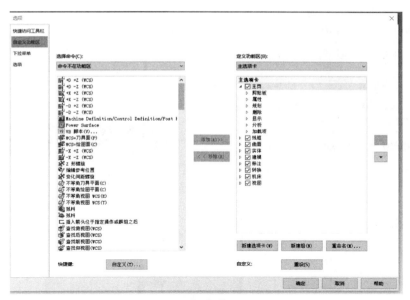

图 8-3

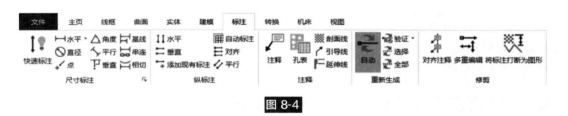

图 8-4

图 8-5

（5）操控板、状态栏及属性栏

操控板位于工具选项卡的下方，主要用于操作者执行某一操作时提示下一步的操作，或者提示正在使用的某一功能的设置状态或系统所处的状态等。图 8-7 所示为绘制圆时的操控板。

图 8-6

图 8-7

属性栏位于绘图区的下方，如图 8-8 所示，主要包括当前坐标、绘图平面视角、刀具平面视角、WCS 视角、模型显示状态等功能。

图 8-8

（6）管理器面板

管理器面板位于绘图区域的左侧，相当于其他软件的特征设计管理器。其中包括两个最重要的面板，分别为【刀路】和【实体】。

①【刀路】管理器：如图 8-9（a）所示，该管理器把同一加工任务的各项操作集中在一起，如加工使用的刀具和加工参数等，在管理器内可以编辑、校验刀具路径以及复制和粘贴相关程序。

(a)   (b)

图 8-9

②【实体】管理器：如图 8-9（b）所示，相当于其他软件的模型树，记录了实体造型的每个步骤以及各项参数等内容，通过每个特征的右键菜单可以对其进行删除、重建和编辑等操作。

8.1.3 文件管理

在设计和加工仿真的过程中，必须对文件进行合理的管理，方便以后的调用、查看和编辑。文件管理包括新建文件、打开文件、合并文件、保存文件、输入/输出文件等。

（1）新建文件

系统在启动后，会自动创建一个空文件，也可以通过单击快速访问工具栏中的【新建】按钮或者选择【文件】—【新建】命令，来创建一个新文件。

当用户对打开的文件进行了一些操作后，新建文件时会弹出保存的提示对话框，如图 8-10 所示，若单击【保存】按钮，则弹出【另存为】对话框，如图 8-11 所示，设置保存路径和文件名后单击【保存】按钮；若单击【不保存】按钮，则直接打开一个新的文件，而不保存已改动的文件。

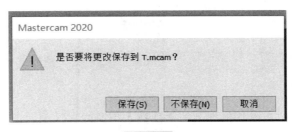

图 8-10

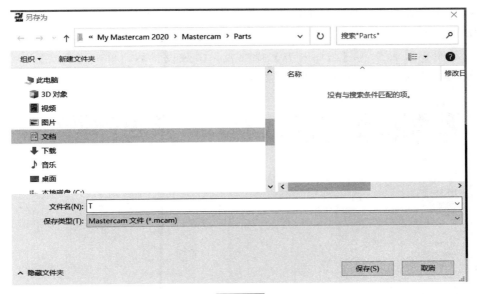

图 8-11

（2）打开文件

单击快速访问工具栏中的【打开】按钮或者选择【文件】—【打开】命令，弹出【打开】对话框，如图 8-12 所示，在【文件类型】下拉列表框中选择合适的后缀，选择文件，然后单击【打开】按钮，打开文件。

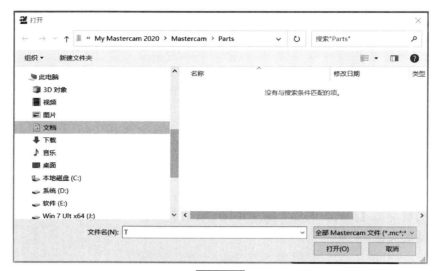

图 8-12

当用户对当前文件进行了操作后，再打开另一个文件时也会弹出如图 8-12 所示的提示对话框。

（3）合并文件

合并文件是指将 MCX 或其他类型的文件插入当前的文件中，但插入文件中的关联对象（如刀具路径等）不能插入。

选择【文件】—【合并】命令，弹出【打开】对话框，选择需要合并的文件，单击【打开】按钮。在当前系统所使用的单位与插入文件所使用的单位不一致时，会弹出【合并模型】操控板，如图 8-13 所示，在其中选择正确的处理方式，在相应对话框中，进行相应参数设置，如图 8-14 所示为【与面对齐】操控板，参数设置后，单击【确定】按钮，返回【合并模型】操控板后，再次单击【确定】按钮。

图 8-13

图 8-14

（4）保存文件

文件的存储在【文件】菜单中分为【保存】、【另存为】、【部分保存】3 种类型，在操作时为了避免发生意外情况而中断操作，用户应及时对操作文件进行保存。

单击快速访问工具栏中的【保存】按钮🖬或者选择【文件】—【保存】命令，保存已更改的文件，如果是第一次保存，则弹出【另存为】对话框，如图 8-15 所示，选择存储路径和输入文件名后，单击【保存】按钮。

图 8-15

选择【文件】—【另存为】命令，同样弹出【另存为】对话框，选择存储路径和输入文件名后单击【保存】按钮，保存当前文件的一个副本。

选择【文件】—【部分保存】命令，返回绘图区，单击所要保存的图素，然后双击区域任意位置，弹出【另存为】对话框，选择存储路径和输入文件名后单击【保存】按钮。

（5）输入/输出文件

输入/输出文件是将不同格式的文件进行相互转换，输入是将其他格式的文件转换为 MCX 格式的文件，输出是将 MCX 格式的文件转换为其他格式的文件。

选择【文件】—【转换】—【导入文件夹】命令，弹出图 8-16 所示的【导入文件夹】对话框，选择导入文件的类型、源文件目录的位置和输入目录的位置，要查找子文件夹，则选中【在子文件夹内查找】复选框。

图 8-16

图 8-17

选择【文件】—【转换】—【导出文件夹】命令，弹出图 8-17 所示的【导出文件夹】对话框，选择输出文件的类型、源文件目录的位置和输出目录的位置，要查找子文件夹，则选中【在子文件夹内查找】复选框。

（6）设置网格

网格设置可以在绘图区显示网格划分，便于几何图形的绘制。单击【视图】选项卡的【网格】组中的【网格设置】按钮 ⬚，弹出【网格】对话框，如图 8-18 所示，可以设置网格间距和原点属性；单击【视图】选项卡的【网格】组中的【显示网格】按钮 ✏ 和【对齐网格】按钮 ✳，绘图区显示网格，并可以捕捉绘制图形，如图 8-19 所示。

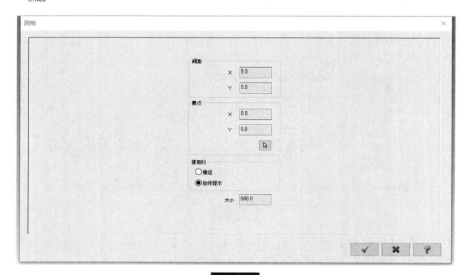

图 8-18

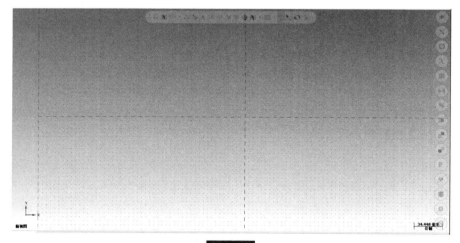

图 8-19

8.1.4 系统参数设置

Mastercam 2020 系统安装完成后，软件自身有一个预定的系统参数配置方案，用户可以直接使用，也可以根据自己的工作需要和实际情况来更改某些参数，以满足实际的使用需要。

选择下拉菜单【文件】—【配置】，弹出如图 8-20 所示的【系统配置】对话框，用户可根据需要进行相关参数设置。

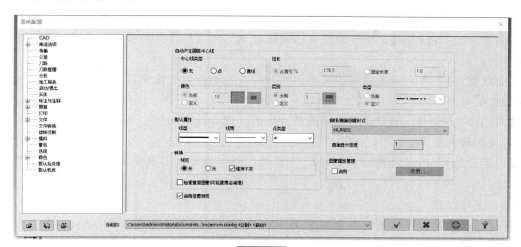

图 8-20

（1）公差设置

选择"系统配置"对话框左侧列表下面的"公差"选项，如图 8-21 所示。用户可设置曲面和曲线的公差值，从而控制曲线和曲面的光滑程度。

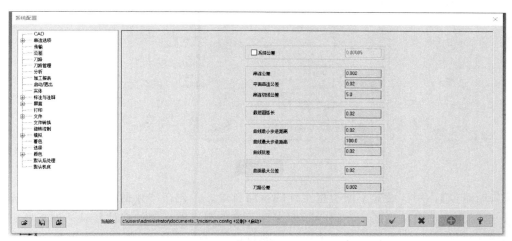

图 8-21

"公差设置"选项中各参数含义如下。

【系统公差】：用于设置系统的公差值。系统公差是指系统可区分的两个点的最小距离，这也是系统能创建的直线的最短长度。公差值越小，误差越小，但是系统运行速度越慢。

【串连公差】：用于设置串连几何图形的公差值。串连公差是指系统将两个图素作为串连的两个图素端点的最大距离。

【平面串连公差】：用于设置平面串连几何图形的公差值。平面串连公差是指当图素与平面之间的距离小于平面串连公差时，可认为图素在平面上。

【最短圆弧长】：用于设置所能创建的最小圆弧长度，设置该参数可避免创建不必要的过小的圆弧。

【曲线最小步进距离】：用于设置在沿曲线创建刀具路径或将曲线打断为圆弧等操作时的最小步长。

【曲线最大步进距离】：用于设置在沿曲线创建刀具路径或将曲线打断为圆弧等操作时的最大步长。

【曲线弦差】：用于设置曲线的弦差。曲线的弦差是指用线段代替曲线时线段与曲线间允许的最大距离。

【曲面最大公差】：用于设置曲面的最大偏差。曲面的最大公差是指曲面与生成该曲面的曲线之间的最大距离。

【刀路公差】：用于设置刀具路径的公差值，公差越小，刀具路径越准确，但计算时间越长。

（2）文件设置

选择"系统配置"对话框左侧列表下面的"文件"选项，如图 8-22 所示。用户可设置不同类型文件的存储目录及使用不同文件的默认名称等。

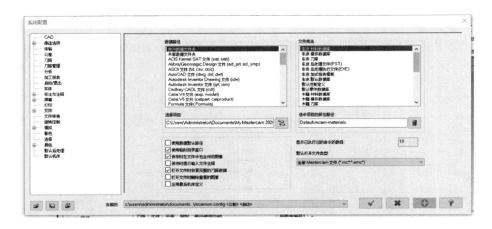

图 8-22

【数据路径】：用于设置不同类型文件的存储目录。首先在"数据路径"列表中选择文件类型，这时在"选中项目的所在路径"框中显示该类型文件存储的默认目录。如果要更改该文件存储的目录，可直接在输入框中输入新的目录，或通过单击其后的"选择"按钮来选择新的目录，系统将此目录作为该类型文件存储的目录。

【文件用法】：用于设置不同类型文件的默认名称。首先在"文件用法"列表中选择文件类型，这时在"选中项目的所在路径"框中显示该类型文件的默认文件名称。如果要更改该文件名称，可直接在输入框中输入新的名称，或通过单击其后的"选择"按钮来选择新文件，系统将此文件作为该类型文件存储的默认文件。

【显示已执行过的命令的数目】：用于设置在"操作命令记录栏"显示已执行过的命令数量。

（3）自动保存时间设置

选择【文件】—【配置】命令，打开如图 8-23 所示的【系统配置】对话框，在左侧的目录树中找到【文件】节点并单击前面的加号展开，选择【自动保存/备份】，在右侧的区域进行想要的设置，完成后单击【确定】按钮。合理设置保存时间，可以防止用户在设计及软件操作时忘记保存，或突发事件造成损失，提高安全性。

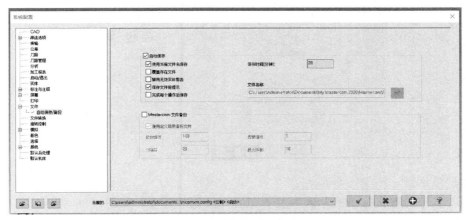

图 8-23

【使用当前文件名保存】：将使用当前文件名自动保存。

【覆盖存在文件】：将覆盖已存在文件名自动保存。

【保存文件前提示】：在自动保存文件前对用户进行提示。

【完成每个操作后保存】：在结束每个操作后进行自动保存。

【保存时间（分钟）】：设置系统自动保存文件的时间间隔，单位为分钟。

【文件名称】：用于输入系统自动保存文件时的文件名称。

（4）实体转换

选择"系统配置"对话框左侧列表下面的"文件转换"选项，如图 8-24 所示。用户可以设置 Mastercam 2020 系统与其他软件系统进行文件转换时的参数，建议按照系统的默认设置。

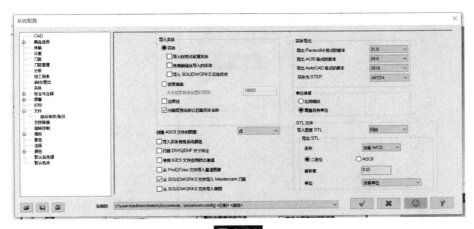

图 8-24

（5）屏幕设置

选择"系统配置"对话框左侧列表下面的"屏幕"选项，如图 8-25 所示。用户可以设置 Mastercam 2020 系统屏幕显示方面的参数，建议按照系统的默认设置。

图 8-25

（6）颜色设置

选择"系统配置"对话框左侧列表下面的"颜色"选项，如图 8-26 所示。用户可以设置 Mastercam 2020 系统颜色方面的参数。

大部分的颜色参数按照系统默认设置即可，对于有绘图区域背景颜色喜好的用户可以设置系统绘图区背景参数。其中"工作区背景颜色"用于设置系统绘图区域背景颜色，用户可以在右侧的颜色选择区域选择自己所喜好的背景颜色，比如可以选择背景颜色为白色等。

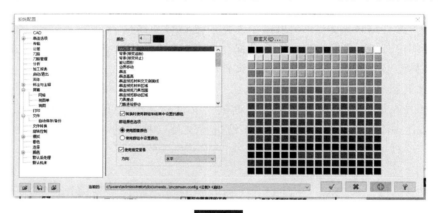

图 8-26

图 8-27

（7）串连设置

选择"系统配置"对话框左侧列表下面的"串连选项"，如图 8-27 所示。用户可以设置 Mastercam 2020 系统串连选择方面的参数，建议按照系统默认设置。

（8）着色设置

选择"系统配置"对话框左侧列表下面的"着色"选项，如图 8-28 所示。用户可以设置 Mastercam 2020 系统曲面和实体着色方面的参数，建议按照系统默认设置。

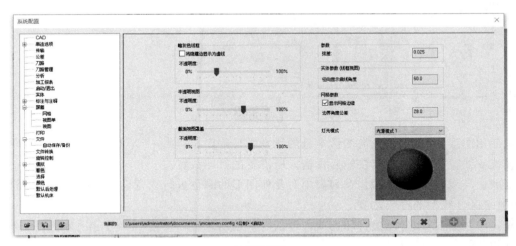

图 8-28

（9）实体设置

选择"系统配置"对话框左侧列表下面的"实体"选项，如图 8-29 所示。用户可以设置 Mastercam 2020 系统实体操作方面的参数，建议按照系统默认设置。

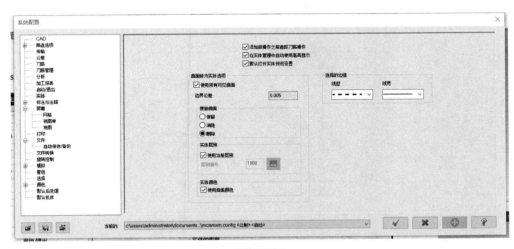

图 8-29

（10）打印设置

选择"系统配置"对话框左侧列表下面的"打印"选项，如图 8-30 所示。用户可以设置 Mastercam 2020 系统打印参数。"打印设置"相关选项参数含义如下。

【线宽】：用于设置线宽，包括以下选项。

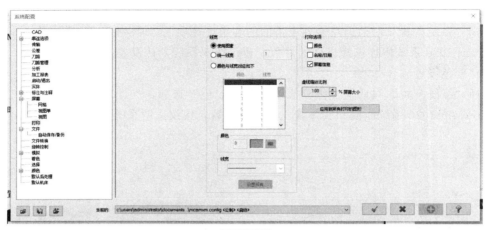

图 8-30

【使用图素】：系统以几何图形本身的线宽进行打印。

【统一线宽】：用户可以在输入栏输入所需要的打印线宽。

【颜色与线宽对应如下】：在列表中对几何图形的颜色进行线宽设置，这样系统在打印时以颜色来区分线型的打印宽度。

【打印选项】：用于设置打印选项，包括以下选项。

【颜色】：系统可以进行彩色打印。

【名称/日期】：系统在打印时将文件名称和日期打印在图纸上。

【屏幕信息】：将对曲面和实体进行着色打印。

（11）CAD 设置

选择"系统配置"对话框左侧列表下面的"CAD"选项，如图 8-31 所示。用户可以设置 Mastercam 2020 系统 CAD 方面的参数，建议采用系统默认设置。

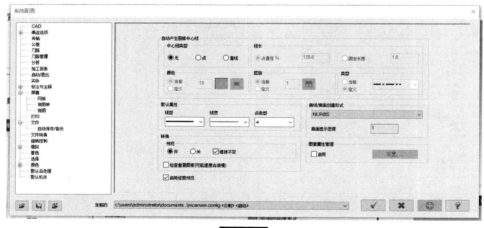

图 8-31

（12）标注与注释

选择"系统配置"对话框左侧列表下面的"标注与注释"选项，如图 8-32 所示。用户可以设置 Mastercam 2020 系统尺寸方面的参数。系统的尺寸标注设置包括"尺寸属性""尺寸文字""尺寸标注""注解文字""引导线/延伸线"五个选项。

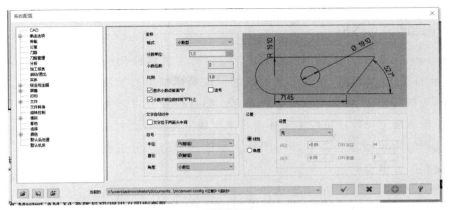

图 8-32

（13）启动/退出

选择"系统配置"对话框左侧列表下面的"启动/退出"选项，如图 8-33 所示。用户可以设置 Mastercam 2020 系统启动/退出方面的参数。

（14）刀具路径

选择"系统配置"对话框左侧列表下面的"刀路"选项，如图 8-34 所示。用户可以设置 Mastercam 2020 系统刀具路径方面的参数。

图 8-33

图 8-34

8.1.5　串连选项对话框

在 Mastercam 2020 中提供了操作更灵活、选择方式多样化的串连选择方法，是通过如图 8-35 所示的【线框串连】对话框来完成的，该对话框可以解决串连选择时一些特定的要求，如串连的起点、终点位置及串连方向等，对于轮廓加工操作还可以由实体边界来生成串连路径。

串连选择的特定要求包括开环与闭环、串连的方向、分支点及全部串连和部分串连。

① 开环与闭环。在前面的串连选择部分已经讲过，开环是不封闭的，起点与终点是不重合的，而闭环是封闭的，起点和终点是重合的。

② 串连的方向。串连图素的选择是有方向的，鼠标单击的位置不同，则所选择串连图素的方向可能不同。对于开环来说，距离单击位置最近的开环端点被定义为起点，单击位置所在侧被定义为方向；对于闭环来说，距离单击位置最近的图素（所单击的图素）端点被定义为起点，单击位置所在侧被定义为方向，起始点处显示一个带有点标记的绿色箭头，在结束点处显示一个带有点标记的红色箭头。

图 8-35

其中【起始/结束】选项组中的按钮 [I◄] [►I] 用于调整起始点的位置，单击【反向】按钮 [↔]，可以更改串连的方向。

【动态】按钮 [⬌] 用于动态地调整起始点和结束点的位置，[I◄] [►I] 用于调整终止点的位置。

③ 分支点。分支点是指被 3 个或 3 个以上的图素所共享的端点，此时要想选择所要的串连图素，需要指定多个子串连。当到达分支点时，系统会出现"已到达分支点，请选择分支"提示，然后选择下一串连即可。

④ 全部串连和部分串连。全部串连是指选择串连路径上的所有图素，部分串连是指仅选择串连路径上的部分图素。以上讲述的串连选择都是全部串连，因为在【串连选项】对话框中单击了【串连】按钮 [🔗]，如果要切换到部分串连选择方式，只需单击【部分串连】按钮 [🔗] 即可。在选择部分串连时，首先单击部分串连中的第一个图素，距离单击位置最近的图素（所单击的图素）端点被定义为起点，然后单击部分串连中的最后一个图素。

8.2　Mastercam 2020 数控车加工技术

在 Mastercam 软件中，车削加工需要在车削模块进行设置，车削加工命令位于【机床】选项卡的【车床】下拉列表中的【默认】中，如图 8-36 所示，单击【默认】按钮会弹出【车削】选项卡，如图 8-37 所示。

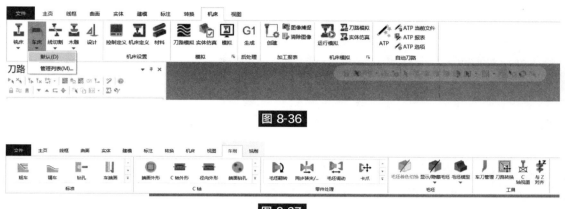

图 8-36

图 8-37

8.2.1 毛坯的设置

车削加工需要进行毛坯、刀具和材料的设置。在【刀路】管理器中单击【属性】—【毛坯设置】节点，系统会弹出【机床群组属性】对话框，切换到【毛坯设置】选项卡，如图 8-38、图 8-39 所示。

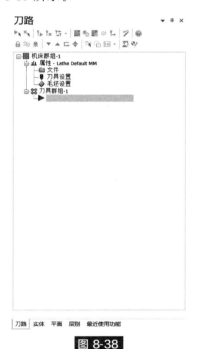

图 8-38

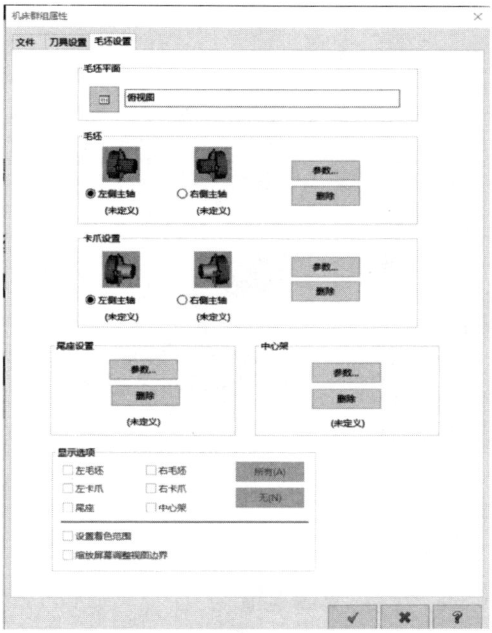

图 8-39

（1）【毛坯平面】选项组

该选项组用于定义毛坯的视角方位，单击【视角选择】按钮，系统弹出如图 8-40 所示的【选择平面】对话框，该对话框列出了所有默认和自定义的视角。选择相应的视图，可以更改毛坯的视角。

（2）【毛坯】选项组

该选项组用于定义主轴转向、毛坯的形状和大小，包括【左侧主轴】和【右侧主轴】单

图 8-40

选按钮以及【参数】和【删除】按钮。【右侧主轴】和【左侧主轴】单选按钮用于定义主轴的旋转方向为右转和左转。单击【参数】按钮，系统弹出【机床组件管理-毛坯】对话框，切换到【图形】选项卡，如图 8-41、图 8-42 所示。

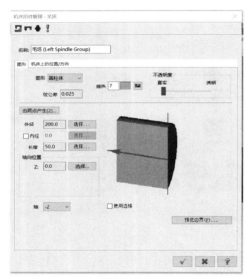

图 8-41

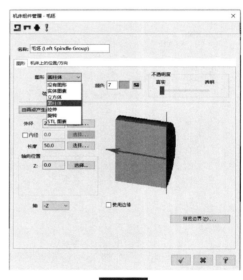

图 8-42

通过【图形】选项卡可以定义毛坯的形状和大小，其主要按钮功能说明如下。

①【图形】下拉列表框：可以定义毛坯的形状，包括【没有图形】、【实体图素】、【立方体】、【圆柱体】、【拉伸】、【旋转】和【STL图素】几个选项。选择不同的图形，该选项组的内容会做相应的变化。

②【由两点产生】按钮：单击该按钮，即可在视图中选择两点作为毛坯的两个顶点，来定义毛坯外形。

③【外径】文本框：在该文本框中输入圆柱体毛坯的直径。单击其后的【选择】按钮，即可在视图中选择一点至原点的长度作为直径。

④【内径】：设置圆柱体毛坯内孔的直径大小。

⑤【长度】文本框：在该文本框中输入毛坯的长度。单击其后的【选择】按钮，即可在视图中选择一条线段，其长度即为毛坯的长度。

⑥【轴向位置】选项组：在该文本框中输入毛坯坐标系的原点，设置毛坯在 Z 轴的固定位置。单击其后的【选择】按钮，即可在视图中指定毛坯的坐标系原点。

⑦【轴】下拉列表框：定义毛坯在坐标原点的左侧还是右侧，包括＋Z 和－Z 两个选项。

⑧【使用边缘】复选框：选中此复选框可以通过输入零件各边缘的延伸量定义毛坯。

在【机床组件管理-毛坯】对话框中选择【机床上的位置/方向】选项卡，在该选项卡中可以定义毛坯的坐标系，如图 8-43 所示。

（3）【卡爪设置】选项组

该选项组用于定义卡爪的形状和大小，包括【左侧主轴】和【右侧主轴】单选按钮以及【参数】和【删除】按钮。

【左侧主轴】和【右侧主轴】单选按钮分别定义卡爪的旋转方向为左转和右转。

单击【参数】按钮，系统弹出如图 8-44 所示的【机床组件管理-卡盘】对话框，在该对话框中可以设置卡爪的位置、类型和夹紧方式等。

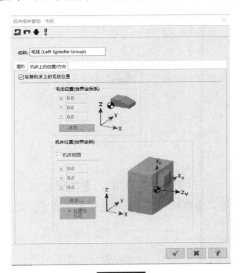

图 8-43

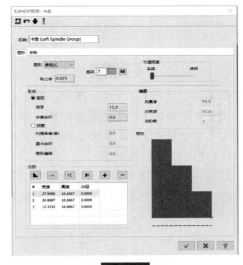

图 8-44

【机床组件管理-卡盘】对话框中各参数含义如下。

①【夹紧方式】：设置夹紧的方式，有外径和内径两类。

②【位置】：设置卡盘夹紧位置。

③【卡爪宽度】：设置卡爪总宽度。

④【阶梯宽度】：设置卡爪阶梯宽度。

⑤【卡爪高度】：设置卡爪总高度。

⑥【阶梯高度】：设置卡爪阶梯高度。

⑦【厚度】：设置卡爪的厚度。

如果需要取消之前的定义，可在相应的选项组中单击【删除】按钮，则此时在工件和卡爪主轴转向下显示未定义。

（4）【尾座设置】选项组

该选项组用于定义顶尖相对于毛坯的位置。

单击【参数】按钮，系统弹出如图 8-45、图 8-46 所示的【机床组件管理-中心】对话框，定义的尾座在绘图区中显示为紫色虚线。

【机床组件管理-中心】对话框用来设置尾座参数，各选项参数含义如下。

①【图形】：设置尾座尺寸的方式，有【参数式】、【实体图素】、【圆柱体】、【STL 图素】和【旋转】等。

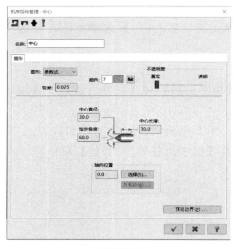
图 8-45

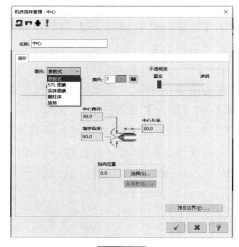
图 8-46

②【中心直径】：设置尾座中心圆柱的直径。

③【指定角度】：设置尾座的锥尖角度。

④【中心长度】：设置中心圆柱的长度。

（5）【中心架】选项组

该选项组用于定义固定支撑架相对于毛坯的位置。单击【参数】按钮，系统弹出如图 8-47 所示的【机床组件管理-中心架】对话框。定义的毛坯支撑架在视图区域中显示为细青色虚线。

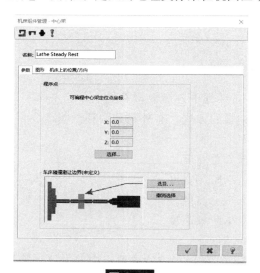
图 8-47

（6）【显示选项】选项组

该选项组用于设置是否显示毛坯的外形、毛坯卡爪、毛坯尾座以及毛坯固定支撑架等选项。

8.2.2　刀具的设置

在车床加工过程中，其刀具的选择、设置与管理同样相当重要，也是车床加工过程中的一个重点。根据不同的车削加工类型，需要有不同的车刀。

在车削环境下，单击【车削】选项卡中的【车刀管理】按钮，系统弹出【刀具管理】对话框，在【刀具】列表框中列出了各种刀具的外形及尺寸，如图 8-48 所示。

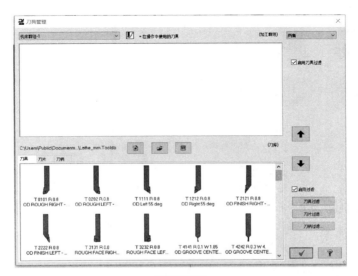

图 8-48

利用该对话框，用户可以选择刀具资料库中的刀具并复制到机器群组中，然后可以对其进行定义参数的设置。用户也可在其列表框中单击鼠标右键，弹出快捷菜单，从而可以对其刀具进行不同的操作。

（1）刀具类型

刀库中的刀具主要有以下几种类型。

① 外圆车刀：凡是带 OD 的都是外圆车刀，此类刀具主要用来车削外圆。

② 内孔车刀：凡是带 ID 的都是内孔车刀，此类车刀主要用来车削内孔。

③ 右车刀：凡是带 RIGHT 的都是右车削刀具，此类刀具在车削时由右向左车削。大部分车床采用此类加工方式。

④ 左车刀：凡是带 LEFT 的都是左车削刀具，此类刀具在车削时由左向右车削。

⑤ 粗车刀：凡是带 ROUGH 的都是粗车削刀具，此类刀具刀尖角大、刀尖强度大，适合大进给速度和大背吃刀量的铣削，主要用在粗车削加工中。

⑥ 精车刀：凡是带 FINISH 的都是精车削刀具，此类刀具刀尖角小，适合车削高精度和高表面光洁度毛坯，主要用于精车削加工。刀库中提供了多种形式的粗精车削刀具，用户可以根据实际加工需要从刀库中选择合适的刀具，以满足加工需要。

（2）创建刀具

在【刀具库】对话框空白处单击鼠标右键，在弹出的快捷菜单中选择【创建新刀具】命令，即可打开【定义刀具】对话框，如图 8-49 所示。该对话框包含 4 个选项卡，即【类型-标准车削】、【刀片】、【刀杆】和【参数】。

① 【类型-标准车削】选项卡中列出了 5 种常用的车削刀具类型，即【标准车削】、【螺纹车刀】、【沟槽车削/切断】、【镗刀】、【钻头/丝攻/铰孔】，并且用户还可以选择【自定义】选项自行设置刀具类型，如图 8-50 所示。

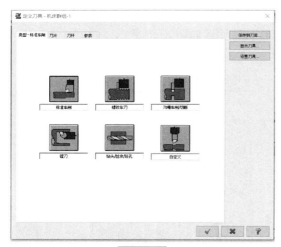

图 8-49

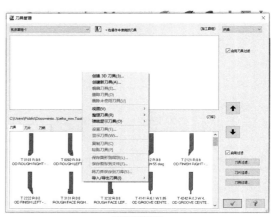

图 8-50

各种刀具用途如下。

【标准车削】：用于外圆车削加工。

【螺纹车刀】：用于螺纹车削加工。

【沟槽车削/切断】：用于车槽或截断车削加工。

【镗刀】：用于镗孔车削加工。

【钻头/丝攻/铰孔】：用于钻孔/攻牙/铰孔车削加工。

【自定义】：用于用户自己设置符合实际加工需求的车削刀具。

② 在车削加工中，不同类型的刀具，其参数设置各不相同。在【刀片】选项卡中选择相应的刀具类型后，系统自动切换到相应的选项卡中。图 8-51 所示对话框为选择切削类型为【类型-标准车削】时【刀片】选项卡的状态。

【形状】：设置刀片形状，有三角形、圆形、菱形、四边形、多边形等形状。

【刀片材质】：用于选择刀片所用的材料，有硬质合金、金属陶瓷、陶瓷、立方氮化硼、金刚石以及用户自己定义材料。

【后角】：设置刀具的间隙角。

【断面形状】：设置刀片的断面形状。

【内圆直径或周长】：设置刀片内接圆直径，直径越大，刀片越大。

【厚度】：设置刀片的厚度。

【圆角半径】：设置刀片的刀尖圆角半径。

③ 选择不同类型的刀具，其刀杆的设置也不尽相同。图 8-52 所示对话框为选择切削类型为【类型-标准车削】时【刀杆】选项卡的状态。

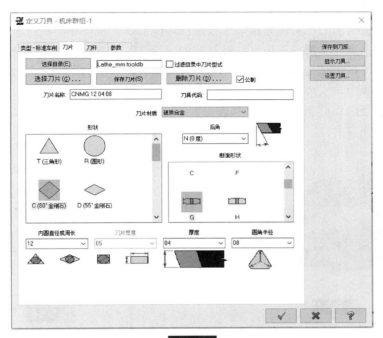

图 8-51

【类型】：设置刀杆的类型，主要设置的是刀杆朝向和角度。

【刀杆断面形状】：设置刀杆的断面形状。

【刀杆图形】：设置刀杆结构参数。

④ 选择不同的刀具类型，其刀具参数的设置都是相同的，如图 8-53 所示的【参数】选项卡，其参数设置与铣床刀具参数设置大致相同。

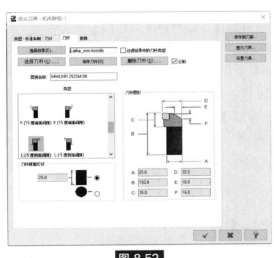

图 8-52

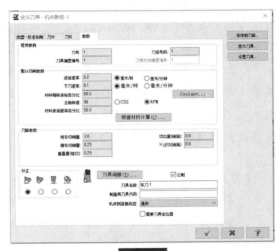

图 8-53

8.2.3 轮廓线加工

一般的数控车床使用的控制器都提供 Z 轴和 X 轴两轴控制。其 Z 轴平行于车床轴，$+Z$ 向为刀具朝向尾座方向；X 轴垂直于车床的主轴，$+X$ 向为刀具离开主轴线方向。

数控车床大多数是在 XZ 平面上的二维加工，因此其图形构建通常也是一些简单的二维直线和圆弧，即使绘制三维实体，也大多数是回转体形状。所以在绘制加工轮廓线时，一般来说只需绘制零件的一半剖面图即可。针对车削的特点，车削模块有按半径值构图的，还有按直径构图的，可以方便地构建车削零件图形，在软件的【视图】选项卡中选择合适的视图。若要将如图 8-54 所示的回转体进行车削加工，在绘制加工轮廓线时，只需利用【连续线】命令，绘制如图 8-55 所示的一半剖面图即可。

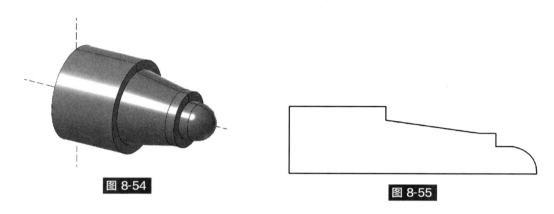

图 8-54　　　　　　　　　　　　　　　　　图 8-55

8.2.4　粗车加工

粗车加工主要用于切除毛坯外形外侧、内侧或端面的多余材料，使毛坯接近于最终的尺寸和形状，为精车加工做准备。粗车车削加工是外圆粗加工最经济、有效的方法。由于粗车的目的主要是迅速从毛坯上切除多余的金属，因此，提高生产率是其主要任务。

粗车通常采用尽可能大的背吃刀量和进给量来提高生产率，而为了保证必要的刀具寿命，切削速度则通常较低。粗车时，车刀应选取较大的主偏角，以减小背向力，防止毛坯的弯曲变形和振动；选取较小的前角、后角和负值的刃倾角，以增强车刀切削部分的强度。粗车所能达到的加工精度为 IT12～IT11，表面粗糙度 Ra 为 50～12.5μm。

单击【机床】选项卡中的【车床】，在【车床】下拉框中选择【默认】，【车削】选项卡被激活，单击【车削】选项卡中的【粗车】按钮，系统弹出【线框串连】对话框，如图 8-56 所示。在图形区选择加工轮廓线后，系统弹出【粗车】对话框，该对话框包括【刀具参数】和【粗车参数】两个选项卡，如图 8-57 所示。

（1）刀具参数

【刀具参数】选项卡的主要选项说明如下。

①【显示刀库刀具】复选框：用于在刀具显示窗口内显示当前的刀具组。

②【选择刀库刀具】按钮：单击该按钮，弹出【选择刀具】对话框，从中选择加工刀具。

③【刀具过滤】按钮：单击该按钮，弹出【车刀过滤】对话框，可从中设置刀具过滤的相关选项。

④【轴组合/原始主轴】按钮：用于选择轴的结合方式。在加工时，车床刀具对同一个轴向具有多重定义时，即可选择相应的结合方式。

⑤【刀具角度】按钮：用于设置刀具进刀、切削以及刀具在机床起始方向的相关选项。

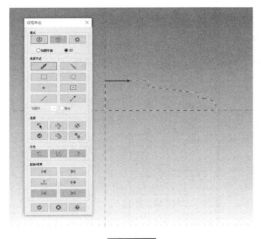

图 8-56

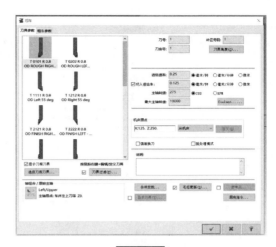

图 8-57

⑥【Coolant】按钮：单击该按钮，在弹出的 Coolant 对话框中选择加工过程中的冷却方式。

⑦【机床原点】选项组：用于选择换刀点的位置。包括【从机床】、【用户定义】和【依照刀具】3 种方式。其【从机床】选项用于设置换刀点的位置来自车床，此位置根据定义轴的结合方式的不同而有所差异。【用户定义】选项用于设置任意的换刀点。【依照刀具】选项用于设置换刀点的位置来自刀具。

⑧【杂项变数】按钮：单击该按钮，在弹出的【杂项变数】对话框中设置杂项变数的相关选项。

⑨【毛坯更新】按钮：单击该按钮，在弹出的【毛坯更新参数】对话框中设置毛坯更新的相关参数。

⑩【参考点】按钮：单击该按钮，在弹出的【参考点】对话框中设置备刀的相关选项。

⑪【显示刀具】按钮：单击该按钮，在弹出的【刀具显示设置】对话框中设置刀具显示的相关选项。

⑫【固有指令】按钮：单击该按钮，输入有关的指令。

（2）粗车参数

单击【粗车】对话框的【粗车参数】选项卡，如图 8-58 所示。

【粗车参数】选项卡的部分选项说明如下。

①【重叠量】按钮：用于设置相邻粗车削之间的重叠距离，其每次车削的退刀量等于车削深度与重叠量之和。当该按钮前的复选框处于勾选状态时，该按钮可用，从中可以设置重叠量和最小重叠角度。

②【切削深度】文本框：设置每次车削的深度，当选中【等距步进】单选按钮时，则粗车步进量设置为刀具允许的最大粗车削深度。

③【最小切削深度】文本框：定义最小切削量。

④【X 预留量】/【Z 预留量】文本框：定义粗车时在 X 方向/Z 方向的剩余量。

⑤【进入延伸量】：在起点处增加粗车削的进刀刀具路径长度。

⑥【切削方式】下拉列表框：用于定义切削方法，包括【单向】、【双向往复】和【双向

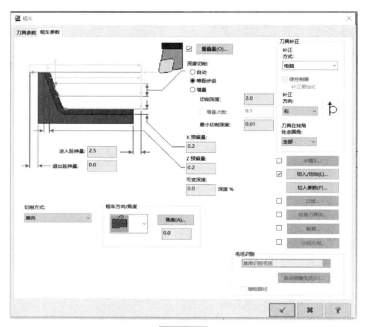

图 8-58

斜插】选项。【单向】选项：设置刀具只在一个方向进行车削加工；【双向往复】和【双向斜插】选项：表示车削时可以在两个方向进行车削加工，但只有采用双向车削刀具进行粗车加工时，才能选择双向切削方法。

⑦【粗车方向/角度】：粗车削类型，包括"外径""内径""面铣"和"后退"切削 4 种形式。"外径"方向：在毛坯的外部直径上车削；"内径"方向：在毛坯的内部直径上车削；"面铣"方向：在毛坯的前端面进行车削；"后退"方向：在毛坯的后端面进行车削。

⑧【角度】：车削角度设置。单击【角度】按钮，弹出【角度】对话框，如图 8-59 所示。

【角度】：输入角度值作为车削角度。

【线】：单击该按钮，可选择某一线段，以此线段的角度作为粗车角度。

【两点】：单击该按钮，可选择任意两点，以两点的角度作为粗车的角度。

【旋转倍率（度）】：输入旋转的角度基数，设置的角度值将是此值的整数倍。

⑨【刀具补正】：在数控车床使用过程中，为了降低被加工毛坯表面的粗糙度，减缓刀具磨损，提高刀具寿命，通常将车刀刀刃磨成圆弧，圆弧半径一般为 0.4～1.6mm。在数控车削圆柱面或端面时不会有影响，在数

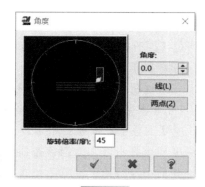

图 8-59

控车削带有圆锥或圆弧曲面的零件时，由于刀尖半径的存在，会造成过切或少切的现象，采用刀尖半径补正，既可保证加工精度，又为编制程序提供了方便。合理编程和正确测算出刀尖圆弧半径是刀尖圆弧半径补正功能得以正确使用的保证。为了消除刀尖带来的误差，系统提供了多种补正形式和补正方向供用户选择，满足用户需要。

8.2.5 精车加工

精车加工主要车削毛坯上的粗车削后余留下的材料,切除毛坯的外形外侧、内侧或端面的多余材料,使毛坯满足设计要求的表面粗糙度。在加工大型轴类零件外圆时,则常采用宽刃车刀低速精车。精车时车刀应选用较大的前角、后角和正值的刃倾角,以提高加工表面的质量。精车可作为较高精度外圆的最终加工或作为精细加工的预加工。精车的加工精度可达IT6~IT8 级,表面粗糙度 Ra 可达 $0.8 \sim 1.6 \mu m$。

精车削参数主要包括刀具参数和精车参数,刀具参数与粗车削中的刀具路径参数一样。单击【车削】选项卡中的【精车】按钮,系统弹出【串连选项】对话框,选择加工轮廓后,弹出【精车】对话框,该对话框主要用来设置与精车相关的参数,如图 8-60 所示。

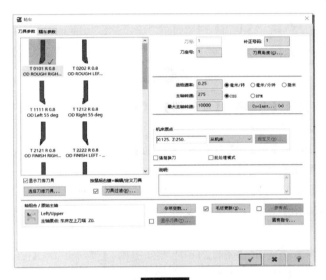

图 8-60

精车参数主要包括精车步进量、预留量、车削方向、补正方式、圆角等。下面详细讲解其含义。

(1)精车参数

精车削的精车步进量一般较小,目的是清除前面粗加工留下来的材料。精车削预留量的设置是为了下一步的精车削或最后精加工,一般在精度要求比较高或表面光洁度要求比较高的零件中设置,如图 8-61 所示。

①【精车步进量】:此项用于输入精车削时每层车削的吃刀深度。

②【精车次数】:此项用于输入精车削的层数。

③【X 预留量】:此项用于设置精车削后在 X 方向的预留量。

④【Z 预留量】:此项用于设置精车削后在 Z 方向的预留量。

⑤【精车方向】:此项用于设置精车削的车削方式,有"外径"车削、"内孔"车削、"右端面"车削及"左端面"车削 4 种方式。

(2)刀具补正

由于毛坯试切对刀时都是对端面和圆柱面,所以对于锥面和圆弧面或非圆曲线组成的面时,精车削也会导致误差,因此需要采用刀具补正功能来消除可能存在的过切或少切的现象。

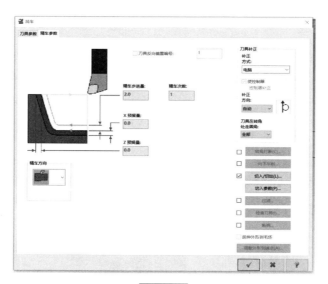

图 8-61

①【补正方式】：包括【电脑】、【控制器】、【磨损】、【反向磨损】和【关】补正 5 种形式。具体含义与粗车削补正形式相同。

②【补正方向】：包括【左】、【右】和【自动】3 种补正方向。左补正和右补正与粗加工相同，自动补正是系统根据毛坯轮廓自行决定。

③【刀具在转角处走圆角】：圆角设置主要是在轮廓转向的地方是否采用圆弧刀具路径，有【全部】、【无】、【尖角】3 种方式，含义与粗车削相同。

（3）切入参数

切入参数设置用来设置在精车削过程中是否切削凹槽。单击【切入参数】按钮，弹出【车削切入参数】对话框，如图 8-62 所示，参数含义与粗加工相同。

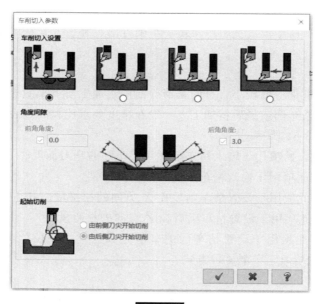

图 8-62

（4）转角打断设置

在进行精车削时，系统允许对毛坯的凸角进行倒角或圆角处理。在【精车参数】选项卡中选中【转角打断】复选框并单击【转角打断】按钮，弹出【转角打断参数】对话框，该对话框用来设置转角采用圆角还是倒角的参数，如图 8-63 所示。

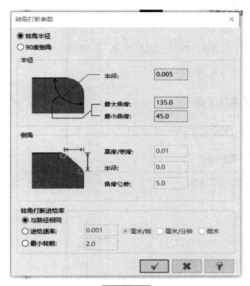

图 8-63

① 在【转角打断参数】对话框中选中【转角半径】单选按钮，圆角设置被激活，可以设置圆角半径、最大的角度、最小的角度等。

② 选中【90°倒角】单选按钮，倒角设置被激活，可以设置倒角的高度/宽度、半径、角度的公差等。

③ 在【转角打断进给率】组中，可以另外设置切削速度，以加工出高精度的圆角和倒角。

8.3 Mastercam 2020 车削自动加工实例——光轴车削数控加工

8.3.1 实例描述

光轴零件如图 8-64 所示，轮廓面是回转面，要加工的面是外圆柱面、端面和螺纹。

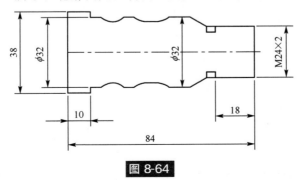

图 8-64

8.3.2 加工方法分析

根据数控车削加工工艺的要求，安排光轴加工如下。

① 端面车削加工。利用端面车削功能完成端部余量的去除。

② 粗车。按照先粗后精的加工原则，通过粗加工（粗车外圆）去除大量的加工余量。

③ 精车。通过精加工（精车外圆）达到图纸上的精度要求。

④ 车槽加工。利用径向车削功能完成螺纹退刀槽的加工。

⑤ 螺纹加工。加工 M24×2 螺纹。

8.3.3 加工流程与所用知识点

光轴车削数控加工具体的设计流程和知识点见表 8-2。

▫ 表 8-2 光轴数控加工流程和知识点

步骤	设计知识点	设计流程效果图
Step 1：打开文件	启动 Mastercam，打开文件	
Step 2：设置加工工件	设置工件毛坯，以便更好显示实体切削验证	
Step 3：端面车削	端面车削用于车削回转体零件的端面	
Step 4：粗车	粗车是根据零件图形特征及所设置粗车的步进量一层一层地车削，粗车轨迹与 Z 轴平行	

步骤	设计知识点	设计流程效果图
Step 5：精车	精车是根据零件图形特征及所设置精车的步进量一层一层地车削，粗车轨迹与 Z 轴平行，一般根据零件的余量来设置精车次数	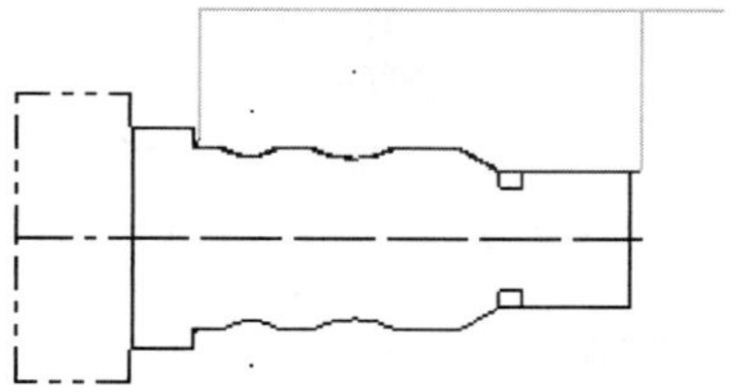
Step 6：径向车削	径向车削加工用于加工回转体零件的凹槽部分	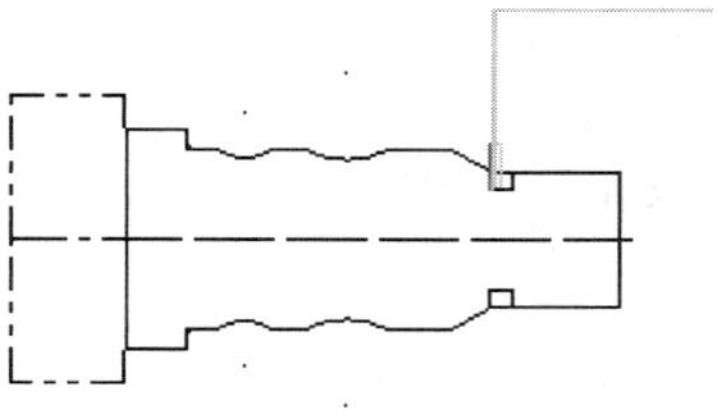
Step 7：车螺纹	螺纹车削主要用于加工零件图上的直螺纹或者锥螺纹，它可以是外螺纹、内螺纹	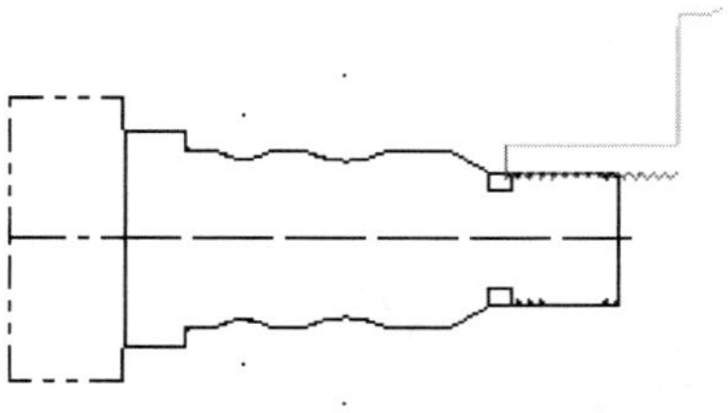
Step 8：生成刀具路径和实体验证	实体切削验证就是对工件进行逼真的切削模拟来验证所编制的刀具路径是否正确	
Step 9：执行后处理	后处理就是将 NCI 刀具路径文件翻译成数控 NC 程序	

8.3.4 实例描述

（1）启动 Mastercam 2020 并打开文件

启动 Mastercam 2020，选择下拉菜单"文件"—"打开"命令，弹出"打开"对话框，选择"光轴.mcx"。单击"打开"对话框中的相应按钮，将该文件打开，如图 8-65 所示。

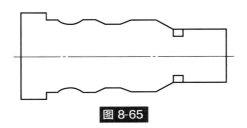

图 8-65

（2）选择加工系统

选择下拉菜单"机床类型"—"车床"—"默认"命令，此时系统进入车削加工模块。

（3）设置加工工件

① 双击如图 8-66 所示"操作管理器"中的"属性-Lathe Default MM"标识，展开"属性"后的"操作管理器"，如图 8-67 所示。

图 8-66　　　　　　　　　　　　　　　　　　　　图 8-67

② 单击"属性"选项下的"毛坯设置"命令，系统弹出"机床群组属性"对话框，选择"毛坯设置"选项卡，在"毛坯"选项中选择"左侧主轴"，如图 8-68 所示。

③ 单击"毛坯"选项中的"参数"按钮，弹出"机床组件管理-毛坯"对话框，选择"圆柱体"方式，选择轴类型为"－Z"，在"轴向位置"中输入"90"，其余参数如图 8-69 所示。

图 8-68

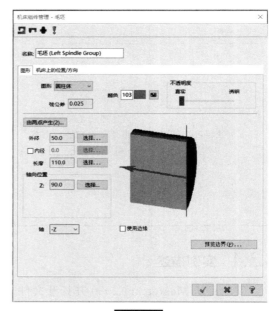

图 8-69

④ 依次单击对话框中的按钮 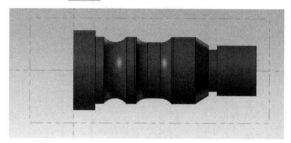，完成加工工件设置，如图 8-70 所示。

图 8-70

（4）端面车削加工

1）启动端面车削加工　单击选项卡"车削"中的"车端面"按钮，弹出车端面刀具参数设置对话框。

2）设置加工刀具　在"刀具参数"选项卡中选择 T0101 号刀具，设置刀具加工参数如图 8-71 所示。

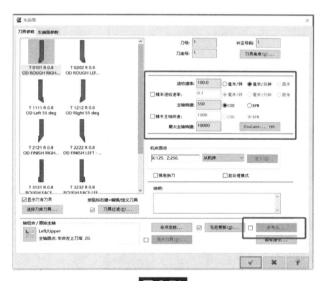

图 8-71

勾选"参考点"复选框，单击该按钮，弹出"参考点"对话框，设置相关参数如图 8-72 所示。

3）设置车端面参数

① 单击"车端面参数"标签，弹出该选项卡，设置相关加工参数如图 8-73 所示。

② 单击"选择点"按钮，分别选取如图 8-74 所示的 P_1 和 P_2 点来确定加工范围。

③ 勾选"切入/切出"设置复选框，单击该按钮，弹出"切入/切出"设置对话框。

选择"切入"选项卡：选择"无"方式，"角度"为"－90"，"长度"为"15"，如

图 8-72

图 8-75 所示。

选择"切出"选项卡：选择"无"方式，"角度"为"0"，"长度"为"5"，如图 8-76 所示。

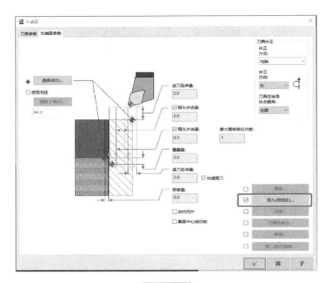

图 8-73

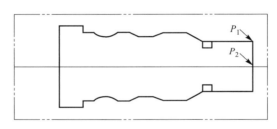

图 8-74

图 8-75

图 8-76

④ 单击"确定"按钮 ✓ ，完成加工参数设置。

4）生成刀具路径并验证

① 完成加工参数设置后，选择刀具群组-1 中 1-粗车，单击"操作管理器"中的"模拟已选择的操作"模拟产生加工刀具路径，如图 8-77 所示。

图 8-77

② 单击"操作管理器"中的"选择切换已选择的刀路操作"按钮 $\approx$ ，关闭加工刀具路径的显示，为后续加工操作做好准备。

（5）粗车加工

1）单击选项卡"车削"中的"粗车"按钮，弹出粗车加工刀具参数设置对话框，弹出"串连选项"对话框，选择"部分串连"，如图 8-78 所示，选择如图 8-79 所示的 P_1 和 P_2 点，单击 Enter 键 ⊘ 完成。

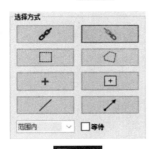

图 8-78

图 8-79

2）设置加工刀具

① 在"刀具参数"选项卡中选择 T0101 号刀具，设置刀具加工参数如图 8-80 所示。

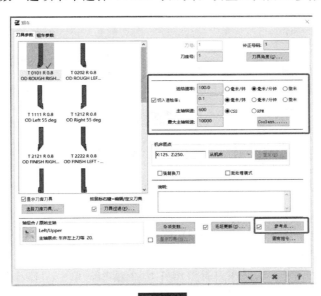

图 8-80

② 勾选"参考点"复选框，单击该按钮，弹出"参考点"对话框，设置相关参数如图 8-81 所示。

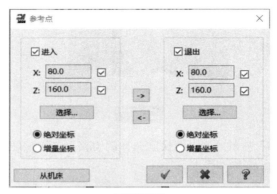

图 8-81

3）设置粗车参数

① 单击"粗车参数"标签，弹出该选项卡，设置相关加工参数如图 8-82 所示。

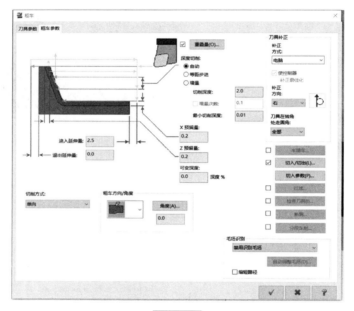

图 8-82

② 单击"切入/切出"设置按钮，弹出"切入/切出"设置对话框。选择"切入"选项卡：选择"无"方式，"角度"为"180"，"长度"为"2"，如图 8-83 所示。

选择"切出"选项卡：选择"无"方式，"角度"为"90"，"长度"为"2"，如图 8-84 所示。

③ 依次单击"确定"按钮 ✓ ，完成加工参数设置。

4）生成刀具路径并验证

① 完成加工参数设置后，选择刀具群组-1 中 3-精车，单击"操作管理器"中的"模拟已选择的操作"模拟产生加工刀具路径，如图 8-85 所示。

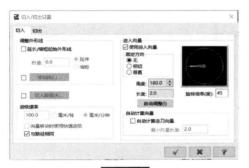

图 8-83

图 8-84

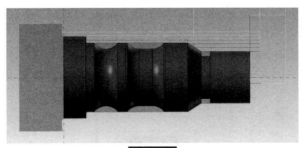

图 8-85

② 单击"操作管理器"中的"选择切换已选择的刀路操作"按钮 ≋ ，关闭加工刀具路径的显示，为后续加工操作做好准备。

（6）精车加工

1）单击选项卡"车削"中的"精车"按钮，弹出精车加工刀具参数设置对话框，弹出"线框串连"对话框，选择"部分串连"，选择如图 8-86 所示的 P_1 和 P_2 点，单击 Enter 键 完成。

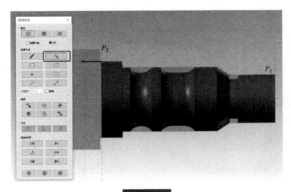

图 8-86

2）设置加工刀具

① 在"刀具参数"选项卡中选择 T1212 号刀具，设置刀具加工参数如图 8-87 所示。

② 勾选"参考点"复选框，单击该按钮，弹出"参考点"对话框，设置相关参数如图 8-88 所示。

3）设置粗车参数

① 单击"精车参数"标签，弹出该选项卡，设置相关加工参数如图 8-89 所示。

② 单击"切入/切出"设置按钮，弹出"切入/切出"设置对话框。

选择"切入"选项卡：选择"无"方式，"角度"为"180"，"长度"为"2"，如图 8-90 所示。

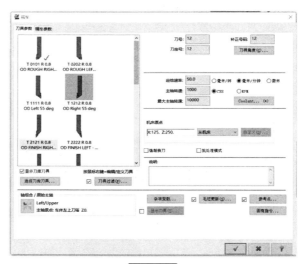

图 8-87

图 8-88

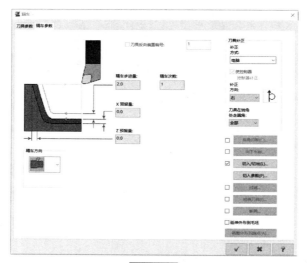

图 8-89

选择"切出"选项卡：选择"无"方式，"角度"为"45"，"长度"为"2"，如图 8-91 所示。

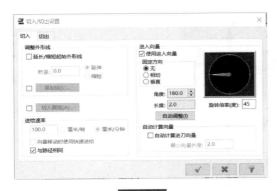

图 8-90

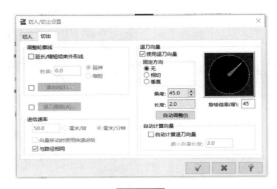

图 8-91

③ 单击"切入参数"按钮，弹出"车削切入参数"对话框，设置相关参数如图 8-92 所示。

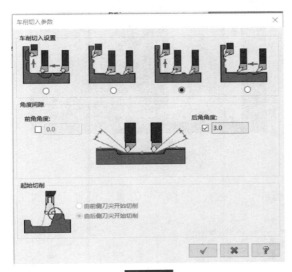

图 8-92

④ 依次单击"确定"按钮 ✓ ，完成加工参数设置。

4）生成刀具路径并验证

① 完成加工参数设置后，选择刀具群组-1 中 2-粗车，单击"操作管理器"中的"模拟已选择的操作"模拟产生加工刀具路径，如图 8-93 所示。

② 单击"操作管理器"中的"选择切换已选择的刀路操作"按钮 ≈ ，关闭加工刀具路径的显示，为后续加工操作做好准备。

（7）沟槽车削加工

1）启动沟槽车削加工　单击选项卡"车削"中的"沟槽"按钮，弹出沟槽车选项设置对话框，弹出"线框串连"选项，选择"部分串连"，选择如图 8-94 所示的 P_1 和 P_2 点，单击 Enter 键 ⊙ 完成。

图 8-93

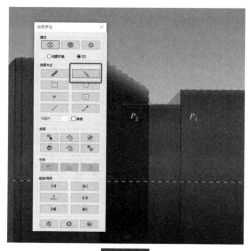

图 8-94

2）设置加工刀具

① 在"刀具参数"选项卡中选择 T4141 号刀具，设置刀具加工参数如图 8-95 所示。

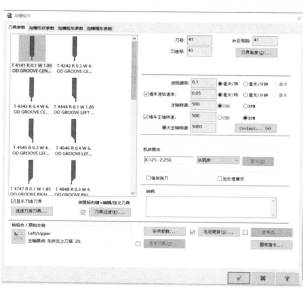

图 8-95

② 勾选"参考点"复选框，单击该按钮，弹出"参考点"对话框，设置相关参数如图 8-96 所示。

图 8-96

③ 设置沟槽形状参数，单击"沟槽形状参数"标签，弹出该选项卡，设置相关加工参数如图 8-97 所示。

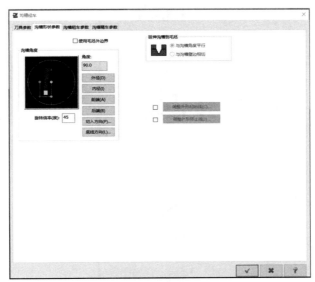

图 8-97

④ 设置沟槽粗车参数，单击"沟槽粗车参数"标签，弹出该选项卡，设置相关加工参数如图 8-98 所示。

⑤ 设置沟槽精车参数。

a. 单击"沟槽精车参数"标签，弹出该选项卡，设置相关加工参数如图 8-99 所示。

b. 单击"切入"按钮，弹出"切入"对话框。

选择"第一个路径切入"选项卡，设置相关参数如图 8-100 所示。

选择"第二个路径切入"选项卡，设置相关参数如图 8-101 所示。

c. 依次单击"确定"按钮 ✓ ，完成加工参数设置。

3）生成刀具路径并验证

① 完成加工参数设置后，选择刀具群组-1 中 4-沟槽粗车，单击"操作管理器"中的"模拟已选择的操作"模拟产生加工刀具路径，如图 8-102 所示。

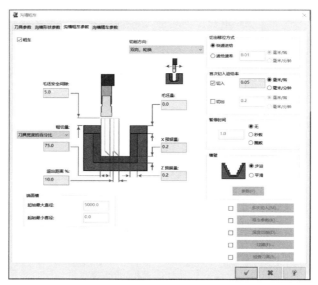

图 8-98

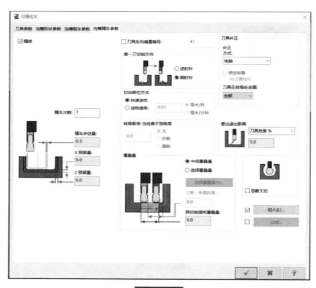

图 8-99

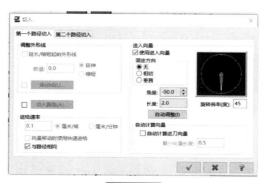

图 8-100

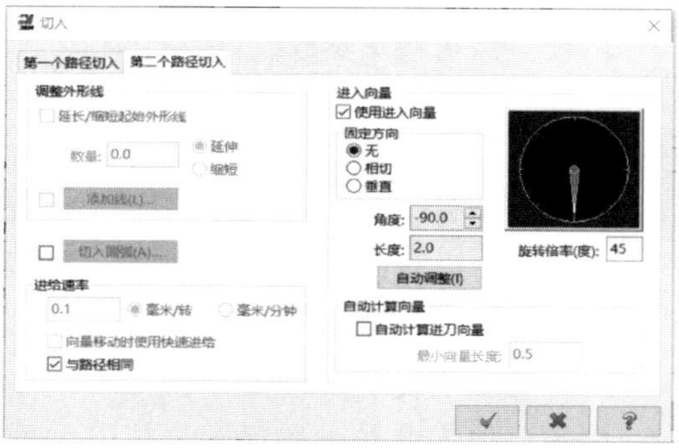

图 8-101

② 单击"操作管理器"中的"选择切换已选择的刀路操作"按钮 ≈ ，关闭加工刀具路径的显示，为后续加工操作做好准备。

图 8-102

（8）螺纹车削加工

1）启动沟槽车削加工　单击选项卡"车削"中的"车螺纹"按钮，弹出车螺纹选项设置对话框，如图 8-103 所示。

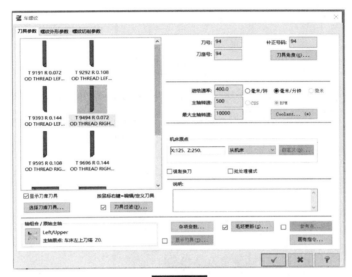

图 8-103

2）设置加工刀具

① 在"刀具参数"选项卡中选择 T9494 号刀具，设置刀具加工参数如图 8-103 所示。

② 勾选"参考点"复选框，单击该按钮，弹出"参考点"对话框，设置相关参数如图 8-104 所示。

③ 设置螺纹外形参数，单击"运用公式计算"按钮，弹出"运用公式计算螺纹"对话框，设置相关参数如图 8-105 所示。单击"确定"按钮。单击"螺纹外形参数"标签，弹出该选项卡，设置相关加工参数如图 8-106 所示。

图 8-104

图 8-105

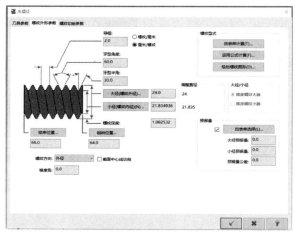

图 8-106

④ 设置螺纹切削参数，单击"螺纹切削参数"标签，弹出该选项卡，选择"NC 代码格式"为"螺纹复合循环（G76）"，设置相关加工参数如图 8-107 所示。

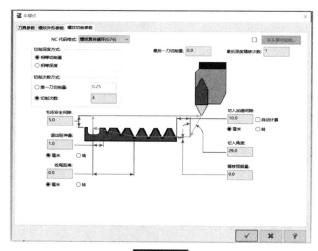

图 8-107

3）生成刀具路径并验证

① 完成加工参数设置后，选择刀具群组-1 中 5-车螺纹，单击"操作管理器"中的"模拟已选择的操作"模拟产生加工刀具路径，如图 8-108 所示。

② 单击"操作管理器"中的"选择切换已选择的刀路操作"按钮 ≋ ，关闭加工刀具路径的显示，为后续加工操作做好准备。

（9）后处理

① 在"操作管理器"中选择所有的操作后，单击"操作管理器"上方的 G1 按钮，弹出"后处理程序"对话框，如图 8-109 所示。

② 选择"NC 文件"选项下的"编辑"复选框，然后单击"确定"按钮，弹出"另存为"对话框，选择合适的目录后，单击"确定"按钮，打开"Mastercam 2020 编辑器"对话框，如图 8-110 所示。

③ 选择下拉菜单"文件"—"保存"命令，保存所创建的加工文件。

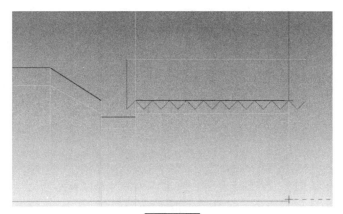

图 8-108

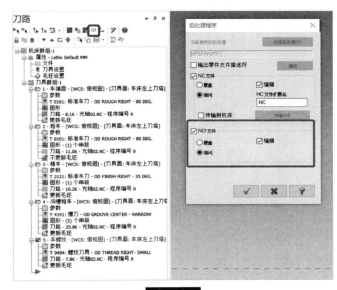

图 8-109

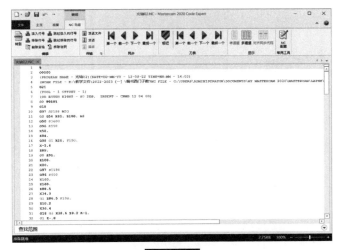

图 8-110

参 考 文 献

[1] 徐衡. 跟我学 FANUC 数控系统手工编程 [M]. 北京：化学工业出版社，2013.

[2] 翟瑞波. 图解数控车床加工工艺与编程：从新手到高手 [M]. 北京：化学工业出版社，2022.

[3] 卢孔宝，顾其俊. 数控车床编程与图解操作 [M]. 北京：机械工业出版社，2018.